工业和信息化普通高等教育"十二五 规划教材

世纪高职高专通信规划教材

21 SHIJI GAOZHIGAOZHUAN
TONGXIN GUIHUA JIAOCAI

数字通信

（第2版）

杨文山　主编

方致霞　尚勇　编著

人民邮电出版社

北京

图书在版编目（CIP）数据

数字通信 / 杨文山主编；方致霞，尚勇编著. -- 2
版. -- 北京：人民邮电出版社，2011.8（2018.7重印）
工业和信息化普通高等教育"十二五"规划教材立项
项目　21世纪高职高专通信规划教材
ISBN 978-7-115-25302-6

Ⅰ. ①数… Ⅱ. ①杨… ②方… ③尚… Ⅲ. ①数字通
信－高等职业教育－教材 Ⅳ. ①TN914.3

中国版本图书馆CIP数据核字(2011)第129360号

内 容 提 要

本书全面地讨论与数字通信技术相关的模拟信号数字化和数字信号复用、复接以及传输的基本原理和概念。主要内容有语音信号数字化技术、时分多路复用技术、准同步数字体系（PDH）和同步数字休系（SDH）、数字信号传输。

本书重视理论联系实际，避免烦琐的数学推导，着重于应用，力求通俗易懂，除讲解理论课程内容外，书中还附有实验内容。

本书可作为高职高专院校通信类、电子信息类专业教学用书，也可作为通信工程技术人员的技术参考书。

◆ 主　　编　杨文山
　　编　　著　方致霞　尚　勇
　　责任编辑　刘　博

◆ 人民邮电出版社出版发行　　北京市丰台区成寿寺路 11 号
　　邮编　100164　　电子邮件　315@ptpress.com.cn
　　网址　http://www.ptpress.com.cn
　　固安县铭成印刷有限公司印刷

◆ 开本：787×1092　1/16
　　印张：16.75　　　　　　　2011 年 8 月第 2 版
　　字数：407 千字　　　　　2018 年 7 月河北第 8 次印刷

ISBN 978-7-115-25302-6
定价：34.00 元

读者服务热线：(010)81055256　印装质量热线：(010)81055316
反盗版热线：(010)81055315
广告经营许可证：京东工商广登字 20170147 号

第 2 版前言

本书涉及的内容有模/数变换、数/模变换的基本理论与方法，数字信号多路复用、复接技术，数字信号传输理论、调制技术及实验等。在第 1 版的基础上做了修订，各章均有较大篇幅的改动，力求反映现代职业教育观念，突出技能，重在应用，同时适当增加了新技术的内容。本书可作为高职高专院校通信类专业教学用书，也可以作为通信工程技术人员的技术参考书。

全书共有 6 章。主要内容：介绍数字通信系统的构成、主要性能指标和数字通信特点及有关概念；讨论抽样、量化、编码等有关语音信号数字化的理论和实现方法；介绍时分多路复用方法及通信系统的同步问题，并简要介绍通信系统中常用的信道复用技术；讨论数字复接技术和同步复用 SDH 技术；讨论数字信号传输理论，阐述基带传输特性、传输码型、信道误码以及再生中继过程；介绍数字通信实验，让学生动手做实验，观察、体验数字通信的过程，帮助学生理解数字信号形成、传输的理论。各章均设有思考题与练习题。本书编写的内容并非全部都是各专业必修的基础内容，各院校可以根据各专业的具体专业要求和课程设置选择学习。

本书第 1 章、第 2 章由杨文山编写；第 3 章由方致霞编写；第 4 章由方致霞、尚勇合编；第 5 章由尚勇编写；第 6 章由杨文山、方致霞合编。杨文山对全部书稿作了统编并定稿。

本书在编写过程中参阅了大量的有关书籍，在此我们对相关作者表示感谢。

由于编者水平有限，书中难免有不足之处，敬请读者批评指正。

编者
2011 年 2 月

目　录

第1章　数字通信概述

本章内容

- 数字通信的概念和含义。
- 数字通信系统的主要性能指标。
- 数字通信的特点和主要技术。
- 数字通信发展趋势。

本章重点

- 数字通信系统的基本概念。
- 数字通信系统的主要技术。

本章难点

- 数字通信系统的主要性能指标。

本章学时数

- 12学时。

学习本章目的和要求

- 掌握数字信号与模拟信号的特点，数字通信系统构成，数字通信的主要性能指标和技术。
- 了解信息、信号的概念及分类，数字通信发展趋势。

1.1　引　　言

数字通信技术的应用越来越广，例如数字移动通信、数字卫星通信、数字电视广播、数字光纤通信、数字视频通信、多媒体通信等都是采用数字化技术。数字通信的新理论、新技术、新设备和新应用正不断涌现，在这通信技术迅速发展的时代里，弄清数字通信的原理是很重要的。

1.2 数字通信的概念和含义

本节概要介绍通信系统的构成及其各部分的功能、通信系统的分类、数字通信的特点、数字通信系统的主要性能指标以及数字通信系统的模型特点、主要技术和应用等方面内容。

1.2.1 通信系统构成

人类生活在信息的海洋里，离不开信息的传递与交流。通信就是信息的传递和交换，一般地说，就是由一个地方向另一个地方传送消息。通信系统就是用电信号（或光信号）传递信息的系统，也叫做电信系统。其基本组成包括：信息源、发送设备、信道、接收设备、受信者及噪声源6个部分。通信系统的模型如图1-1所示。

图 1-1 通信系统的模型

信息源是指产生各种信息（如语音、文字、图像及数据等）的信源，即原始信息来源。信息源可以是离散的数字信息源，也可以是连续的模拟信息源。通常见到的信息源可以是人，也可以是机器（如电话机、摄像机、电传机、计算机和各种数字终端设备等）。

发送设备的基本功能是将信息源和传输媒介（信道）匹配起来，即将信息源产生的消息信号变换为便于传送的信号形式，送往信道，这是因为信息源提供的原始电信号往往不适宜在信道中直接传输。对应不同的信息源和不同的通信系统，变换器有不同的组成和变换功能。例如，模拟电话通信系统中，变换器由送话器和载波机（主要放大器、滤波器和调制器等组成），其中送话器将人发出的语音信号变换为电信号；载波机的作用是将送话器输出的话音信号（频率范围0.3KHz～3.4kHz）经过频率搬移、频分复用处理后，变换成适合于在模拟信道上传输的信号。而对于数字电话通信系统，变换器则包括送话器和模/数变换器等。模/数变换器的作用是将送话器输出的模拟语音信号经过模/数变换和时分复用等处理后，变换成适合于在数字信道中传输的信号。

信道是信号的传输媒介。信道按传输媒介的种类分类可以分为有线信道和无线信道。在有线信道中电磁信号（或光信号）约束在某种传输线（架空明线、电缆或光缆等）上传输，在无线信道中电磁信号沿空间（大气层、对流层及电窝层等）传输。信道如果按传输信号的形式分类又可以分为模拟信道和数字信道。

接收设备的作用是将从信道上接收的信号变换成信息接收者可以接收的信息。接收设备的基本功能是完成发送设备的反变换。它的任务是从带有干扰的信号中正确恢复出原始电信号来，对于多路复用信号，还包括解除多路复用，实现正确分路。

受信者是信息的接收者，是传输信息的归宿点，可以是人或机器。受信者与信息源对应构成人与人的通信、机与机的通信、人与机或机与人的通信。

噪声源是系统内各种干扰影响的等效结果。系统的噪声来自各个部分，从发出信息和接收信息的周围环境、各种设备的电子器件，到信道所受到的外部电磁场干扰，都会对信号形成噪声影响。将系统内所存在的干扰均折合到信道中，用噪声源表示。

1.2.2 信息与信号

信息同物质和能量一样，是人类赖以生存和发展的基础，是人类社会进行沟通、交流的纽带。信息的概念具有广泛的内涵，人们从不同侧面对信息进行了定义，通常的定义为：信息是对客观世界中各种事物的变化和特征的反映，对使用者具有价值或潜在的价值，是客观事物之间相互作用和联系的表征以及经过传递后的再现。因此，信息不是事物本身，而是事物的存在方式和运动状态，以及关于事物存在方式和运动状态的陈述。消息、信号、数据及资料都是信息的具体表现形式。知识是一种特殊的信息，是人类社会经验和客观规律的系统总结，是最有价值的信息。

信息是一种资源，它具有许多与物质和能量不同的特征，信息的基本特征包括以下几个方面。

（1）传递性

信息总是处在一定的传递过程中，与物质流、能量流相融合形成信息流，没有传递就没有信息。信息的传递因现代通信技术的出现，特别是 Internet 网的大规模使用，真正实现了"信息无国界"。

（2）时效性

无论是信息的产生、信息的传递还是信息的利用，都有一定的时间期限。信息随时间的变化而变化，只有掌握了最新信息，并及时有效地加以利用，才能实现其价值，创造财富。因此，在现代信息社会中，获取和利用信息的时间成为一个企业成败的关键因素。

（3）累积性

信息从不同的侧面反映事物的存在与发展状况，因而随着时间的延续，信息在不断积累和增长。再生性信息在流通使用过程中，可以分析、综合，亦可进行提炼、加工，从而获得更为广泛的知识。

（4）共享性

信息不仅可同时为众多的使用者所共享，而且还会因交流而呈现出内容的倍增。信息的共享性使信息资源通过多种渠道和传输手段加以扩展，从而获得广泛的利用。Internet 的出现和高速发展，将最大限度地实现信息共享。

（5）无限性

物质和能量都是有一定储量的，信息资源却不是这样，它会不断扩充，不仅没有限度，而且永远不会耗尽，越来越多，迅速增长。"信息爆炸"、"知识爆炸"与"石油枯竭"、"粮食危机"、"水资源危机"呈现出鲜明的对比。

信息除了以上的基本特征外，还具有其他一些特征，诸如客观性、目的性、开发性、普遍性、科学性、替代性以及可编性等，这些都构成了信息的复杂性。

信息是指消息中包含的有意义的内容，它是通过信号来表达的，信号是信息的载体。信号是指随时间变化的物理量。因为消息不适合于在信道中直接传输，需将其调制成适合在信道中传输的信号。在通信系统中传输的信号是由某些电的参量（如电压、电流等物理参量）表示的。在通信系统中常见的信号有：语音信号、图像信号和数据信号等。信号根据物理参量基本特征的不同，可分为模拟信号和数字信号。

模拟信号是幅度为连续值的信号，好像模拟信息变化，因此，称为模拟信号，其特点是幅度上连续。连续的含义是在某一取值范围内可以取无限多个数值。模拟信号如图 1-2 所示，从图 1-2（a）波形中可看出，此信号波形在时间上和幅度上都是连续的。将时间上连续的和幅度上连续的信号叫做连续信号。例如语音信号、摄像机产生的图像信号等，它们的电压（或电流）波形的取值为连续的时间函数。以幅度代表信息变化的信号，幅度是连续的，且在时间上也是连续的，语音信号、图像信号及遥测、遥控等信号就是属于时间连续的模拟信号。而脉冲幅度调制（PAM）、脉冲相位调制（PPM）和脉冲宽度调制（PWM）等信号则为时间上不连续的模拟信号。PAM 信号如图 1-2（b）所示。

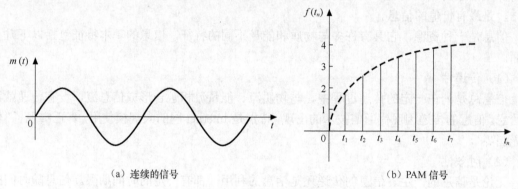

（a）连续的信号 　　　　　　　　　　　　　　（b）PAM 信号

图 1-2　模拟信号示意图

数字信号，又称为离散信号，在幅度上也是离散的。其特点是：幅值被限制在有限个数值之内，它不是连续的，而是离散的。例如，电传电报机信号、计算机信号、数字电话信号及数字电视信号等。这种信号的取值为有限个离散值，且不是时间的连续函数。

一般而言，数字信号的幅度集合是任意有限集合，最常用的是二进制数字信号。二进制就是只有两种取值的可能性，通常用（0，1）表示，如图 1-3（a）所示。也可以有多进制数字信号，如四进制、八进制等。当选用 N 进制时，这里的 N 是大于 2 的一个正整数，N 进制与二进制是可以相互表示的。如 $N = 8$，则 N 进制的每一位数字可以用 3 位二进制数字来表示。原则上，N 进制的一个数字可用 $\log 2N$ 个二进制数字去表示，但要注意，当 $\log 2N$ 不为整数时，则应取大于此数值的第一个整数。图 1-3（b）所示为四进制数字信号，其每个码元只取4 个（3、1、−1、−3）幅值中的一个。

在数字通信中常常用时间间隔相同的符号来表示一位二进制数字，这个间隔被称为码元长度，而这样的时间间隔内的信号称为二进制码元。同样，N 进制的信号也是等长的，并被称为 N 进制码元。

在二进制数字码流中，每一位码的占空比为 100%，1 用高电平表示，0 用低电平表示；反过来表示也是可以的。占空比的概念如图 1-4 所示。设"1"码脉冲的宽度为 τ，二进制码元允许的时间为 t_B（即二进制码元的间隔），占空比 $a = \tau / t_B$（以单极性码为例）。

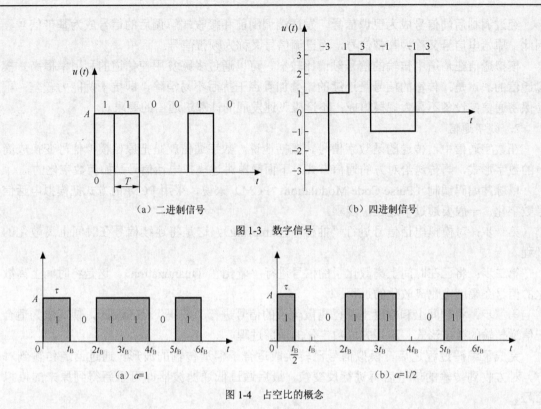

（a）二进制信号　　　　　　　　　　（b）四进制信号

图 1-3　数字信号

（a）*a*=1　　　　　　　　　　　　　（b）*a*=1/2

图 1-4　占空比的概念

从以上分析可知：数字信号与模拟信号的区别是幅度取值上是否离散。模拟信号与数字信号有明显区别，但两者之间，在一定条件下是可以互相转换的。

1.2.3　模拟通信与数字通信

1．模拟通信

在模拟通信中，传送的是模拟信号，传输模拟信号的通信系统称为模拟通信系统。电话的语音消息和传真、电视的图像消息都是模拟信号（连续信号）。模拟通信系统模型如图 1-5 所示。

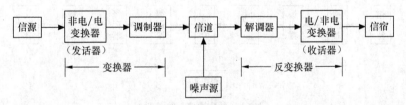

图 1-5　模拟通信系统模型

在图 1-5 中，发送端的原始连续消息要变换成原始电信号，接收端收到的信号要反变换成原始连续消息。通常还要把经过非电/电变换器第一次变换后的电信号再经过调制器进行第二次变换，这种第二次变换称作调制，调制即是将原始电信号变换成其频带适合信道传输的信号。已调信号通过信道传输到接收端的解调器和电/非电变换器，它们起着反变换的功能，解调即是在接收端将信道中传输的信号还原成原始的电信号。

经过调制后的信号成为已调信号，发送端调制前和接收端解调后的信号成为基带信号。因此，原始电信号又称为基带信号，而已调信号又称为频带信号。

模拟通信在信道中传输的信号频谱比较窄，可以通过多路复用使信道的利用率提高。模拟通信的缺点是：传输的信号是连续的，叠加噪声干扰后不易消除，即抗干扰能力较差；不易保密通信；设备不易大规模集成；不适应飞速发展的计算机通信的要求。

2. 数字通信

在数字通信中，传送的是数字信号。概括地说，数字通信就是把原始模拟信号变换成简单的数字形式，再传送给对方的通信方式。下面简单讲述模拟电话信号是如何数字化的。

以脉冲编码调制（Pulse Code Modulation，PCM）来说，采用 PCM 的方式把模拟电话信号数字化，一般要通过下述三个步骤。

第一步：对模拟电话信号进行"抽样"（Sampling），这是将连续信号在时间上离散化的过程。

第二步：将已在时间上离散化了的信号进行"量化"（Quantization），这是将时间上离散化的信号在幅度上也离散化的过程。

第三步：将时间上和幅度上都已离散化了的信号进行"编码"（Encode），使其成为适合于信道传输的数字形式，这是完成数字化的最后过程。

完成了编码过程之后，模拟信号已转换成适合于信道传输的波形，通过信道传输到对方，对方收到传输的信号后再进行反变换，最后通过低通滤波器即可重新得到原来的模拟信号。

数字通信不仅能使人和人之间进行通信，而且能完成人与机器、机器与机器之间的通信和数据交换，为现代通信网奠定了良好的基础。

1.2.4　数字通信系统基本模型

数字通信系统是指利用数字信号传递消息的通信系统。数字通信系统的基本任务是把信源产生的信息变换成一定格式的数字信号，通过信道传输，在终端再反变换为适宜受信者接收的信息形式。数字通信系统的组成形式有多种，但从系统的主要功能和部件看，都可概括为如图 1-6 所示的基本模型。

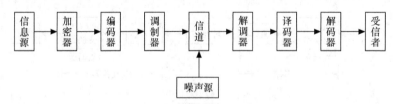

图 1-6　数字通信系统模型

图 1-6 所示的信息源是指产生各种信息（如语音、文字、图像及数据等）的信源。编码器和调制器组合在一起与模拟通信系统的变换器功能类同；解调器和解码器组合在一起与模拟通信系统的反变换器功能类同，但变换的原理有区别。

编码器的作用是将信源发出的模拟或离散的信号，转换成有规律的、适应信道传输的数字信号。这种数字信号一般为二进制的脉冲序列。

译码器的功能与编码器相反，是把数字信号还原为原始的信息信号。编码器和译码器一般包括两部分：信源编码、信道编码和信道解码、信源解码。

信源编码的主要任务是将信源送出的模拟信号数字化，即对连续信息进行模拟/数字（A/D）变换，用一定的数字脉冲组合来表示信号的一定幅度。

信道编码是一种代码变换，主要解决数字通信的可靠性问题，故又称作抗干扰编码。数字信号在信道中传输，不可避免地会受到噪声干扰，并有可能导致接收信号的错误判断，产生错码（误码）。信道编码就是为了减小这种错误判断出现的概率而引出的编码方法。具体讲，是将信源编码输出的数字信号，人为地按一定规律加入一些不代表所传信息的多余数字代码，以达到在接收端可以发现和纠正错误的目的。

调制器的作用是把二进制脉冲变换或调制成适宜在信道上传输的波形。由于编码器输出的二进制脉冲序列（也称作基带信号）一般不宜在信道中直接传输，尤其不宜在长距离信道中传输，需要把它调制在一个确定的高频振荡（称为载波）上，使高频振荡的振幅、频率、相位或它们的组合随所要传输的数字脉冲有规律地变化。在数字通信系统中，这个过程称作数字调制。它是信息传输过程中的一个重要措施，利用它可减小信道中干扰的影响，可改善信号频谱以及信道特性匹配，减小传输引起的失真，并具有提供多种用户合用一个信道（多路复用）的能力，使信号在信道上的传输效率大为提高。

数字通信在实现信息加密和解密方面比模拟通信有较大的优越性，一般是在数字通信系统的信源编码器后或前设置加密器，在信源译码器前或后设置解码器来实现保密通信。加密器是在需要实现保密通信时才用的器件。通过加密器可以产生密码，人为地把被传输的数字序列搅乱。这种编码可以采用周期非常长的伪随机序列，甚至采用完全无规律的噪声码。这个过程称作加密。在接收端利用与发送端完全相同的密码复制品，可对接收到的数字序列进行解密，保证信息传输有极高的保密性。

解调是调制的逆过程，解调器是把接收到的已调制信号进行反变换，恢复出原数字信号，并送解码器解码。

信道是信号的传输媒介。噪声源是系统内各种干扰影响的等效结果。

需要指出的是，数字通信系统的具体构成既可以包括图 1-6 所示的所有组成部分，也可以只是其中的一部分，这要视具体内容和要求而定。当数字通信系统不包含调制器和解调器时，通常被称作基带传输系统。基带是指编码处理后的基带数字信号（未经调制变换的数字信号）直接在电缆信道上传输，习惯上称之为数字基带信号。显然，基带传输系统实际上是将基带信号直接进行传输的通信系统。这是一种最基本最简单的通信方式，多用在短距离的有线传输中，而不能用于无线传输。如果数字基带信号经过调制，将信号频谱搬移到高频处，再送进信道中传输，这种将基带数字信号经过调制后其频带搬移到适合于无线等信道传输的频带上再传输的传输方式称为频带传输，多用于无线通信和光通信中。

1.2.5　典型的数字通信系统

1. 第三代移动通信系统

第三代移动通信系统简称 3G，是由国际电信联盟（ITU）率先提出并负责组织研究的，是采用宽带码分多址（CDMA）数字技术的新一代通信系统，也是近 20 年来现代移动通信技术和实践的总结和发展。3G 在 1985 年最早提出时被命名为未来公共陆地移动通信系统

（Futuristic Public Land Mobile Telecommunication System，FPLMTS），1996 年更名为 IMT-2000（International Mobile Telecommunications 2000）。

　　图 1-7 所示为 ITU 定义的 IMT-2000 的功能子系统和接口。由图可见，IMT-2000 系统由终端（UIM＋MT）、无线接入网（RAN）和核心网（Core Network，CN）三部分构成。除了无线接口外，无线接入网和核心网两部分的标准化工作对 IMT-2000 整个系统和网络来说是非常重要的。

图 1-7　IMT-2000 的功能子系统和接口

（1）3G 系统的特征

① 3G 系统具有大容量话音、高速数据和图像传输等灵活业务。

② 3G 系统是以 2GCDMA 和 GSM 网络为基础，平滑演进的网络。

③ 3G 系统采用无线宽带传送技术，复杂的编译码及调制解调算法，快速功率控制，多址干扰对消，智能天线等先进的新技术。

（2）3G 的目标

① 全球统一频谱、统一标准、全球无缝覆盖。

② 更高的频谱效率，更低的建设成本。

③ 能提供高的服务质量和保密性能。

④ 能提供足够的系统容量，易于 2G 系统的过渡和演进。

⑤ 能提供多种业务，能适应多种环境，传输速率最高为 2Mbit/s，其中车速环境为 144kbit/s，步行环境为 384kbit/s，室内环境为 2Mbit/s。

（3）3G 的几种标准

① W-CDMA

W-CDMA 也称为 WCDMA（Wideband CDMA），也称为 CDMA Direct Spread，意为宽频分码多重存取，这是基于 GSM 网发展出来的 3G 技术规范，是欧洲提出的宽带 CDMA 技术，它与日本提出的宽带 CDMA 技术基本相同，目前正在进一步融合。W-CDMA 的支持者主要是以 GSM 系统为主的欧洲厂商，日本公司也或多或少参与其中，包括欧美的爱立信、阿尔卡特、诺基亚、朗讯、北电，以及日本的 NTT、富士通、夏普等厂商。该标准提出了 GSM（2G）-GPRS-EDGE-WCDMA（3G）的演进策略。这套系统能够架设在现有的 GSM 网络上，对于系统提供商而言可以较轻易地过渡。在 GSM 系统相当普及的亚洲，对这套新技术的接受度相当高。因此 W-CDMA 具有先天的市场优势。第二代（2G）蜂窝数字移动通信系统 GSM 向 WCDMA 演进路线如图 1-8 所示。

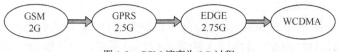

图 1-8　GSM 演变为 3G 过程

② CDMA2000

CDMA2000 是由窄带 CDMA（CDMA IS95）技术发展而来的宽带 CDMA 技术，也称为 CDMA Multi-Carrier，它是由美国高通北美公司为主导提出的，摩托罗拉、Lucent 和后来加入的韩国三星等公司都有参与，韩国现在成为该标准的主导者。这套系统是从窄频 CDMAOne 数字标准衍生出来的，可以从原有的 CDMAOne 结构直接升级到 3G，建设成本低廉。但目前使用 CDMA 的地区只有日本、韩国和北美，所以 CDMA2000 的支持者不如 W-CDMA 多。不过 CDMA2000 的研发技术却是目前各标准中进度最快的，许多 3G 手机已经率先面世。该标准提出了从 CDMA IS95（2G）-CDMA20001X-CDMA20003x（3G）的演进策略。CDMA20001X 被称为 2.5G 移动通信技术。CDMA20003X 与 CDMA20001X 的主要区别在于应用了多路载波技术，通过采用三载波使带宽提高。中国电信采用这一方案向 3G 过渡，并已建成了 CDMA IS95 网络。CDMA（IS-95）第二代移动通信系统的演进路线如图 1-9 所示。

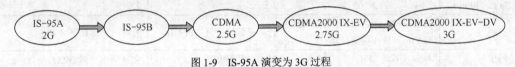

图 1-9　IS-95A 演变为 3G 过程

③ TD-SCDMA

Time Division - Synchronous CDMA，TD-SCDMA（时分同步 CDMA），TD-SCDMA 是由我国独自制定的 3G 标准，1999 年 6 月 29 日，中国原邮电部电信科学技术研究院（大唐电信）向 ITU 提出 TD-SCDMA 具有辐射低的特点，被誉为绿色 3G。该标准将智能无线、同步 CDMA 和软件无线电等当今国际领先技术融于其中，在频谱利用率、对业务支持的灵活性、频率灵活性及成本等方面具有独特的优势。另外，由于我国内地庞大的市场，该标准受到各大主要电信设备厂商的重视，全球一半以上的设备厂商都宣布可以支持 TD-SCDMA 标准。该标准提出不经过 2.5G 的中间环节，直接向 3G 过渡，非常适用于 GSM 系统向 3G 升级。军用通信网也是 TD-SCDMA 的核心任务。TD-SCDMA 发展历程如图 1-10 所示。

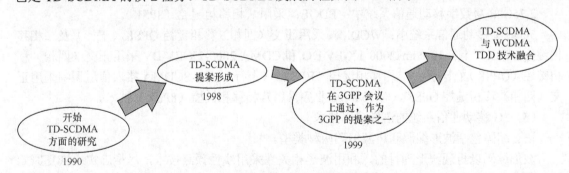

图 1-10　TD-SCDMA 发展历程

2009 年 1 月，工业和信息化部为中国移动、中国电信和中国联通发放 3 张第三代移动通信（3G）牌照，此举标志着我国正式进入 3G 时代。其中，批准：中国移动增加基于 TD-SCDMA 技术制式的 3G 牌照（TD-SCDMA 为我国拥有自主产权的 3G 技术标准）；中国电信增加基于 CDMA2000 技术制式的 3G 牌照；中国联通增加了基于 WCDMA 技术制式的 3G 牌照。三大主要 IMT-2000 无线传输方案如表 1-1 所示。

表 1-1 IMT-2000 无线传输方案

制式	WCDMA	CDMA2000	TD-SCDMA
信道带（MHz）	5	1.25	1.6
码片速（Mc/s）	3.84	1.2288	1.28
多址方式	单载波 DS-CDMA	单载波 DS-CDMA	单载波 DS-CDMA + TD-SCDMA
双工方式	FDD/TDD	FDD	TDD
帧长（ms）	10	20	10
调制	数据调制：QPSK/BPSK 扩频调制：QPSK	数据调制：QPSK/BPSK 扩频调制：QPSK/OQPSK	接入信道：DQPSK 接入信道：DQPSK/16QAM
相干解调	前向：专用导频信道（TDM）	前向：共用导频信道	前向：专用导频信道（TDM）
	反向：专用导频信道（TDM）	反向：专用导频信道（TDM）	反向：专用导频信道（TDM）
语音编码	AMR	CELP	EFR
最大数据（Mbit/s）	2.048	2.5	2.048
功率控制	FDD：开环 + 快速闭环（1.6kHz） TDD：开环 + 慢速闭环	开环 + 快速闭环（800Hz）	开环 + 快速闭环（200Hz）
基站同步	异步（不需 GPS）	同步（需 GPS）	主从同步（需 GPS）

（4）数字调制技术在移动通信中的应用

在第一代蜂窝模拟移动通信系统中采用的是模拟调制传输模拟语音，但其信令系统却是数字的，采用 2FSK 调制技术。

在第二代蜂窝数字移动通信系统中，传送的语音都是经过数字语音编码和信道编码后的数字信号：GSM 采用高斯最小频移键控制调制（GMSK）；IS-136、PDC 采用 1/4 差分四相移相键控（1/4DQPSK）；IS-95A、IS-95B 采用正交（四相）移相键控 QPSK（下行）及交错四相移相键控 OQPSK（上行）。

2.5G 蜂窝数字移动通信系统中：GSM/GPRS 采用高斯最小频移键控制调制（GMSK）；CDMA 2000-1X 采用正交（四相）移相键控 QPSK（下行）及二相移相键控 BPSK（上行）。

2.75G 蜂窝数字移动通信系统中：EDGE：采用八相移相键控（8PSK）。

3G 蜂窝移动通信系统中：WCDMA 采用正交（四相）移相键控 QPSK（下行）及二相移相键控 BPSK（上行）；cdma2000-1X-EV-DO 和 CDMA 2000-1X-EV-DV 采用正交（四相）移相键控（QPSK）（下行）；二相移相键控（BPSK）（上行）；TD-SCDMA 接入信道调制采用正交（四相）移相键控 OPSK，对 2Mbit/s 业务采用八相移相键控（8PSK）技术。

（5）3G 移动通信系统的语音编码技术

语音编码包括波形编码和声源编码两种类型。

波形编码以再现波形为目的，利用波形相关性采用线性预测技术，尽量忠实地恢复原始输入语音波形。这种方式能保持较高的话音质量，硬件上也容易实现，但比特速率较高。

声源编码是将人类语音信息用特定的声源模型表示。发送端根据输入语音提取模型参数并进行编码，用传输模型参数替代传送以波形为基础的语音信息，在接收端则将收到的模型参数译码，并重新混合出语音信号。声源编码的比特速率大大降低，但自然度差，语音质量难以提高。尤其是在背景噪音较大的环境下声码器不能正常工作。

目前，3G 系统多采用综合上述两种方式的混合编码技术，如 QCELP（QualComm 码激励线性预测）、EVRC（Enhanced Variable Rate Coder）和 AMR（Adaptive Multi-Rate）。

2. 数字卫星通信系统

卫星通信是指利用人造地球卫星作为中继站转发无线电信号，在两个或多个地球站之间进行的通信。这里地球站是指设在地球表面（包括地面、海洋和大气中）的无线电通信站。用于转发无线电信号的人造卫星称为通信卫星。

（1）卫星通信系统组成

卫星通信系统主要由地球站、卫星通信传输线路（卫星线路）和通信卫星组成，如图 1-11 所示。地球站可以是陆地上的地面站、航空器上的航空站及舰船上的航海站等。

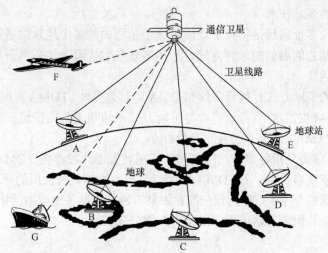

图 1-11　卫星通信系统

卫星通信的目的就是要借助卫星中继来实现地球站之间的信息传输。例如，在地球站之间要构成双工通信，既要向通信卫星发射信号，也要接收通信卫星转发的其他地球站发给本地球站的信号，图 1-12 给出了甲、乙两地地球站实现电话通信的工作原理。

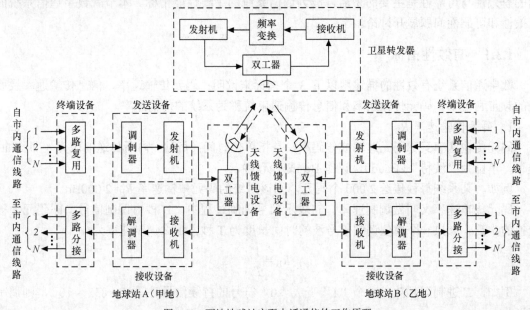

图 1-12　两地地球站实现电话通信的工作原理

由图 1-12 可见，若甲地用户要与乙地用户通话，甲地地球站 A 先要对来自市内通信线路的基带信号进行多路复用经过调制器变换为中频信号（例如 50MHz），再经过上变频器变换为微波信号（例如 7GHz）经高功率放大器放大后，由天线发向卫星（上行）。卫星接收到地球站的上行信号后，经放大和频率变换（例如由 7GHz 变换为 5GHz）为下行的微波信号。乙地地球站 B 接收到卫星转发的下行信号后，经低噪声放大、下变频、中频解调，还原为基带信号，经分路后送往市内通信线路，从而实现两地球站之间的双工通信。其中双工器用来实现天线收发共用。

（2）卫星通信的多址技术

在卫星通信中，多址通信是指在卫星波束覆盖范围内的多个地球站通过通信卫星的中继和转发实现各地球站之间通信的一种方式。采用多址技术能有效地提高卫星通信线路的利用率和通信连接的灵活性。

卫星通信常用的多址方式有频分多址（FDMA）、时分多址（TDMA）、码分多址（CDMA）、空分多址（SDMA）和它们的组合形式。与多址方式密切相关的是信道分配技术，常用的分配技术有预分配（PAMA）和按需分配（DAMA）。

在 FDMA 中，信道是指各地球站所占用的卫星转发器频段；在 TDMA 中信道是指各地球站所占用的卫星转发器时隙；在 CDMA 中信道是指各地球站所占用的正交码组。如果信道是预先分配给各地球站专用，则称为预分配；如果信道是根据各地球站的申请临时分配使用，用完后信道可提供给其他地球站使用，则称为按需分配。

1.3 数字通信系统的主要性能指标

对一个通信系统的评价，往往涉及到许多性能指标。但是，从消息的传输角度来说，通信的有效性与可靠性是主要的矛盾，成为通信系统的主要性能指标。本节就数字通信系统的有效性和可靠性问题展开讨论。

1.3.1 有效性指标

数字通信系统有效性的描述用以下 3 个指标来说明：码元传输速率、信息传输速率及系统的频带利用率。码元传输速率和信息传输速率统称为系统的传输速率。

1. 码元传输速率 R_B

码元传输速率又称码元速率或传码率，是指单位时间（每秒）内所传送的码元（即脉冲）数目，单位为"波特"（Baud），记作 Bd 或码元/秒。

例如，某系统每秒传送 2 000 个码元，则该系统的码元传输速率 R_B=2 000Bd。

码元传输速率又叫做调制速率。它表示信号调制过程中，1 秒内调制信号（即码元）被变换的次数。如果一个单位调制信号波的时间长度为 T 秒，那么调制速率为

$$R_B = \frac{1}{T} \tag{1-1}$$

例如，二进制调频波，一个"1"变成"0"符号的持续信号时间 $T = 833 \times 10^{-6}$，则调制速率为

$$R_{B} = \frac{1}{T} = \frac{1}{833 \times 10^{-6}} \approx 1\,200\,（Bd）$$

2．信息传输速率 R_b

信息传输速率又称为传信率，是单位时间（每秒）内系统所传送的信息量，单位为比特/秒（bit/s）。

比特（bit）是英文 binary digit 的缩写译音，意为二进制数字。在二进制中，一位二进制数字就叫做 1bit。例如，0010 为 4bit，111000 为 6bit。在实际应用中，比特这一术语也用来代表脉冲的个数和时间单位。即一个周期脉冲叫做 1bit，一个周期脉冲的时间宽度也可以叫 1bit。

比特在数字通信系统中是信息量的单位。在信息论中，信息量的定义为 $I = \log_a \dfrac{1}{P(x)}$，在数字通信系统中，一般 $a = 2$，所以 $I = \log_2 \dfrac{1}{P(x)}$。$P(x)$ 是消息出现的概率，信息量的大小是与 $P(x)$ 的大小成反比的，$P(x)$ 越小，信息量越大。在二进制数字通信系统中，每个二进制码元若是等概率传送的，即 $P(x) = \dfrac{1}{2}$，则信息量 $I = 1\text{bit}$。所以，一个二进制码元在此时所携带的信息量就是 1bit。

通常，在无特殊说明的情况下，都把一个二进制码元所传的信息量视为 1bit，信息传输速率即指每秒传送的二进制码元（或数字）的数目。在二进制数字通信系统中，码元传输速率与信息传输速率在数值上是相等的，但是单位不同，意义不同，不能混淆。在多进制系统中，多进制的进制数与等效对应的二进制码元数的关系为

$$N = 2^n \tag{1-2}$$

式中，N 是进制数，n 是二进制码元数，这时信息速率和码元速率的关系为

$$R_b = R_B \log_2 N\,（bit/s） \tag{1-3}$$

例如在四进制中（$N = 4$），已知码元的传输速率 $R_B = 600\text{Bd}$，则信息的传输速率 $R_b = 1\,200\text{bit/s}$。

3．系统的频带利用率 η

在比较两个通信系统的有效性时，单看它们的传输速率是不够的。或者说虽然两个系统的传输速率相同，但它们的系统效率可以是不一样的，因为两个系统可能具有不同的带宽，那么，它们传输信息的能力就不同。所以，衡量系统效率的另一个重要指标是系统的频带利用率。

η 定义为

$$\eta = \frac{符号传输速率}{频带宽度}\,（Bd/Hz） \tag{1-4}$$

或

$$\eta = \frac{信息传输速率}{频带宽度}\,（bit/（s \cdot Hz）） \tag{1-5}$$

通信系统的频带利用率，是在单位时间（秒）、单位频带上传输信息量的多少，单位为（比特/秒/赫）即 bit/（s·Hz）。通信系统所占用的频带越宽，传输信息的能力越大。系统的单位频带利用率越高，系统的有效性就发挥得越好。

1.3.2 可靠性指标

在数字通信系统中（尤其是在信道中）存在噪声干扰，接收到的数字码元可能会发生错误，而使通信的可靠性受到影响。数字通信系统的可靠性指标主要用误码率 P_e 和误信率 P_b 来衡量。

1. 误码率 Pe

误码率是指通信过程中系统传错码元的数目与所传输的总码元数目之比，也就是传错码元的概率，即

$$P_e = \frac{传错码元的个数}{传输码元的总数} \tag{1-6}$$

误码率是衡量数字通信系统在正常工作状态下传输质量优劣的一个非常重要的指标，它反映了数字信息在传输过程中受到损害的程度。误码率的大小，反映了系统传错码元的概率大小。误码率是指某一段时间内的平均误码率。对于同一条通信线路，由于测量的时间长短不同，误码率也不一样。在测量时间长短相同的条件下，测量时间的分布不同，如上午、下午和晚上，它们的测量结果也不相同。所以在通信设备的研制、考核及试验时，应以较长时间的平均误码率来评价。

2. 误比特率 P_b

误比特率又称误信率，是指传错信息的比特数目与所传输的总信息比特数之比，有时也称比特差错率，即

$$P_b = \frac{传错的比特数}{传输的总比特数} \tag{1-7}$$

误比特率的大小，反映了信息在传输中，由于码元的错误判断而造成的传输信息错误的大小，它与误码率从两个不同的层次反映了系统的可靠性。在二进制系统中，误码数目就等于传错信息量的比特数，即 $P_e = P_b$。

由于数字通信中一般采用二进制，在这种情况下，传输差错率都用 P_e 表示。

3. 信号抖动

在数字通信系统中，信号抖动是指数字信号码相对于标准位置的随机偏移，如图 1-13 所示。数字信号位置的随机偏移，即信号抖动的定量值的表示也是统计平均值，它同样与传输系统特性、信道质量及噪声等有关。在多中继段链路传输时，信号抖动也具有积累效应，对语音信号数字化传输质量有直接的影响。从可靠性角度而言，误码率和信号抖动都反映了通信质量。

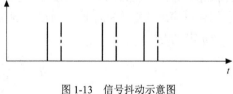

图 1-13　信号抖动示意图

1.4　数字通信的特点和主要技术

数字通信已成为通信技术的主流，它代表了通信技术的发展方向，这是因为它与模拟通信相比具有诸多的优点。本节讨论数字通信的特点和主要技术。

1.4.1　数字通信的特点

1. 抗干扰能力强，无噪声积累，保证较高的通信质量

数字信号是取有限个离散幅度值的信号，在信道中传输时，则可以在间隔适当距离处采用中继再生的办法消除噪声的积累，还原信号，实现长距离、高质量的传输。

在模拟通信中，传输的是幅值连续变化的模拟信号，受到干扰后，干扰信号就会叠加在信号波形上，并逐渐积累，又经逐级放大，使有用信号产生严重的畸变，一般很难完全恢复原始信号波形，如图 1-14（a）所示。在数字通信中，信息仅用脉冲的有、无表示，各种干扰不直接反映在脉冲的波形上。这样，即使传输中有干扰信号存在，通过再生中继，也可以有效地消除干扰信号的积累，使接收端能正确识别出所传输的信号，如图 1-14（b）所示。另一方面，数字通信系统可通过信道编码/解码来实现检错和纠错，这就使数字通信系统比模拟通信系统具有更强的抗干扰能力。

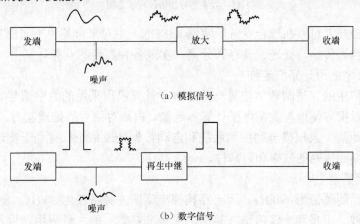

（a）模拟信号

（b）数字信号

图 1-14　模拟通信和数字通信抗干扰性能比较

2. 设备便于集成化、小型化

数字通信采用时分多路复用，不需要昂贵的、体积较大的滤波器。设备中大部分电路都是数字电路，可以用大规模甚至超大规模的现代化集成电路制成体积小、功耗低且成本低的设备。

3. 数字信号易于加密

数字信号易于加密，经过一些简单的逻辑运算即可实现加密。图 1-15 所示为数字信号加密过程示意图。

在图 1-15 中，x_1 为已编码的数字信号 1011010011…，y 为使信号加密的密码脉冲。这里设 y 为一个约定的周期脉冲，把它加到用异或门电路构成的加密电路上，在异或门电路上与输入的 x_1 进行异或门的逻辑运算，这种运算就是"模 2 加"运算，使加密信号变成与原信号 x_1 不同的 z 码。收端收到 z 码后，将它与收端的加密码 y 再通过异或门进行"模 2 加"运算，即可恢复原数码 x_1。这样就解了密，恢复了原来的数字信号。

4. 灵活性强，能适应各种业务要求

在数字通信中，各种消息（电报、电话、图像和数据等）都可以变换为统一的二进制信号进行传输。在通信过程中，可以采用时分复用实现多路通信。时分复用是指各种信号在信道上占有不同的时间间隙，同在一条信道上传输，并且互不干扰。

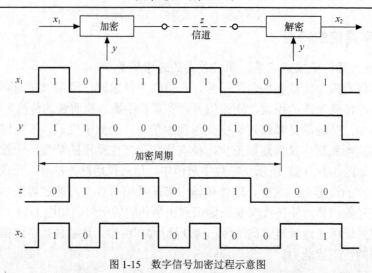

图 1-15　数字信号加密过程示意图

数字信号传输技术可以在综合业务数字网（ISDN）中对来自各种不同消息源的信号自动地进行变换、综合、传输、处理、储存和分离，实现各种综合的业务。

5．便于与数字电子计算机连接

由于数字通信中的二进制数字信号与数字电子计算机所采用的数字信号完全一致，所以数字通信线路可以很方便地与数字电子计算机连接，提高对信号的处理能力，提高通信质量，实现复杂的、远距离、大规模自动控制系统和自动数据处理系统；有利于实现通信网的自动化、智能化，提高通信网的效率和可靠性。

6．占用频带宽

一路数字电话的频带为 64kHz，而一路模拟电话所占频带仅为 4kHz，前者是后者的 16 倍。然而随着微波、卫星和光缆信道（其信道频带非常宽）的大量应用，以及频带压缩编码器的实现和大量使用，数字通信占用频带宽的矛盾正逐步缩小。

1.4.2　数字通信的主要技术

1．信源编码与解码

信源编码是产生信源数据的源头，利用信源的统计特性，解除信源的相关性，去掉信源的冗余信息，以达到压缩信源信息率，提高系统有效性的目的。信源编码主要是围绕压缩编码展开的，压缩编码的目标是尽可能用最少的信息序列来传输最大的信息量。在当今"信息爆炸"的时代，压缩编码的作用及其社会效益，经济效益越来越明显。压缩编码是提高数字通信系统有效性最重要的途径和最有效的方法。

（1）根据恢复信源的准确度，可将信源压缩编码方法分为无失真编码和限失真编码。

无失真编码也称为信息保持编码，它要求在对信源进行编解码的过程中不能丢失信息，以便完整准确地重建原始信号。无失真编码的优点是明显的，但缺点是压缩比较低，通常不会超过 3∶1。

限失真编码，即在对信源进行编解码过程中允许丢失一部分信息，通过控制失真程度，从而可实现较大的压缩比。

（2）根据压缩编码的实现方式可将信源压缩编码方法分为统计编码、预测编码、变换编码和识别编码。

统计编码是指利用消息或消息序列出现概率的分布特性，寻找其出现概率与码字长度间的最佳匹配，也称概率匹配编码，其目的是使总的代码长度最短。

预测编码是利用信号之间的相关性来预测未来的信号，通过对预测的误差进行编码来压缩数据量。

预测编码的基本原理是：对于有记忆信源，信源输出的各个分量之间是有统计关联的，这种统计关联性可以加以充分利用。在预测编码方法中，编码器和译码器都存储有过去的信号值，并以此来预测或估计未来的信号值。在编码器发出的不是信源信号本身，而是信源信号与预测值之差；在译码端，译码器将接收到的这一差值与译码器的预测值相加，从而恢复信号。在空间和时间域上压缩信源数据冗余量的预测编码的最大特点是直观、简洁、易于实现，特别是容易设计出具有实时性的硬件结构。但是预测编码的不足在于压缩能力有限。

具有更高压缩能力的方法和目前最为成熟的方法是变换编码。变换编码是一种非常有效的限失真编码方法，其基本的思想是利用信号在不同函数空间分布的不同，选择合适的函数变换，将信号从一种信号空间变换到另一种更有利于进行压缩编码，然后再对变换系数进行编码。简单地讲，即把信号由空间域变换到变换域中，用变换系数来描述。这些变换系数之间的相关性明显下降，并且能量常常集中于低频或低序系数区域中，这样就容易实现码率的压缩，而且还大大降低了实现的难度。

识别编码是通过对信号的特征进行分解与汇集这些基本特征的样本进行比较对照识别，选择失真最小的样本编码，识别编码的效率很高，是压缩编码研究的热点之一。

2. 信道编码与差错技术

信道编码的目的是为了改善通信系统的传输质量。由于实际信道存在噪声和干扰，使发送的码字与信道传输后所接收的码字之间存在差异，称这种差异为差错。噪声可分为两类，一类是热噪声，另一类是冲击噪声。热噪声引起的差错是一种随机差错，亦即某个码元的出错具有独立性，与前后码元无关。冲击噪声是由短暂原因造成的，例如电机的启动、停止，电器设备的放弧等，冲击噪声引起的差错是成群的，其差错持续时间称为突发差错的长度。一般情况下，信道噪声越大，干扰越大，码字产生差错的概率也就越大。

差错控制的基本方式分为两类，一类称为"反馈纠错"，另一类称为"前向纠错"。在这两类基础上又派生出一种称为"混合纠错"方式。

在无记忆信道中，噪声独立随机地影响着每个传输码元，因此接收的码元序列中的错误是独立随机出现的。以高斯白噪声为主体的信道属于这类信道。太空信道、卫星信道、同轴电缆、光缆信道以及大多数视距微波接力信道，均属于这一类型信道。

在有记忆信道中，噪声、干扰的影响往往是前后相关的，错误是成串出现的。通常称这类信道为突发差错信道。实际的衰落信道、码间干扰信道均属于这类信道。典型的有短波信道、移动通信信道、散射信道以及受大的脉冲干扰和串话影响的明线和电缆信道，甚至还包括在磁记录中，划痕、涂层缺损将造成成串的差错。有些实际信道既有独立随机差错也有突发性成串差错，称这种差错为混合差错。

对不同类型的信道，要对症下药，设计不同类型的信道编码，才能收到良好效果。所以按照信道特性和设计的码字类型进行划分，信道编码可分为纠独立随机差错码、纠突发差错码和纠混合差错码。从信道编码的构造方法看，其基本思路是根据一定的规律在待发送的信息码中加入一些多余的码元，以保证传输过程的可靠性。信道编码中加入冗余码用来减少误码，其代价是降低了信息的传输速率，即以降低有效性来提高可靠性。信道编码技术是第三代移动通信中的一项核心技术。在第三代移动通信系统 W-CDMA 和 cdma2000 等中，除采用与 IS-95CDMA 系统相类似的卷积编码技术和交织技术之外，还建议采用 Turbo 编码技术机 RS-卷积码级联技术。

3．调制与解调

数字调制就是把数字基带信号的频谱搬移到高频处，形成适合在信道中传输的频带信号。数字调制信号又称为键控信号，调制过程可用键控的方法由基带信号对载频信号的振幅、频率及相位进行调制。这种调制的最基本方法有 3 种：振幅键控（ASK）、频移键控（FSK）和相移键控（PSK）。根据所处理的基带信号的进制不同，它们可分为二进制和多进制调制（M 进制）。多进制数字调制与二进制相比，其频谱利用率更高。其中 QPSK（即 4PSK）是 MPSK（多进制相移键控）中应用较广泛的一种调制方式。交错正交相移键控（OQPSK）是继 QPSK 之后发展起来的一种恒包络数字调制技术，是 QPSK 的一种改进形式，也称为偏移四相相移键控（offset-QPSK）技术。对这些信号可以采用相干解调或非相干解调还原为数字基带信号。对高斯噪声下的信号检测，一般用相关器接收机或匹配滤波器实现。

4．数字复接与同步技术

数字复接就是依据时分复用基本原理把若干个低速数字信号合并成高速数字信号，以扩大传输容量和提高传输效率。

在现代通信网内需要对数字信息进行交换和复接。为了保证将低速数字流合并成高速数字流时没有信息丢失，以及将低速数字流从高速数字流正确分离出来，必须建立网同步系统。

网同步的主要作用就是完成数字流的复接，复接由复接器完成，复接器由合路器和分路器组成，如图 1-16 所示，合路器将各支路的低速数字流合成高速数字流，分路器将高速数字流按需要分成低速数字流。这样就必须确定通信网中各数字通信设备的时钟之间的关系，这种数字通信网中各数字通信设备内时钟之间的同步称为网同步。

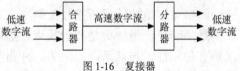

图 1-16　复接器

数字同步网由基准时钟、各级大楼综合时钟供给设备（Building Integrated Timing System，BITS）或称同步信号源单元（Synchronization Source Unit，SSU）、传输链路及网管监控系统等 4 个基本部分组成，如图 1-17 所示。

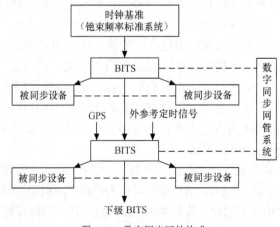

图 1-17　数字同步网的构成

保持数字网同步的关键是提高各级同步网基准时钟的准确度和精度,建立世界统一的数字同步网标准,通过一定的同步方式减轻和消除基准时钟误差的影响,这样才能提高数字通信网的通信质量,简化全球通信网国际间同步网的接口。

5. 多址技术

多址技术是使众多的用户共用公共的通信线路。为使信号多路化而实现多址的方法基本上有 3 种,它们分别采用频率、时间或代码分隔的多址连接方式,即人们通常所称的频分多址(FDMA)、时分多址(TDMA)和码分多址(CDMA)3 种接入方式。图 1-18 所示用模型表示了这 3 种方法的简单概念。FDMA 是以不同的频率信道实现通信的,TDMA 是以不同的时隙实现通信的,CDMA 是以不同的代码序列实现通信的。

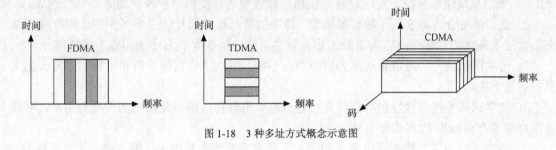

图 1-18　3 种多址方式概念示意图

1.5　数字通信发展趋势

在技术发展与用户需求的驱动下,数字通信技术变革的脚步从未停顿。顺着延展的画卷看去,层出不穷的新概念、新技术和新模式,为数字通信技术创造着更广阔的发展空间。

1. 网络社会的到来

截至 2008 年底,全球移动用户数已经超过 35 亿户,而在未来的几年内更将超过 50 亿户,人人都可以平等地接入网络,自由地使用通信工具进行沟通,人们的工作和生活方式也将随之发生深刻的改变,人类社会真正进入网络化的社会。特别是在新兴市场,超过 10 亿人口将跨越数字鸿沟,通过移动终端接入到信息社会。

2. 移动宽带时代的到来

宽带业务特别是移动宽带业务将进入快速发展的轨道。未来 5 年,全球固定宽带用户将达到 6 亿户,其中新增 3 亿户;移动宽带用户将超过 14 亿户,其中新增用户 12 亿户,呈现出爆发式增长的态势;基于光纤的高速接入和 LTE(是 3.9G 的全球标准)成为主要技术选择。有线的高带宽和移动的广覆盖能力结合在一起,人们可随时随地地体验"Any Screen(手机、计算机、电视……)融合"的业务。

3. "云计算"形成规模

未来 5 年,"云计算"将超越概念和技术的探讨,进入规模发展的阶段。随着网络的宽带化以及信息技术的进步,基于网络架构,越来越多的业务和服务随时能够以低廉的价格方便地获得和应用。"信息电厂"的"云计算"时代到来。用户不再需要购买昂贵的软件和硬件等基础设施,只需要通过 Internet 连接"云",就可以获得所需服务。

4. 海量数字信息的来临

今后，人类每年都将产生超过 1 000EB 字节的数字内容。在数字洪水的冲击下，通信骨干网络的流量将每年以 50%～80%的速度增长，而网络流量将呈现出十倍甚至百倍的增长。驱动承载网进入端到端的 T-bit 时代。依靠核心网 IP 化，以"云计算"为基础，实现海量信息的集中计算和处理。

小　　结

1. 通信系统由信息源、发送设备、信道、接收设备、受信者和噪声源 6 个部分组成。

2. 通信信号分为数字信号和模拟信号，数字信号与模拟信号的主要区别在于幅度取值是离散的还是连续的，幅度取值为离散的称为数字信号，幅度取值为连续的称为模拟信号。

3. 传输模拟信号的通信系统称为模拟通信系统，数字通信系统是指利用数字信号传递信息的通信系统。

4. 数字通信系统有效性指标有码元传输速率、信息传输速率及系统的带宽利用率，可靠性指标主要有误码率 P_e 和信号抖动。

5. 数字通信方式与模拟通信方式相比，其最主要的优点是抗干扰能力强，无噪声积累，能保证较高的通信质量。

6. 数字通信的主要技术有：信源编码与解码、信道编码与差错技术、调制与解调、同步与数字复接技术、多址技术等。

7. 数字通信发展趋势：网络社会的到来、移动宽带时代的到来、"云计算"形成规模、海量数字信息的来临。

思考题与练习题

1-1　模拟信号与数字信号的区别是什么？

1-2　画出数字通信系统模型并说明各个组成部分的主要功能。

1-3　假设在 125μs（微秒）内传输 250 个二进制码元，试计算信息传输速率为多少。若该信号在 2s 内有 3 个码元产生误码，试问其误码率等于多少。

1-4　假设某一数字信号的码元传输速率为 1 200Bd，试问它采用四进制或采用二进制数字信号传输时，其信息传输速率各为多少。

1-5　假设信道频带宽度为 1 024kHz，可传输 2 048kbit/s 的比特，其传输效率为多少？信道频带宽度为 2 048kHz，其传输效率又为多少？

1-6　简单说明数字通信系统有效性指标、可靠性指标的含义。

1-7　试述数字通信的主要特点。

1-8　简述数字通信的主要技术。

第 2 章　　　　语音信号数字化技术

本章内容

- 语音信号数字化方式。
- 抽样、量化、编码与解码。
- 差值脉冲编码调制（DPCM）。
- 参量编码。
- 子带编码（SBC）。

本章重点

- 抽样、量化、编码与解码。
- 差值脉冲编码调制（DPCM）。

本章难点

- 编码与解码。

本章学时数

- 22 学时。

学习本章目的和要求

- 掌握数字通信中抽样、量化、编码与解码的方法。
- 掌握差值脉冲编码调制（DPCM）。
- 了解参量编码和子带编码（SBC）的概念。

2.1　语音信号数字化方式

本节通过介绍基带传输 PCM 通信系统的通信过程、PCM 通信系统的各部分的作用以及语音信号编码的分类，建立起语音模拟信号是如何数字化的概念。

2.1.1　PCM 通信系统

脉冲编码调制通信（PCM）是数字通信系统中主要形式之一。PCM 通信系统如图 2-1 所示，它由 3 个部分组成。

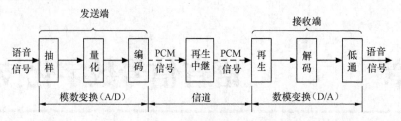

图 2-1 PCM 通信系统

（1）第 1 部分相当于信源编码部分的模/数变换（A/D），它包括抽样、量化和编码。首先把模拟信号用时间域上的离散时间点的振幅值来表示，即用样值来表示（抽样），样值序列被称为脉冲幅度调制信号（Pulsse Amplitude Modulation，PAM）；然后把连续的样值用离散的幅度值来近似表示（量化）；最后再把离散的幅度值变换为不易受传输干扰的二进制数字代码信号（编码）。

（2）第 2 部分相当于信道部分的信道和再生中继器。信号在传输过程中要受到干扰和衰减，所以每隔一段距离加一个再生中继器，使数字信号获得再生。

（3）第 3 部分相当于信源解码部分的数/模变换（D/A），它包括再生、解码和低通滤波。首先把数字编码脉冲还原为量化的样值脉冲（解码），然后进行滤波，去除高频分量，还原为模拟信号。

下面介绍各部分的作用。

1. 抽样

语音信号不仅在幅度取值上是连续的，而且在时间上也是连续的。要使语音信号数字化，首先要在时间上对语音信号进行离散化处理，这一处理过程是由抽样来完成的。抽样就是每隔一定的时间间隔，抽取模拟信号的一个瞬时幅度值（样值），如图 2-2 所示。抽样后所得出的一串在时间上离散的样值称为样值序列或样值信号。显然抽样后的样值序列是脉幅调制（PAM）信号，其幅度取值仍然是连续的，因此它仍是模拟信号。要变为数字信号需要进一步进行幅度上的离散化处理，即量化。

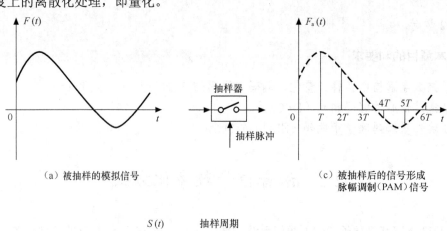

（a）被抽样的模拟信号

（c）被抽样后的信号形成
脉幅调制（PAM）信号

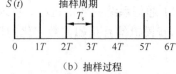

（b）抽样过程

图 2-2 模拟信号被抽样过程

2. 量化

将 PAM 信号在幅度上离散化，处理成为时间上和幅度上都是离散的符号序列号这个过程就是量化。其做法是将 PAM 信号的幅度变化范围划分为若干个小间隔，每一个小间隔叫做一个量化级，PAM 信号就落在某一个量化级中。当样值落在某一量化级内时，就用这个量化级的中间值、最小值或最大值来代替，该值称为量化值。对应的量化方法有四舍五入法、舍去法和补足法。

例如，幅度为 1.36V 和 2.63V 的样值，若信号幅度变化范围为 0V～3V,分成 3 段采用不同的方法量化，其结果为：采用四舍五入法量化后分别得到 1.5V 和 2.5V；采用舍去法量化后分别得到 1V 和 2V；采用补足法量化后分别得到 2V 和 3V。采用舍去法量化的过程和波形如图 2-3 所示。把相邻两个量化值之间的差称作量化级差或量化间隔，用 Δ 表示。这样，对上例中量化值为 0V、1V、2V 的情况，相邻两量化值的差为 1V，则量化级差或量化间隔 $\Delta = 1V$。

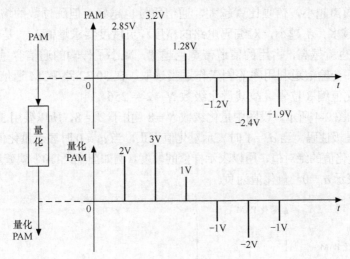

图 2-3　采用舍去法的量化

用有限个量化值表示无限个取样值，总是含有误差的。由于量化而导致的量化值和样值的差称为量化误差，用 $e(t)$ 表示，即 $e(t)$= 量化值-样值。

可以看出，四舍五入法量化误差较小，舍去法和补足法量化误差较大。四舍五入法的最大量化误差 $|e(t)|_{max} = \dfrac{\Delta}{2}$，　舍去法和补足法最大量化误差 $e(t)|_{max} = \Delta$，从减小量化误差的角度出发，应采用四舍五入法。可实际上由于舍去法和补足法的电路容易实现，所以实用电路常常是在发信端采用舍去法量化，在收信端再加上半个量化级差，这样最终产生的量化误差同四舍五入法是相同的。例如上例中的 1.36V 样值，直接按四舍五入法量化为 1.5V；而发信端按舍去法量化为 1V,收信端经解码还原为 1V，再加上半个量化级差（即 0.5V）后也变为 1.5V。因此，下面主要针对四舍五入法量化理论进行分析。

量化误差大小与量化间隔有关。量化误差的影响会在电路中形成噪声，称作量化噪声。以 1.36V 为例，它经量化后，在输出端得到 1.5V，这相当于电路上有 0.14V 的噪声电压叠加在 1.36V 上。量化噪声是数字通信中特有的噪声，也是主要的噪声。减小量化噪声的方法是在工作范围一定的情况下，增加量化级数，减小量化级差，可使量化误差减小。量化级数越多越密，量化误差就越小，但这将增加设备的复杂性，因此要综合考虑。

模拟信号经抽样与量化后还需进行编码处理才能使离散样值形成更适宜的数字信号形式。

3. 编码

编码就是将离散抽样值变成二进制码元的过程。每一位二进制数字码只能表示两种状态之一，以数字表示就是"1"或"0"。在二进制中用几个比特组成一个码字。码字就是几位二进制码元（1，0）的具体组合。一个码字中所包含的比特数 n，应根据总的量化级数 N 而定，它们之间的关系可表示为

$$N = 2^n \tag{2-1}$$

例如 $N = 16$，由于 $N = 2^n$ 故需要用 4 位二进制数来表示一个码字。码字数与量化级数的关系是：量化级数 N 越多，所需二进制码位数越多，在相同编码动态范围内，量化间隔 Δ 的值就越小，量化噪声越小，信噪比就越大，通信质量也越好。但码位数的增加会出现如下一些问题：一是 n 越多，Δ 越小，对编码电路的精度和灵敏度要求增高；二是 n 越多，数码率（码元传输速率）也就越高，占用的信道带宽也越宽，减小了传输的通信容量。因此，码位数应根据通信质量、传输信道利用率等因素作适当选取。在 30/32 路 PCM 通信设备中，一般语音信号的一个量化值编 8 位码，故其量化级数 $N = 2^n = 256$。

编码的过程如图 2-4 所示。设图中量化级数 $N = 8$，由于 $2^n = 8$，所以要用 3 位二进制码 $a_1 a_2 a_3$ 表示，其中 a_1 是极性码。当 $a_1 = 1$ 时表示量化值为正，当 $a_1 = 0$ 时表示量化值为负。$a_2 a_3$ 是幅度码，它们表示量化值的绝对值，用以表示样值的幅度。例如图中"110"就表示 $a_1 = 1$，量化值为正；"010"就表示 $a_1 = 0$，量化值为负。

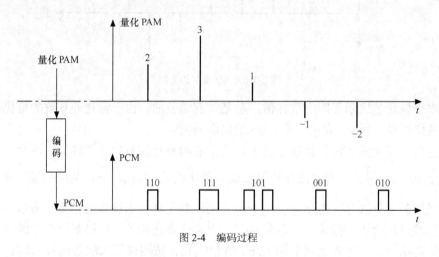

图 2-4　编码过程

4. 再生中继

通信系统中，均存在衰耗、相移和干扰，会引起幅频失真和相频失真。对数字脉冲信号而言，其失真影响更为严重。这种失真随传输距离增长而加剧，终端设备输出的基带信号传送的距离受到一定的限制。要实现长距离的数字通信，必须在数字通信中每隔一段距离设一个再生中继器，对已失真的信号进行"整形"放大，如图 2-5 所示。

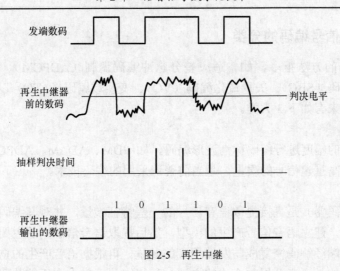

图 2-5　再生中继

再生中继器将由终端设备输出的经过一段线路传输后产生了失真并叠加了干扰的数字信号，通过在再生中继器中加以均衡和再生，将信息码恢复成和发送端一样的脉冲再传送到下一站。用这样的方法不断延伸传输距离，以实现长距离的数字通信。由于噪声干扰可以通过对信号的均衡放大、再生判决后去掉，因此理想的再生中继系统是不存在噪声积累的。当然，一旦数码波形受到干扰而不能正确判决时，就会产生误码，这种误码是会积累的。

5. 解码与低通滤波

在脉冲编码调制通信系统中，解码是将 PCM 信号还原为量化 PAM 信号，它是编码的相反过程。但由于解码后 PAM 信号与编码前的 PAM 信号相比存在着量化误差，故需要在每个离散值上补半个量化级差，以减少全程的量化误差。

解码后的 PAM 信号在时间上是离散的脉冲，还要还原出原模拟信号，只需滤除离散脉冲中的谐波分量，取出其包络线（低频分量）即可（这个过程称为重建 PAM）。在实际中是通过低通滤波器来实现的，如图 2-6 所示。

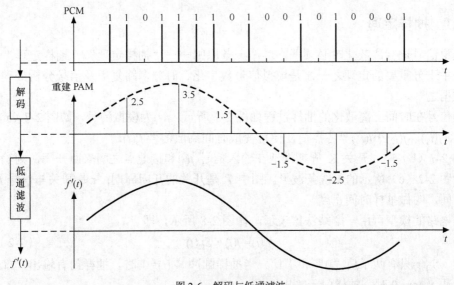

图 2-6　解码与低通滤波

2.1.2　语音信号编码的分类

语音信号编码的方法很多，如自适应差分脉冲编码调制（ADPCM）、自适应增量调制（ADΔM）、子带编码（SBC）、矢量量化编码（VQ）、变换域编码（ATC）以及参量编码（声码器）等。归纳起来有如下 3 大类。

1. 波形编码

根据语音波形的幅度进行编码称为波形编码，如 PDM、ADΔM、ADPCM、SBC 和 VQ 等，其特点是有较高重建信号的质量，是当前普遍采用的编码技术。

2. 参量编码

参量编码（声码器）是直接提取语音信号的一些特征参量，并对其编码。其基本原理是由语音产生的条件，建立语音信号产生的模型，然后提取语音信息中的主要参量，经编码发送到接收端。接收端经解码恢复成与发端相应的参量，再根据语音产生的物理模型合成输出相应语音，即采取的是语音分析与合成的方法。其特点是可以大大压缩数码率，因而获得了广泛的应用。但语音质量与波形编码相比要差一点。

3. 混合编码

混合编码是介于波形编码和参量编码之间的一种编码，即在参量编码的基础上，引入了一定的波形编码的特征，来达到改善自然度的目的。

2.2　抽　　样

抽样是在时间上对模拟信号进行离散化处理的第一步，对抽样的要求是用时间离散的抽样序列来代替原来时间连续的模拟信号，并要求能完全表示原信号的全部信息。本节从理论上说明了在什么条件下，接收端能从解码后的样值序列中恢复出原始语音信号；并介绍抽样和重建的电路及解决问题的方法。

2.2.1　抽样定理

将模拟信号进行离散化时必须严格遵循一条原则——"抽样定理"。"抽样定理"是数字通信原理中十分重要的定理之一，是模拟信号数字化、时分多路复用及信号分析处理等技术的理论依据之一。

连续信号在时间上离散化的抽样过程如图 2-7 所示。$f(t)$ 为模拟信号，如图 2-7（a）所示。仅取 $f(t_0)$、$f(t_1)$、$f(t_2)\cdots f(t_n)$ 等各点值，便可变成时间离散信号 $f_s(t)$。

在图 2-7（b）中，开关 K 周期性地在输入信号 $f(t)$ 和接地点之间来回开闭，则输出号就会形成如图 2-7（c）所示的影线条波形。图中 T_s 是开关的开闭周期；τ 是开关与信号 $f(t)$ 接点的闭合时间，叫做抽样时间宽度。

抽样电路的模型可用一个乘法器表示，如图 2-8 所示，即

$$f_s(t)= f(t) \cdot S_\Omega(t) \tag{2-2}$$

式中，$S_\Omega(t)$ 只有两个值 "0" 和 "1"。当抽样脉冲 $S_\Omega(t)=1$ 时，抽样门有输出，$f_s(t)=f(t)$；当抽样脉冲 $S_\Omega(t)=0$ 时，抽样门无输出，$f_s(t)= 0$。

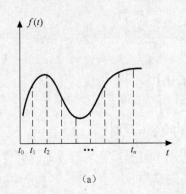
（a）

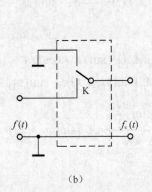
（b）

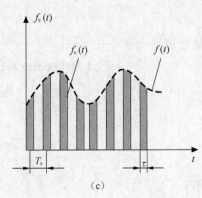
（c）

图 2-7 抽样过程的原理示意图

抽样脉冲 $S_\Omega(t)$ 的波形如图 2-9 所示。它是重复周期为 T_s、脉冲幅度为 1、脉冲宽度为 τ 的周期性脉冲序列。

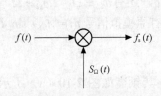

图 2-8 抽样电路的模型

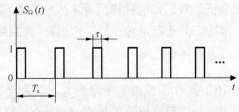

图 2-9 抽样脉冲序列

用傅里叶级数表示 $S_\Omega(t)$ 为

$$S_\Omega(t) = A_\Omega + 2\sum_{n+1}^{\infty} An\cos\omega_\Omega t$$

式中，

$$\omega_\Omega = \frac{2\pi}{T_s} = 2\pi f_s$$

$$A_0 = \frac{\tau}{T_s}$$

$$A_0 = \frac{\tau}{T_s}\frac{\sin\dfrac{n\omega_\Omega\tau}{2}}{\dfrac{n\omega_\Omega\tau}{2}}$$

则

$$\begin{aligned}f_s &= f(t)\cdot S_\Omega(t)\\ &= A_0 f(t) + 2A_1 f(t)\cos\omega_\Omega t + 2A_2 f(t)\cos 2\omega_\Omega t + \cdots + 2A_n f(t)\cos n\omega_\Omega t\end{aligned}$$

（2-3）

若 $f(t)$ 为单一频率 Ω 的正弦波，即

$$f(t) = A_\Omega\cdot\sin\Omega t$$

则式中的各项分别是

第 1 项为

$$A_0 f(t) = \frac{\tau}{T_S} A_\Omega \cdot \sin \Omega t$$

第 2 项为

$$2A_1 f(t) \cdot \cos \omega_\Omega t = 2A_1 A_\Omega \cdot \sin \Omega t \cdot \cos \omega_\Omega t$$

$$= A_1 A_\Omega \left[\sin(\omega_\Omega + \Omega)t - \sin((\omega_\Omega - \Omega)t) \right]$$

$$= \frac{\tau}{T_s} \frac{\sin \frac{\omega_\Omega \tau}{2}}{\frac{\omega_\Omega \tau}{2}} \cdot A_\Omega \left[\sin(\omega_\Omega + \Omega)t - \sin(\omega_\Omega - \Omega)t \right]$$

第 $n + 1$ 项为　　　　　　　　　$\cdots$

$$\frac{\tau}{T_s} \frac{\sin n \frac{\omega_\Omega \tau}{2}}{n \frac{\omega_\Omega \tau}{2}} \cdot A_\Omega \left[\sin(n\omega_\Omega + \Omega)t - \sin(n\omega_\Omega - \Omega)t \right]$$

经过分析，我们知道抽样后频率成分除原模拟信号 Ω 外，还有 $\omega_\Omega \pm \Omega$，$2\omega_\Omega \pm \Omega$，$\cdots$，$n\omega_\Omega \pm \Omega$，即除 Ω 外还有 $n\omega_\Omega$ 的上、下边频。并且第一项中包含有原模拟信号 $f(t) = A_\Omega \cdot \sin \Omega t$ 的全部信息，只是幅度差 $\frac{\tau}{T_s}$ 倍。

若原始信号 $f(t)$ 的频谱的带宽为 f_m，即为一定带宽信号，其频谱如图 2-10（a）所示（图中形状不表示不同频率成分能量的分布情况，仅表示该信号带宽），则由上面简单的正弦信号样值的频谱成分分析类推可知：抽样后的 PAM 信号中的频谱成分除有 $-f_m \sim f_m$ 外，还有 $n\omega_\Omega$ 的各次上、下边带，如图 2-10（b）、（c）、（d）所示（图只表示频率成分的有无，不表示幅度的相对大小关系）。

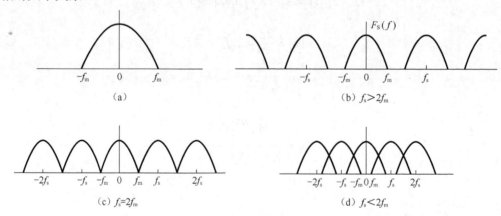

（a）

$F_s(f)$

（b）$f_s > 2f_m$

（c）$f_s = 2f_m$

（d）$f_s < 2f_m$

图 2-10　抽样信号的频谱

1. 低通型抽样定理

从图 2-10 可以看到，当 $f_s > 2f_m$ 时，原模拟信号频带和各次上、下边带有一定的频率间隔；当 $f_s = 2f_m$ 时，原模拟信号频带和各次上、下边带的频率紧挨在一起，但不重叠；当 $f_s < 2f_m$ 时，原模拟信号频带和各次上、下边带重叠在一起。

要把原始信号 $f(t)$ 滤取出来，必须使 $f(t)$ 中的各个相邻边带不发生重叠，否则在滤波器输出信号的频率中不仅有原来信号 $f(t)$，也有其他不需要的频谱分量，这就形成了"折叠噪声"，也就不能完全不失真地恢复原始信号。对于 $f_s > 2f_m$ 和 $f_s = 2f_m$ 在接收端均可通过截止频率 $f_c = f_m$ 的理想低通滤波器从样值信号频谱中滤取出模拟信号频带。对于频带为 $-f_m \sim f_m$ 的信号，为了避免边带相互重叠，抽样频率必须满足下列条件：

$$f_s \geqslant 2f_m \tag{2-4}$$

即抽样脉冲 S_Ω 的重复频率 f_s 必须不小于模拟信号最高频率的两倍，这就是低通型抽样定理。

对于频谱被限于 f_m 的信号来说，所要求的最低抽样频率为 $f_{min} = 2f_m$ 若用此抽样频率 f_{min} 进行抽样，在抽样后的信号中，各相邻边带之间没有间隔，即防卫带（又叫做保护频带）为零。这时要把原始的模拟信号从抽样信号中分离出来，就需要一个理想的、特性陡削的低通滤波器。但在实际中，理想滤波器是不存在的，实际中的低通滤波器没有理想滤波器那样具有锐截止频率特性，而是有一定的过渡带，因此，为了保证实际低通滤波器能取出原始模拟信号的频谱，一般应有一定的防卫带。故一般采用 $f_s > 2f_m$，使原模拟信号和各次边带间留出空隙，如图 2-10（b）所示。例如，语音信号的频带为 300Hz～3 400Hz，最高频率被限制在 3 400Hz，$2f_m = 6 800$Hz，抽样频率 f_s 实际上采用 8 000Hz，在这种情况下，防卫带 $= f_s - 2f_m = 8\ 000 - 6\ 800 = 1\ 200$Hz。其重复周期 $T_s = 1/f_s = 125\mu s$，即对电话信号每隔 125μs 抽取一个样值。接收端用截止频率 $f_c = 3\ 400$Hz 的低通滤波器就可以将样值恢复成模拟信号，从而完成通信任务。

应当指出，抽样频率 f_s 取得越高对防止频谱重叠越有利，但 f_s 增大会使总的数码率增高，给传输带来不便。因此，我国 30/32 路 PCM 基群的抽样频率 f_s 为 8 000Hz，重复周期为 125μs。在选定 $f_s = 8\ 000$Hz 后，对模拟信号 f_m 必须加以限制，以免引起折叠噪声。例如，若 f_m 为 5 100Hz，则不再满足 $f_s \geqslant 2f_m$ 的要求，从图 2-10（d）可以看到它的频谱就会重叠，接收端用 $f_c = 3\ 400$Hz 的低通滤波器去还原就必然导致折叠噪声。所以，在脉冲编码调制中，为了减少折叠噪声，在对语音信号抽样时除在抽样前加入一个 0～3 400Hz 的低通滤波器作频带限制（限制 f_m）之外，通常还将抽样频率 f_s 取得稍大些，保证 $f_s \geqslant 2f_m$，使其留有一定的富余量。若前置低通是非理想的，则语音频带不能限制在 0～3 400Hz 之内，抽样后的样值信号频谱必然会产生重叠。这样，经接收端的低通滤波器对语音信号重建后将产生折叠噪声，如图 2-11 所示。而且，由于在语音重建后，不可能将折叠噪声从语音中分离出来，因此，折叠噪音是不可以补偿的。但是，语音信号在经前置低通滤波后，大于 4kHz 的频率成分衰减极快。因而，折叠噪声的影响一般可忽略不计。

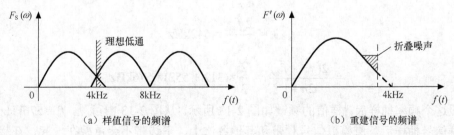

（a）样值信号的频谱　　　　　　　　　　　（b）重建信号的频谱

图 2-11　折叠噪声

2. 带通型抽样定理

以上讨论的是频带限制在 f_m 以内的低通型信号的抽样定理，声音和图像信号的取样多依据这个定理来决定抽样频率。例如，语音信号的频带为 300Hz～3 400Hz，低频率分量 f_L 为 300Hz，高频率分量 f_H 为 3 400Hz，其带宽带宽 $B = f_H - f_L = 3\ 400 - 300 = 3\ 100Hz > f_L$。把带宽 $B > f_L$ 的信号，称为低通型信号；把带宽 $B < f_L$ 的信号，称为带通型信号。对于带通型信号，应该用什么样的时间间隔进行抽样，才能不失真地恢复原模拟信号呢？

先分析图 2-12 所示的频谱图。从图中可见，带通型信号的带宽限制在 $[f_H, f_L]$，f_L 为最低频率分量，f_H 为最高频率分量，其频带宽度为 $B = f_H - f_L$。任何带通信号都可以通过混频将其频谱转换成低通型的基带信号。因而，对于带通型信号的抽样频率 f_s，若仍然按 $f_s \geqslant 2f_m$ 选取，各边带样值序列频谱不产生频谱重叠，可以不失真恢复原模拟信号。但

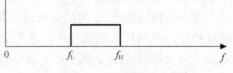

图 2-12 带通型信号示意图

$0 \sim f_L$ 频段没有被利用，在 $0 \sim f_L$ 范围内是空闲的，信道的利用率不高。为了提高频率的复用度，应尽可能地占满（利用）此频段。为了不发生重叠（在 $0 \sim f_L$ 范围内），应使左右平移后的频谱中没有上下边带冲突（重叠）的现象。但选取的抽样频率不能太高，否则将会降低信道传输效率。只要适当地选取抽样频率，就可以将样值中的一个或多个边带搬移至 $0 \sim f_L$ 频段，使 $0 \sim f_L$ 频段得到利用，而且抽样频率可以大大地降低。

当抽样频率满足下列条件时，可使 $f_L < 2f_H$，并使抽样的样值序列频谱不产生重叠。

$$nf_s - f_L \leqslant f_L \qquad\qquad 即 f_s \leqslant \frac{2f_L}{n}$$

$$(n+1)f_s - f_H \geqslant f_H \qquad\qquad 即 f_s \geqslant \frac{2f_H}{n+1}$$

或

$$\frac{2f_H}{n+1} \leqslant f_s \leqslant \frac{2f_L}{n} \tag{2-5}$$

式中，n 取 f_L/B 的整数部分，$B = f_H - f_L$。

通常

$$f_s = \frac{2(f_L + f_H)}{2n+1} \tag{2-6}$$

【例 2-1】 试求载波通信 60 路超群信号 312kHz～552kHz 的抽样频率。

解 因为 $\qquad\qquad B = f_H - f_L = 552 - 312 = 240\text{kHz}$

可得 $\qquad\qquad f_L/B = 312/240 = 1.3 \qquad n = 1$

$$f_{s\,下限} = \frac{2f_H}{n+1} = 552\ \text{kHz}$$

$$f_{s\,上限} = \frac{2f_L}{n} = 642\text{kHz}$$

故有 $\qquad\qquad f_s = \dfrac{2(f_L + f_H)}{2n+1} = \dfrac{2}{3} \times (312 + 552) = 576\text{kHz}$

按照这个频率抽样后，样值的频谱如图 2-13 所示。从图 2-13 中可见，$f_s = 576$kHz 时载波通信超群信号抽样后，原模拟信号频带和其他各次上、下边带不会重叠在一起，在接收端采用带通滤波器可以从中滤出载波通信超群频谱。

载波通信超群也可以按低通抽样定理确定抽样频率，这时，$f_s = 2 \times 552 = 1\ 104$kHz，远大于按带通型抽样定理确定的抽样频率 $f_s = 552$kHz～624kHz。因此，带通型信号可以按带通型

抽样定理来确定抽样频率，且抽样频率将大大减小，这有助于简化设备的复杂性和提高传输效率。

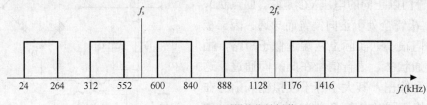

图 2-13 带通型样值信号频谱

以上讨论了带通型信号的抽样频率。抽样频率选择得合适与否，不但涉及到能否在接收端将原始信号恢复的问题，而且还关系到信道的有效性和可靠性问题。当每一样值的编码位数确定时，f_s 越高，数码率就越高（有效性降低），数码率越高，误码的可能性也就越大（可靠性降低）。因此，在保证接收端可靠重建的前提下，尽可能选择小的 f_s 是很重要的。

2.2.2 抽样、保持电路

模拟信号被抽样后，得到一系列脉冲幅度调制（PAM）信号，但还需将每一个 PAM 样值进行量化和编码。根据抽样定理的要求，抽样脉冲在理论上应是脉冲宽度极窄的冲激脉冲，但这在实际中是不能实现的。实际抽样过程只能是要避免使用较宽的抽样脉冲，否则，除形成孔径效应外，还会使抽样脉冲宽度内的幅度随时间变化，即样值脉冲的顶部不平坦，这在量化时，将给准确地选取量化电平带来困难，从而产生量化失真。

通常，将一个 PAM 样值编成 8 位二进制码，每个样值编码时需要一定的时间，即要求在编码过程中 PAM 样值的幅度应保持不变。由于抽样信号的脉冲宽度极窄，用其抽取样值进行直接编码是不可行的。因此，实际应用中，通常是以很窄的脉冲先作近似理想取样，而后经过一种展宽电路形成平顶样值序列，再送去进行量化编码。在一般电路中，抽样和保持多是连在一起的，合称"抽样保持"。抽样由开关电路实现，保持则依靠储能元件实现。

1. 抽样门

抽样电路一般称为抽样开关或简称抽样门。对抽样门保持的要求如下。

（1）开关速度要高。

（2）开关闭合时 R_{ON} 要小，最好趋于 0；开关断开时 R_{OFF} 要大，最好趋于 ∞。

（3）传输系数 $K=\dfrac{V_出}{V_入} \geqslant 80\%$。

（4）线性要好，否则输出信号会产生非线性失真。

（5）抽样脉冲（CH 路脉冲）泄漏要小。

（6）路际串话要小。

抽样门的电路种类很多，既可用分立元件（如二极管、三极管和场效应管）组成，也可以选择集成抽样门电路。二极管桥型双向抽样门电路如图 2-14 所示。

图 2-14 所示的二极管桥型双向取样门电路工作原理如下。

4 个二极管构成一个桥型开关电路，它的开关由抽样脉冲控制。当抽样脉冲从脉冲变压器送入时，给二极管门以正向的电压（C 点正，D 点负），这时 4 个二极管全处于正向偏置而导通。因二极管导通后内阻很小，实际上两端近似于短路，抽样门处于导通状态，语音信号在此瞬间通过，这时有抽样信号输出，其大小等于模拟输入信号在此瞬间的数值。同时电容 C_0 被抽样脉冲充电，充电电阻是很小的二极管正向电阻，所以很快充满，电容器上电压的方向是 D 点正，B 点负。当抽样

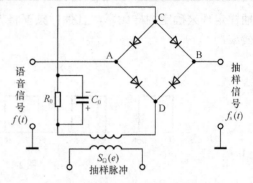

图 2-14 二极管桥型双向抽样门电路

脉冲过后，C 上的电压经电阻 R_0 放电。因 R_0 很大，所以 C_0 两端电压（即 D、C 两端电压）基本上保持不变，使 4 个二极管处于反偏状态，即截止。这时 A、B 不通，抽样门处于关闭状态，语音信号通不过，B 端无输出。这样，就在抽样门输出端得到与抽样脉冲同频率的离散信号，其幅度近似于语音信号的幅度。如图 2-15 所示。$f(t)$ 为输入模拟信号，$S_\Omega(t)$ 为抽样脉冲序列，$f_s(t)$ 为抽样输出信号。

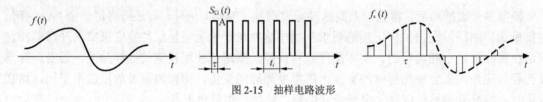

图 2-15 抽样电路波形

2. 抽样与保持

"保持"就是将脉冲宽度展宽，其目的是为了编码。前面所提到的抽样脉冲是理想的单位冲激脉冲。实际上这种理想脉冲是不可能实现的，在实际抽样门电路中的抽样脉冲是有一定宽度的脉冲，如图 2-16 所示。在实际应用中通常以窄脉冲做近似理想抽样，然后，经过展宽形成平顶样值序列再进行量化和编码。窄脉冲抽样再展宽叫做抽样保持，其构成方框图和电路图如图 2-17 所示。图 2-17（a）所示的展宽电路是用来形成矩形脉冲的。

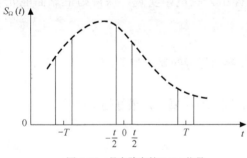

图 2-16 具有脉宽的 PAM 信号

图 2-17（b）所示的是采用运放的抽样保持电路。保持电路由一个大电容实现。为了使抽样误差很小，要保证信号源内阻、抽样门导通时的电阻很小。另外，为了使保持误差很小，则要保证抽样门的负载非常大，图中采用运放组成的射随电路，可提高输入阻抗。在输出端采用单位增益运算放大器（电压跟随器）的多路抽样保持系统。运放起到电压跟随作用，它使保持电容 C_H 的负载很大，在保持期间使电容 C_H 上电压基本保持不变。抽样门受时间上错开的抽样脉冲的控制对各语音信号进行抽样，样值脉冲宽度为 τ。样值脉冲汇总后送到电容展宽电路，由于抽样门导通时的电阻很小，样值对电容充电很快。经时间 τ 后抽样门关断，样值保存在电容上，在一个时隙内量化编码为 n 位码。下一路样值到来时，与其

相对应的下一路抽样门打开。一方面前一路的样值通过该抽样门放电,同时下一路样值对电容 C_H 进行充电。经时间 τ 后该抽样门断开,下一路样值被保持并编码。其余依此类推。

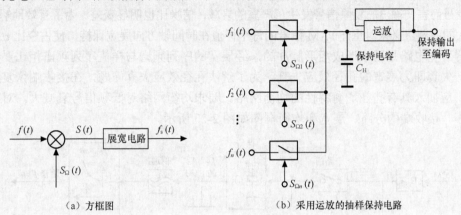

（a）方框图　　　　　　　　　　　　（b）采用运放的抽样保持电路

图 2-17　抽样保持电路

集成电路技术也广泛应用于抽样保持电路,例如,CMOS4016（或 4066）抽样保持集成电路,如图 2-18 所示,它是一个四路双向模拟开关集成电路,每一路都可作为抽样开关在抽样脉冲的控制下,完成模拟信号的双向传输。它的端脚和内部单元中 A_0/A_1、A_1/A_0 和 A_0 分别代表 A 开关的输出/输入端、输入/输出端和控制端。由于是双向开关,故可任选 A_0/A_1 或 A_1/A_0 端作为信号的输入端,其余各组开关引脚与 A 相同。

图 2-19 所示的是专用的 LE398 抽样保持集成电路的典型应用。抽样保持电路由外接电容 C_H 支持。

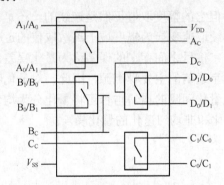

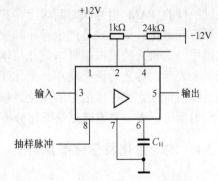

图 2-18　CMOS4016 四路双向模拟开关集成电放　　　　图 2-19　LE398 抽样保持集成电路

2.2.3　分路、重建

在 PCM 系统中,设每一路的抽样频率为 f_s,当 PCM 系统是 n 路复用时,每一路的时间间隔为 $\dfrac{1}{n}f_s$。为了在每一路时隙内将每一抽样值编成 8 位码的码字,需要将每一路抽样值进行编码的保持时间安排在 $\dfrac{1}{n}f_s$ 以内。各路每隔 $\dfrac{1}{n}f_s$ 时间轮流进行抽样保持一次,不会重叠,发端在第 n 路抽样的信号一定会在第 n 路分离还原,这就是分路门的工作。

从数字化信号解码后形成的重建 PAM 信号看,也需要对样值脉冲信号展宽保持。前面已指出，重建 PAM 信号是由不同幅度的窄脉冲组成的，它经低通滤波器滤波后恢复原模拟信号，由于窄样值脉冲的占空比 τ/T_s 很小，滤波器积分平滑作用的结果会使其输出值明显减小。也就是说，相对原信号而言，输出的复原信号发生了严重的衰减，信噪比也明显变差。为了有效地解决信号衰减过大的问题，必须对重建 PAM 信号的每个样值在时间轴方向展宽保持，使占空比 $\tau/T_s = 1$。

抽样展宽电路是用来形成矩形脉冲的，经展宽的序列频谱与样值序列频谱相比要产生失真，这一失真即为展宽的孔径效应失真。为了解决孔径效应失真问题，在接收端恢复原模拟信号时，应加入具有孔径均衡特性的均衡网络。要求均衡网络对低频信号衰减大，对高频信号衰减小。接收端的分路、展宽和均衡框图如图 2-20 所示。

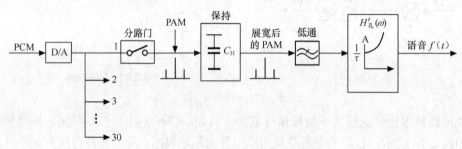

图 2-20　接收端的分路、展宽和均衡框图

2.3　量　　化

经过抽样的 PAM 信号在时间域上是离散的，但它的幅度取值仍然是连续的，还是模拟信号，需进行量化。量化就是把信号在幅度域上连续取值变换为幅度域上离散取值的过程。在量化过程中，输入的模拟信号与量化后输出的数字信号之间存在的误差称为量化误差，通常用功率来表示，称之为量化噪声。量化噪声是数字通信的主要噪声源，因此，对量化噪声要引起足够的重视。在样值信号的量化过程中，视量化间隔的均匀与否可将量化分为均匀量化和非均匀量化。本节主要通过信噪比分析均匀量化和非均匀量化的量化噪声。

2.3.1　均匀量化及量化噪声计算

1. 均匀量化

在数字技术中，量化过程实际上是将样值信号的最大幅度范围（设为$-U_m \sim +U_m$）划分成 2^n 个区间，即在样值信号的幅度范围内，用 2^n 个离散值 u_k（$k = 1，2，2^n$）来表示其连续性。这个 u_k 就是原取样值的量化值，或称量化电平，而 $\Delta u = u_k - u_{k-1}$ 称作量化级差或量化间隔（阶距），简写为 Δ。

$$\Delta = \frac{2U}{N} \tag{2-7}$$

其中，N 表示量化级数，是指最大样值信号幅度量化分层的区间数。它所对应的二进制比特数 n 为

$$n = \log_2 N \text{ 或 } N = 2^n \tag{2-8}$$

式（2-8）说明：要区分所有各量化级数，需要用 n 位二进制数来表示，也称 n 比特。例

如，$2^n=8$ 是表示 3 比特的编码对应 8 个量化级数；或者说，8 个量化级数可用 3 比特来概括。

均匀量化是指在量化区内均匀等分 N 个小间隔，相邻各量化级之间的量化级差 Δ 相等的量化，也称线性量化。均匀量化的输出 μ_0 与输入 μ 之间的关系是一个均匀的阶梯关系，如图 2-21 所示。在图 2-21 中，横坐标 μ 代表量化器的输入电压，它是一个幅度连续的信号纵坐标 μ_0 表示量化器输出电压，即幅度被离散化处理后的电压。图 2-21 (a) 所示的阶梯状特性中的一个台阶的高度称为一个量化级，可以看出，该量化特性曲线共分为 8 个量化级，量化级按四舍五入量化方式取值，量化输出取其量化级的中间值。例如输入电压 μ 在 0～1V 范围时，对应输出的量化电平都为 0.5Δ；当输入电压在 1Δ～2Δ 之间时，则输出的量化电平都为 1.5Δ。可见，当输入信号幅度在 -4Δ～$+4\Delta$ 之间时，量化误差的绝对值都不会超过 $\Delta/2$，这段范围称为量化的非过载区。在非过载区产生的噪声称为非过载量化噪声。在非过载区内，量化值随输入信号的变换而离散地变化，并且量化误差总是限制在一定的范围之内。当输入电压幅度 $\mu>4\Delta$ 或 $\mu<4\Delta$ 时，量化误差值线性增大，超过 $\Delta/2$，这段范围称为量化的过载区。在过载区内，量化输出就不再随输入信号的变换而变化，而是保持输出的最大量化值上，故量化误差将随着信号的增加而增大。在量化过载区产生的噪声称为过载量化噪声，过载量化噪声在实用中应避免。图 2-21 (b) 所示的为量化误差，量化时引入的量化误差可用公式表示为

$$e(t)= \mu_o - \mu \tag{2-9}$$

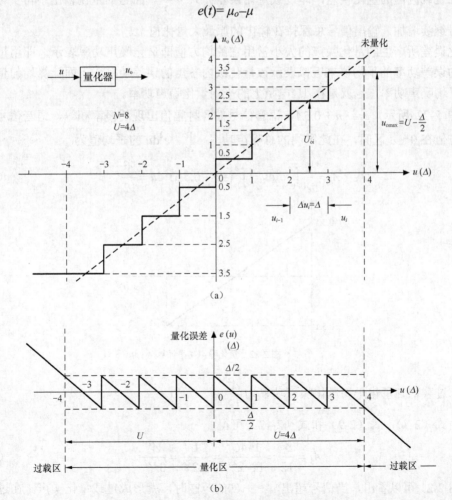

(a)

(b)

图 2-21　均匀量化特性曲线和量化误差特性

量化误差所产生的量化噪声就是由过载量化噪声和非过载量化噪声组成的。实用中为避免过载量化噪声，常在量化器前加限幅器，使量化器的输入电压不进入过载区。

2. 量化噪声计算

均匀量化噪声包括过载量化噪声和非过载量化噪声两部分，因此，在计算量化噪声时要按非过载和过载两个区段计算。

设被量化的信号量化电平范围限制在 $-U\sim +U$ 内，即在 $-U\sim +-U$ 范围为非过载区，这时 U 称为过载电压。对于均匀量化则是将 $-U\sim +U$ 范围内的电平均匀分为 N 个量化间隔，则 N 称为量化级数。设量化间隔为 Δ，则

$$\Delta = \frac{2U}{N} \tag{2-10}$$

采用量化值取每一量化间隔的中间值，则非过载区内的最大量化误差为

$$e_{max}(u) = \frac{\Delta}{2} \tag{2-11}$$

但在过载区内的量化误差，即过载量化误差会大于 $\frac{\Delta}{2}$。而它的量化输出不再变化，尽管输入信号继续增加，输出信号总保持在输出的原最大量化值上。

量化误差所产生的量化噪声的大小常用它的均方值即量化噪声功率表示，即用量化级内各样值的误差功率的平均值来近似表示该量化级内各点的误差功率。下面计算均匀量化时的归一化平均噪声功率，也就是在 1Ω 电阻上的平均量化噪声功率。

如图 2-22 所示，$e = -u + 0.5\Delta$，语音信号的各种幅值出现的概率相等，语音信号量化噪声的均方值在 $0\sim\Delta$ 区间，在此区间的总噪声功率 $\int_0^\Delta e^2 du$ 的平均值为

$$A_\delta = \frac{1}{\Delta}\int_0^\Delta e^2 du = \int_0^\Delta (-u + 0.5\Delta)^2 du = \frac{\Delta^2}{12} \tag{2-12}$$

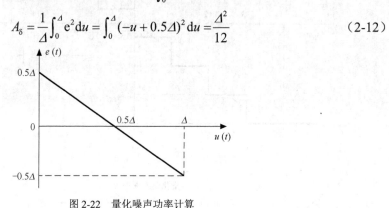

图 2-22　量化噪声功率计算

即末过载均匀量化平均量化噪声功率为 $\frac{\Delta^2}{12}$。

又由式（2-7），式（2-9）和式（2-12）可得

$$A_\delta = \frac{\Delta^2}{12} = \frac{1}{12}\frac{4U^2}{2^{2n}} = \frac{1}{3}\frac{U^2}{2^{2n}} = \frac{\Delta^2}{3N^2} \tag{2-13}$$

从图 2-21 可以看出，当信号超出 $u\sim +U$ 的范围时，就形成过载量化噪声。在过载区内量化误差约为 $u-U$，则过载区量化噪声功率应为

$$A'_\delta = \int_0^\infty (u-U)^2 P(u)\mathrm{d}u = u_i^2 \mathrm{e}^{-\frac{u\sqrt{2}}{u_\mathrm{e}}} \tag{2-14}$$

式（2-14）中 $P(u)$ 是语音信号的概率密度，近似表示为 $\dfrac{i}{u_\mathrm{e}\sqrt{2}}\mathrm{e}^{-\frac{\sqrt{2}u}{u_\mathrm{e}}}$，$u_\mathrm{e}$ 是语音信号的均方根值。

所以，均匀量化时总的量化噪声应为

$$N_\mathrm{P} = A_\delta + A'_\delta = \frac{U^2}{3N^2} + u_\mathrm{e}^2 \mathrm{e}^{-\frac{U\sqrt{2}}{u_\mathrm{e}}} \tag{2-15}$$

式（2-12）和式（2-15）说明，要减小量化噪声，只能增加量化级数，减小量化间隔。也就是说非过载区量化噪声仅与量化间隔 Δ 的大小有关，即在临界过载电压 U 一定时仅与量化分级数 N 有关。

3. 均匀量化信噪比

抽样、量化后的信号与原信号的近似程度的好坏，通常用信号量化信噪比来衡量。量化信噪比即量化器输出端的平均信号功率（u_e^2）与量化噪声功率（N_P）之比，表示为 $\dfrac{S}{N_\mathrm{P}}$，其中 $S = u_\mathrm{e}^2$，则

$$\frac{S}{N_\mathrm{P}} = u_\mathrm{e}^2 \Big/ \left(\frac{U^2}{3N^2} + u_\mathrm{e}^2 \mathrm{e}^{-\frac{U\sqrt{2}}{u_\mathrm{e}}} \right) \tag{2-16}$$

以分贝表示的量化信噪比（$\dfrac{S}{N_\mathrm{P}}$）$_\mathrm{dB}$ 为

$$\left(\frac{S}{N_\mathrm{P}}\right)_\mathrm{dB} = -10\lg\left[\frac{(U/u_\mathrm{e})^2}{3N^2} + \mathrm{e}^{-\frac{U\sqrt{2}}{u_\mathrm{e}}} \right] \tag{2-17}$$

在当 $\dfrac{u_\mathrm{e}}{U} > \dfrac{1}{10}$ 时，$\left(\dfrac{S}{N_\mathrm{P}}\right)_\mathrm{dB}$ 主要由过载项决定，则

$$\left(\frac{S}{N_\mathrm{P}}\right)_\mathrm{dB} \approx -10\lg\mathrm{e} - \frac{U\sqrt{2}}{u_\mathrm{e}} \approx 6.14\frac{U}{u_\mathrm{e}} \tag{2-18}$$

由式（2-18）可见，当在 $\dfrac{u_\mathrm{e}}{U}$ 较小时，$\left(\dfrac{S}{N_\mathrm{P}}\right)_\mathrm{dB}$ 随信号电平的升高而增大。当在 $\dfrac{u_\mathrm{e}}{U}$ 较大时，将产生过载量化噪声，因此，这时的 $\left(\dfrac{S}{N_\mathrm{P}}\right)_\mathrm{dB}$，却随 $\dfrac{u_\mathrm{e}}{U}$ 的升高而下降，而且这时的 $\left(\dfrac{S}{N_\mathrm{P}}\right)_\mathrm{dB}$ 与码字位数 n 无关。

在语音信号情况下，由于语音信号是随机信号，因此其抽样信号也是随机的，在测量时

经常用正弦信号来判断量化信噪比 $\left(\dfrac{S}{N_P}\right)_{dB}$，在用正弦信号测试时选定正弦信号的峰值幅度

小于或等于临界过载电压 U，这样就不会出现过载情况，$\dfrac{S}{N_P}$ 只由未过载量化噪声功率 A_σ

决定。

设正弦信号 $u(t)=U_m\sin\omega t$ 的有效值为 $\dfrac{U_m}{\sqrt{2}}$，其规一化信号功率为 $(U_m/\sqrt{2})^2=\dfrac{U_m^2}{2}$，所以

$$
\begin{aligned}
\left(\frac{S}{N_P}\right)_{dB} &= 10\lg\frac{S}{N_P}=10\lg\frac{U_m^2/2}{\dfrac{1}{3}\dfrac{U^2}{2^{2n}}}\\
&= 10\lg1.5+20n\lg2+20\lg\frac{U_m}{U}\\
&= 1.76+6n+20\lg\frac{U_m}{U}\\
&\approx 6n+2+20\lg\frac{U_m}{U}
\end{aligned}
\tag{2-19}
$$

从上式可知，信噪比与码字位数 n 成正比，即码字位数越多，信噪比越高，通信质量越好。每增加一位码，$\left(\dfrac{S}{N_P}\right)_{dB}$ 就提高 6dB。有用信号幅度 U_m 越小，信噪比越低。均匀量化噪声功率与信号大小无关，只由量化级差决定，当 $\varDelta$ 一定，无论信号大小，噪声功率都是相同的。因此，在相同码字位数的情况下，大信号时信噪比大，小信号时信噪比小。这就是均匀量化信噪比的特点。

通信系统要求：在信号动态范围达到 40dB（即 $20\lg\dfrac{U_m}{U}=-40$dB）的条件下，量化信噪比不应低于 26dB，利用式（2-19）计算可得

$$26\leqslant1.76+6n-40$$

则可得 $n=11$

为了保证量化信噪比的要求，PCM 编码的编码位数 n 必须大于或等于 11。如果每个样值用 11 位码传输，则信道利用率较低，但是如果减少了码字位数，又不能满足量化信噪比的要求，通常，要把满足信噪比要求的输入信号取值范围定义为动态范围。可见，均匀量化时的信号动态范围将受到较大的限制。均匀量化信噪比的特点是小信号信噪比小，对提高通信质量不利。为了照顾小信号时量化信噪比，又使大信号信噪比不过分富裕，实际上往往采用非均匀量化的方法。

2.3.2 非均匀量化及其实现方法

1. 非均匀量化

非均匀量化是对大小信号采用不同的量化级差，即在量化时对大信号采用大量化级差，对小信号采用小量化级差，非均匀量化特性如图 2-23 所示。图中只画出了幅值为正时的非均匀量化特性。过载电压 $U=4\varDelta$，其中 $\varDelta$ 为常数，其数值视实际而定。量化级数 $n=8$，幅值为正时，有 4

个量化级差。从图 2-23 可以看出，靠近原点的（1）、（2）两级的量化间隔最小且相等（$\Delta_1 = \Delta_2 = 0.5\Delta$），以后量化间隔以 2 倍的关系递增，因此满足了信号电平越小，量化间隔也越小的要求。

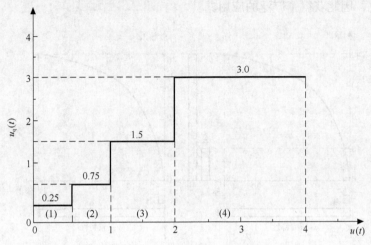

图 2-23　非均匀量化特性（幅值为正时）

非均匀量化的特点是：信号幅度小，量化间隔小，其量化误差也小；信号幅度大时，量化间隔大，其量化误差也大。采用非均匀量化可以改善小信号的非均匀量化信噪比，可以做到在不增加量化级数 N 的条件下，使信号在较宽的动态范围内的信噪比达到指标的要求。

2. 非均匀量化实现的方法

实现非均匀量化的方法之一是采用压缩扩张技术，通常是将抽样样值通过压缩再进行均匀量化。具体实现方式如图 2-24 所示，在发送端对输入量化器的信号先进行压缩处理，在接收端再进行相应的扩张处理。这样做既不影响语音信号的恢复，又达到了非均匀量化的目的。

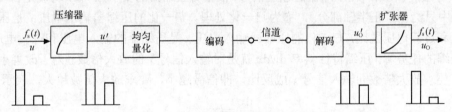

图 2-24　非均匀量化实现方框图

压缩过程实际上是一个非线性放大的过程，信号通过压缩器处理后就改变了大信号和小信号之间的比例关系，它对小信号给以放大，而对大信号却予以缩小，这样，把经过压缩器处理的信号再进行均匀量化编码，送信道路上，传输到对方。为了恢复原信号，接收端对解码后的信号进行扩张，扩张就是将解码输出的信号送入一个与压缩特性相反的电路——扩张器。压缩与扩张的特性如图 2-25 所示。扩张特性要严格地与压缩特性相反，小信号时增益系数小，大信号时增益系数大，即要求压缩、扩张的总传输系数为 1。

图 2-25 所示为压缩与扩张特性的正向部分（负向部分通过坐标原点与其奇对称）。一般用二极管网络的非线性来逼近，由于这种压缩扩张方法难以调整到精确匹配，且温度稳定性差，二极管网络要配置高稳定性恒温槽，因此近年来已极少采用。较普遍采用的另一类非线性编码方法是把压缩、量化和编码 3 个过程结合起来进行，它是在编码过程中同时完成不等

阶距的非线性量化，在接收端也由解码器同时完成解码与扩张过程。这种方法采用分段线性的折线来逼近对数特性，由于可采用逻辑电路来实现这种折线特性，所以易于匹配，也适于标准化、集成化，因此获得了广泛的应用。

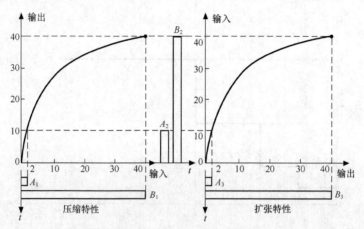

图 2-25　压缩与扩张特性（正向部分）

目前，PCM 通信系统中采用两种描述压缩扩张特性的方法：一种是以 μ 作为参量的压扩特性，叫做 μ 律特性；另一种是以 A 作为参量的压扩特性，叫做 A 律特性。

3. 理想压缩特性

理想的压缩特性应使量化信噪比不随模拟输入信号的幅度而变，下面就根据这个要求进行理想压缩律的分析。

图 2-26（a）所示为归一化压缩器特性曲线。设横坐标 x 代表归一化压缩器的输入信号，纵坐标 $y = f(x)$ 代表归一化压缩器的输出信号。根据对压缩器的要求，x 和 y 均规定在 −1 和 ＋1 之间（图中只给出了正半轴部分），称为归一化处理。归一化的压缩器输出电压 y 是压缩器的输出电压和过载电压之比，归一化的压缩器输入电压 x 是压缩器的输入电压和过载电压之比。

从压缩的任务看，压缩特性斜率 $\mathrm{d}y/\mathrm{d}x$ 就是对输入信号 x 的放大倍数。为了改善小信号的信噪比，要求放大倍数同输入信号 x 成反比，即信号越小，要求放大倍数越大，表示为

$$\frac{\mathrm{d}x}{\mathrm{d}y} = kx$$

式中，k 为比例系数，整理后得到

$$\frac{\mathrm{d}x}{x} = k\mathrm{d}y$$

对等式两边进行积分得

$$\ln x = ky + c$$

式中，c 为积分常数，要求 $x = 1$　$y = 1$ 时，上述式成立，则有

$$k + c = 0$$
$$c = -k$$

将 $c = -k$ 代入上式得

$$\ln x = ky - k$$

$$y = 1 + \frac{1}{k} \ln x \tag{2-20}$$

这就是理想的压缩特性曲线，根据式（2-20）可作出图 2-26（b）。

从图 2-26（b）可见，该理想压缩特性曲线不过原点，即输入 $x = 0$ 时，$y \neq 0$，它不满足实际的要求。由于语音信号是双极性的，使用的压缩律必须有对原点对称的形式，并应通过原点，如图 2-26（c）所示。

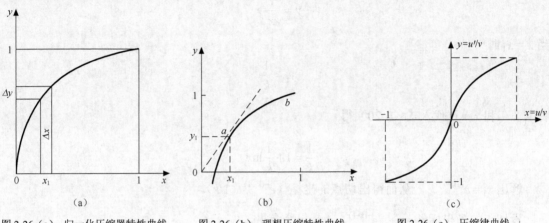

图 2-26（a）　归一化压缩器特性曲线　　图 2-26（b）　理想压缩特性曲线　　图 2-26（c）　压缩律曲线

因此，理想压缩特性曲线不能直接用于语音信号的编码，要做适当的修正。修正的方法有两种，一种是将坐标轴 y 右移，这就是北美和日本 PCM 基群中采用的 μ 律；另一种是过原点对理想压缩曲线作一切线，压缩特性的前一段用切线代替，后一段用理想压缩曲线表示，这种压缩特性即为欧洲和我国 30/32 路 PCM 基群中采用的 A 律。

4. μ 律压缩特性

μ 律压缩特性表示式为

$$y = \frac{\ln(1 + \mu x)}{\ln(1 + \mu)}, \ 0 \leqslant x \leqslant 1 \tag{2-21}$$

式中，y 表示归一化的压缩器的输出，x 表示归一化的压缩器的输入，这两个量都是以临界过载值 U 进行归一化的量

$$y = 压缩器的输出电压/过载电压$$
$$x = 压缩器的输入电压/过载电压$$

式（2-21）中 μ 为压缩参量，它与电路参数有关。不同的 μ 值其压缩特性不同，如图 2-27 所示。$\mu = 0$ 时，相当于没有压缩的情况。μ 越大对小信号信噪比越有利，国际上现在实用的标准是取 $\mu = 255$。μ 律压缩特性可用 15 折线来近似，μ 律压缩特性用在 24 路 PCM 制式中，我国很少使用。

5. A 律压缩特性

（1）A 律特性

以 A 为参量的压缩特性叫做 A 律特性，A 律特性是以分区定义的函数来描述的。在图 2-26（b）中，过原点 0 对曲线作切

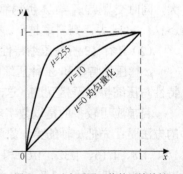

图 2-27　对应不同 μ 值的压缩特性

线，如图中虚线所示。在0～a段定义范围内是一个直线段，在a～b段定义范围内是一个曲线段。

设切点为a对应的坐标为（x_1，y_1），对式（2-20）求导数，在x_1处的导数值为

$$\frac{\mathrm{d}x}{\mathrm{d}y}\bigg|_{x-x_1} = \frac{1}{k} \cdot \frac{1}{x_1}$$

此导数值就是曲线在x_1点的切线的斜率，则切线0a的方程为

$$y = \frac{1}{kx_1}x$$

当$x = x_1$时

$$y_1 = \frac{1}{k}$$

将$y_1 = \frac{1}{k}$和$x = x_1$代入式（2-20）得

$$\frac{1}{k} = 1 + \frac{1}{k}\ln x_1$$

解出$x_1 = e^{-(k-1)}$　　从而得出切点的坐标（$e^{-(k-1)}$，$1/k$）。

设切点的横坐标$x_1 = \frac{1}{A} = e^{-(k-1)}$，A是一个参量，

解得$k = 1 + \ln A$

则压缩特性为

① 0～a段切线方程特性为

$$y = \frac{Ax}{1 + \ln A}, 0 < x \leqslant \frac{1}{A} \tag{2-22}$$

② a～b段

将$k = 1 + \ln A$代入（式2-20）得

$$y = 1 + \frac{1}{1 + \ln A}\ln x = \frac{1 + \ln Ax}{1 + \ln A}, \frac{1}{A} \leqslant x \leqslant 1 \tag{2-23}$$

式（2-22）和式（2-23）称为A律压缩特性公式。

式中，A为压缩系数，表示压缩的程度。A值不同，压缩特性不同。A律压缩特性曲线如图2-28所示。A=1时，为均匀量化，无压缩。在小信号区域，即$x \leqslant 1/A$，A越大，则斜率越大，同时交界点$x_1 = 1/A$也越靠近原点，对提高小信号的信噪比就越有利。在大信号区域，即$x > 1/A$，A越大，则斜率越小。

（2）A律13折线压缩特性

μ律压缩特性和A律压缩特性都是用模拟器件实现的。而对压缩扩张特性来说要求扩张特性与压缩特性严格互逆，这一点用模拟器件实现是较难做到的。

目前应用较多的是以数字电路方式实现的A律特性折线近似，如图2-29所示。具体实现的方法是：先把x轴的第一象限区间以1/2递减规律分为8个不均匀段，其分段点是1、1/2、1/4、1/8、1/16、1/32、1/64和1/128；然后将y轴的［0，1］区间均匀分段，其分段点为1、7/8、6/8、5/8、4/8、3/8、2/8和1/8，将y轴分别与x轴的8段一一对应，就可以作出由8段

直线构成的一条折线，该折线和 A 压缩律特性近似。这 8 段折线各段落的斜率从小到大依次用 k_1、k_2、k_3、k_4、k_5、k_6、k_7 和 k_8 表示。

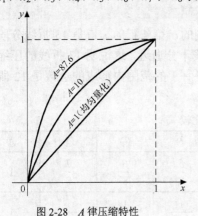

图 2-28　A 律压缩特性

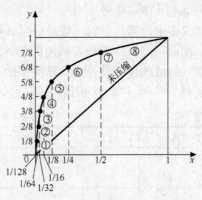

图 2-29　8 段折线的分段示意图

各段斜率计算为

$$k_1 = \frac{\Delta y}{\Delta x} = \frac{\dfrac{1}{8}}{\dfrac{1}{128} - 0} = 16$$

$$k_2 = \frac{\Delta y}{\Delta x} = \frac{\dfrac{1}{8}}{\dfrac{1}{64} - \dfrac{1}{128}} = 16$$

$$k_3 = \frac{\Delta y}{\Delta x} = \frac{\dfrac{1}{8}}{\dfrac{1}{32} - \dfrac{1}{64}} = 8$$

同理可得 $k_4 \sim k_8$ 的值，各段落斜率如表 2-1 所示。

表 2-1　　　　　　　　　　　　　　　　各段落的斜率

段落	①	②	③	④	⑤	⑥	⑦	⑧
斜率	16	16	8	4	2	1	1/2	1/4

从表 2-1 可见，对于第①、第②大段，斜率最大且均为 16，其他各段折线的斜率都不相同，小信号斜率最大，相对放大量也最大。在图 2-29 中只画出了第一象限的压缩特性，第三象限的压缩特性的形状与第一象限的压缩特性的形状相同，且它们以原点为奇对称。由于第三象限和第一象限的①、第②斜率均相同，可将此 4 段视为一条直线，所以两个象限总共有 13 段折线，称为 13 折线。

由式（2-22）给出的 A 律特性可知，在定义域 $0 < x \leqslant 1/A$ 范围内 A 律特性是一直线段，要使它与图 2-29 所示的折线近似，此直线段斜率必须与图 2-29 所示折线的第①、第②段斜率相等，即有

$$\frac{A}{1 + \ln A} = 16$$

解得 $A = 87.6$。这说明，以 $A = 87.6$ 代入 A 律特性的直线段与 13 折线的第①、第②段斜率相等，对其他各段可用 $A = 87.6$ 代入式（2-23）来计算 x 和 y 的对应关系，与按折线关系计算之值的对比列于表 2-2 中。

表 2-2 中，第 3 行的 x 值是根据 $A = 87.6$ 时计算得到的，第 4 行的 x 值是 13 折线分段时的值。由此可知，13 折线各线段的分界点与 $A = 87.6$ 曲线十分逼近，这说明 13 折线的压缩特性同 $A = 87.6$ 的压缩特性是非常类似的。因此，把在 $-1 \sim +1$ 范围内形成的总数是 13 段的折线特性，称为 A 律 13 折线压缩特性，如图 2-30 所示。

表 2-2　　　　　　　　　　$A=87.6$ 与折线压缩特性的比较

折线段	①	②	③	④	⑤	⑥	⑦	⑧
y	$\dfrac{1}{8}$	$\dfrac{2}{8}$	$\dfrac{3}{8}$	$\dfrac{4}{8}$	$\dfrac{5}{8}$	$\dfrac{6}{8}$	$\dfrac{7}{8}$	1
x	$\dfrac{1}{128}$	$\dfrac{1}{60.6}$	$\dfrac{1}{30.6}$	$\dfrac{1}{15.4}$	$\dfrac{1}{7.79}$	$\dfrac{1}{3.93}$	$\dfrac{1}{1.98}$	1
按折线分段时的 x	$\dfrac{1}{128}$	$\dfrac{1}{64}$	$\dfrac{1}{32}$	$\dfrac{1}{16}$	$\dfrac{1}{8}$	$\dfrac{1}{4}$	$\dfrac{1}{2}$	1

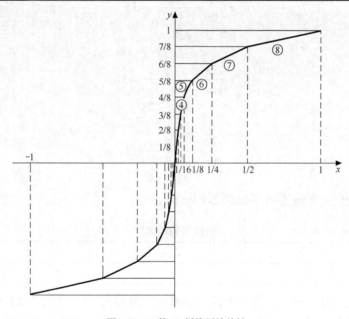

图 2-30　A 律 13 折线压缩特性

（3）A 律 13 折线压缩特性对小信号信噪比的改善

如前所述，非均匀量化就是非线性压缩加上均匀量化。对 A 律 13 折线压缩量化信噪比的计算可按压缩后量化信噪比的改善量（仅计算量化区）加上均匀量化的办法进行。通常取 $A = 87.6$ 的压缩特性。

根据式（2-19），正弦信号均匀量化信噪比为

$$\left(\frac{S}{N_{\mathrm{P}}}\right)_{\mathrm{dB(均匀)}} \approx 6n + 2 + 20\lg\frac{U_{\mathrm{m}}}{U}$$

因此，正弦信号 A 律 13 折线量化信噪比可有以下公式

$$\left(\frac{S}{N_{\text{P}}}\right)_{\text{dB(非均匀)}} \approx 6n + 2 + 20\lg\frac{U_{\text{m}}}{U}k_i$$

$$\approx 6n + 2 + 20\lg\frac{U_{\text{m}}}{U} + 20\lg k_i$$

即

$$\left(\frac{S}{N_{\text{P}}}\right)_{\text{dB(非均匀)}} \approx \left(\frac{S}{N_{\text{P}}}\right)_{\text{dB(均匀)}} + 20\lg k_i \tag{2-24}$$

其中，$k_i = \dfrac{\mathrm{d}y}{\mathrm{d}x}(i = 1 \sim 8)$ 是 A 律 13 折线特性曲线中各段斜率，因此，$20\lg k_i$ 是相同码字位数情况下非均匀量化相对均匀量化信噪比的改善量。将各段的斜率代入 $20\lg k_i$，可计算各段的信噪比的改善量，如表 2-3 所示。

表 2-3　　　　　　　　　　　各段斜率及信噪比改善量

段落号	①	②	③	④	⑤	⑥	⑦	⑧
斜率	16	16	8	4	2	1	1/2	1/4
信噪比改善量（dB）	24	24	18	12	6	0	−6	−12

从表 2-3 中可看出，第①、第②段改善量最大，即小信号斜率越大，放大能力越大，因而信噪比改善越多；第⑥段改善量为 0，即均匀量化与非均匀量化相等；第⑦段信噪比不但没有改善，反而恶化了 6dB；第⑧段信噪比不但没有改善，反而恶化了 12dB。

用同样的方法，可计算码字位数 $n = 7$ 时，未考虑过载量化噪声的量化信噪比，对应于不同输入信号电平的关系，如表 2-4 所示。

表 2-4　　　　　　　　　　　$n = 7$ 时非均匀量化信噪比的值

Li（dB）（输入电平）	−42	−39	−36	−33	−30	−27	−24	−21
$\left(\dfrac{S}{N_{\text{P}}}\right)_{\text{dB}}$	26	29	32	29	32	29	32	29
Li（dB）	−18	−15	−12	−9	−6	−3	0	
$\left(\dfrac{S}{N_{\text{P}}}\right)_{\text{dB}}$	32	29	32	29	32	29	32	

从表 2-4 可知，采用 13 折线压缩特性进行非均匀量化时，编 7 位码，即 $n = 7$，就可以满足通信的质量要求。实践证明，在 PCM 编码方式中，对样值采用 3～4 位编码可以使对方能够听懂，但噪声较大，只能作为专用的勤务电话使用。为了保证在−40dB～0dB 的动态范围内有大于 26dB 的信噪比，在 30/32 路 PCM 基群通信中编 7 码，另外用一位码来代表信号的正、负极性。因此，采用 A 律 13 折线特性进行非均匀量化，在 30/32 路 PCM 基群中，每个样值编 8 位比特码。

2.4 编码和解码

编码，就是把量化后的信号转换成代码的过程。有多少个量化值就需要多少个代码组，代码组的选择是任意的，只要满足与样值成一一对应关系即可。这里讲的编码是指对语音信号的信源编码，是将语音信号（模拟信号）变换成数字信号，编码过程是模/数变换，记作 A/D；解码是指将数字信号还原成模拟信号，解码过程是数/模变换，记作 D/A。

为了使数字码有效地表示语音信号并能够完成多路通信，在 A/D 变换过程中将涉及到编码的格式、码型以及多路传输的结构等一系列的问题。本节将以常用的一些编码方式、解码电路作为讨论的内容，并加以详细论述。

2.4.1 码型

码型指的是把量化后的所有量化级，按其量化电平的大小次序排列起来，列出各自对应的码字，这个整体就称为码型。码字不同，码型也不同。编码的任务是把量化 PAM 编为一个个的码字。每一位二进制数字码只能表示两种状态之一，以数字"1"或"0"表示。两位二进制数字码可有 4 种组合：00、01、10 和 11，其中每一种组合叫做一个码组。

目前，常用的码型有普通二进制编码、折叠二进制编码和循环码编码（也称格雷码）。表 2-5 列出了 4 位码（有 2^4 量化电平）时这 3 种码字的编码情况。4 位二进制码用 $a_1 a_2 a_3 a_4$ 表示，其中 a_1 是极性码。当 $a_1 = 1$ 时表示量化值为正，当 $a_1 = 0$ 时表示量化值为负；$a_2 a_3 a_4$ 是幅度码，它们表示量化值的绝对值，用以表示样值的幅度。

表 2-5   3 种常用的二进制码型的编码

量化电平序号	信号极性	普通二进制码				循环二进制码				折叠二进制码			
		a_1	a_2	a_3	a_4	a_1	a_2	a_3	a_4	a_1	a_2	a_3	a_4
15	正极性部分	1	1	1	1	1	0	0	0	1	1	1	1
14		1	1	1	0	1	0	0	1	1	1	1	0
13		1	1	0	1	1	0	1	1	1	1	0	1
12		1	1	0	0	1	0	1	0	1	1	0	0
11		1	0	1	1	1	1	1	0	1	0	1	1
10		1	0	1	0	1	1	1	1	1	0	1	0
9		1	0	0	1	1	1	0	1	1	0	0	1
8		1	0	0	0	1	1	0	0	1	0	0	0
7	负极性部分	0	1	1	1	0	1	0	0	0	0	0	0
6		0	1	1	0	0	1	0	1	0	0	0	1
5		0	1	0	1	0	1	1	1	0	0	1	0
4		0	1	0	0	0	1	1	0	0	0	1	1
3		0	0	1	1	0	0	1	0	0	1	0	0
2		0	0	1	0	0	0	1	1	0	1	0	1
1		0	0	0	1	0	0	0	1	0	1	1	0
0		0	0	0	0	0	0	0	0	0	1	1	1

（1）普通二进制码

普通二进制码其编码与一般的二进制数相对应。编码简单、易记，但对于双极性信号，在电路上它不如折叠二进制码方便。

（2）循环二进制码（格雷码）

循环二进制码的特点是相邻两个量化级的码字之间只有 1 位码发生变化，即相邻码字的码距恒为 1，为单位距离码。这种码除极性码（a_1）外，当正、负信号的绝对值相等时，其幅度码相同。但这种码译码时，不能逐比特独立进行，须先转换成普通二进制码后再译码。

（3）折叠二进制码

从表 2-5 中可以看出，折叠二进制码是绝对值相同的量化值，即折叠码以"零电平"为轴，其幅度码是镜像对称的。

对于语音这样的双极性信号，在用第 1 位码表示其极性后，只要正、负极性信号的绝对值相同，其幅度码相同，即可采用单极性编码的方法，使编码过程大大简化。因此，折叠二进制编码很适合双极性信号编码。

另外，从传输过程中误码所产生的噪声角度来看，折叠码的误码对小信号影响小。语音信号的低电平信号出现的概率比高电平的大，着眼点在于小信号的传输效果。用折叠码编码，低音量时，噪声也就小，传输效果优于普通二进制码和循环二进制码。

在 PCM 通信编码中，折叠码比普通二进制码和循环二进制码优越，目前在实际应用中多采用折叠二进制码的编码方案。

2.4.2　线性编码与解码

1. 线性编码

线性编码的码组中码位的权值是固定的，它不随输入信号的变化而变化，码字所表示的量值（称码字电平）与输入信号幅度成线性变化关系。线性编码的实现方法有很多种，如级联逐次比较型编码、级联型编码及逐次反馈型编码等。从编码速度和编码复杂程度来看，各有利弊，下面只介绍其中常用的两种，即级联逐次比较型编码和逐次反馈型编码。

（1）级联逐次比较型编码

编码的简单工作原理，可用天平称量物体重量的例子来说明，如图 2-31 所示。标准电压相当于砝码，整流后的信号相当于被称物。以 3 位码为例，这个天平有重 4g、2g、1g 的 3 个砝码，分别与 3 位二进制码的权值相对应。在称量时，先加最大的 4g 砝码，判定被称物体是重于或轻于 4g，

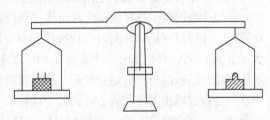

图 2-31　天平称重示意图

若重于 4g，则加上 2g 砝码，若轻于 4g，则换上较轻的 2g 砝码，依次判定重量。例如，某一抽样值为 4.8g，将它进行编码。假定物重于砝码编为"1"码，反之编为"0"码。第一次和 4g 比较，4.8g 重于 4g，编为"1"码。第二次用(4＋2)g 进行比较，4.8g 轻于(4＋2)g，编为"0"码。这说明 2g 大了。改加 1g，第三次用(4＋1)g 进行比较，结果 4.8g 仍轻于(4＋1)g，又编为"0"码。由于砝码最小为 1g，再也没有比 1g 小的了，因此只能比较 3 次。比较的结果编出的码为"100"。这种逐一进行比较的编码方法称为逐次比较法。

图 2-32 所示为级联逐次比较的方框图，编码电路中每一级内的标准电压和幅度鉴别值相

同，它们分别是幅度量化范围 V 的 1/2、1/4、1/8……

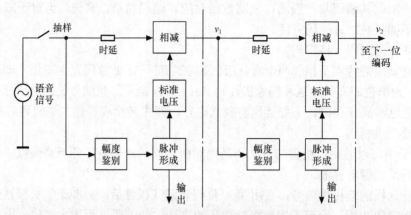

图 2-32　级联线性逐次比较型编码器方框图

设输入信号的最大幅度值为 $8V$，若用 3 位码编码，则各级的幅度鉴别值和标准电压分别为 8/2～8/4 和 8/8，即 $4V$，$2V$ 和 $1V$。假设输入样值幅度是 $4.8V$，$4.8V$ 的样值信号送入第一级编码电路的时延电路和幅度鉴别电路，因为信号幅度超过 $4V$ 的鉴别值，所以第一级"脉冲形成"电路输出逻辑"1"，并控制"标准电压"产生一个 $4V$ 的脉冲电压，送到相减器，则下一级的输出值为 $4.8V-4V = 0.8V$。$0.8V$ 再送入第二级编码电路，第二级标准电压和幅度判别值都为 $2V$，$0.8V$ 小于 $2V$，则第二级"脉冲形成"电路输出逻辑"0"，同时使第二级的标准电压输出无效，输出为 $0V$。这样，又将 $0.8V$ 信号送入第三级编码，$0.8V$ 小于第三级编码的判别值，第三级编码输出逻辑"0"。最后把这 3 位并行码经并/串变换，则编码输出为 100。这样，完成了一个样值的编码。

级联逐次比较型电路编码精度高，速度快，但电路复杂，各个编码电路的标准电压都不同，要求使用的比较器较多。

（2）逐次反馈型线性编码

目前采用较多的是数字电路方式的反馈型编码器电路，7 位编码器的电路框图如图 2-33（a）所示。整个编码器由抽样保持电路、极性判决、全波整流器、本地解码器和或门组成。抽样保持电路对一个样值在编码期间内保持抽样的瞬时幅度不变；极性判决电路编出极性码 a_1，样值信号大于 0 则 $a_1 = 1$，样值信号小于 0 则 $a_1 = 0$；比较电路根据全波整流电路送来的样值幅度 $|I_S|$ 与本地解码器输出的基准电压 I_g 进行比较，确定幅度码 a_2～a_8；本地解码器根据已经编出的码位确定下一次比较所需输出的下权值 I_{gi}，比较一次输出一位，比较 7 次后，样值与所有码位的解码值之差变得最小，完成对输出编码的本地解码，以提供进行比较的基准电压。对于比较器来说，由模拟信号 I_s 转换为数字信号 a_2～a_8 叫编码。相对应的下半部分电路是由数字信号 a_2～a_8 转换为下权值 I_{gi}，因此称为解码。这个解码电路同收端机中将数字信号 a_2～a_8 转换成重建 PAM 信号有相似之处。为了表示区别，称编码器中的解码电路为本地解码电路。

图 2-33（a）中所示的触发器 $Q_i(i = 1～7)$ 的 S 端分别接时钟脉冲 $D_i(i = 1～7)$，D_i 为编码所需的时钟脉冲。D_8 接触发器 Q_7 的 S 端，时钟脉冲 D_8 用来抽样和清除，D_8 脉冲到达时对信号抽样，同时本地译码器中所有触发器输出置"0"状态，使译码器输出 $I_g = 0$ 控制开关 SW_1 使参考电压 V_R 加于电阻，电阻 R 的设计刚好使得本地解码器输出为 64。时钟脉冲时序如图 2-33（b）所示。

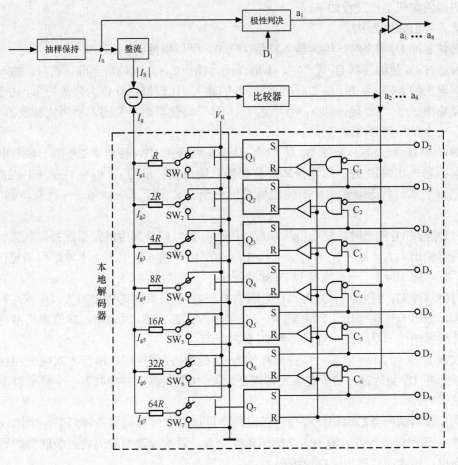

图 2-33（a） 反馈型线性编码器原理方框图

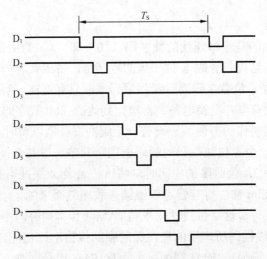

图 2-33（b） 编码器所需位脉冲时序图（续）

编码器的编码工作过程如下。

设输入样值幅度为 93。

当时钟脉冲 D_1 到来时，因为输入样值大于 0，所以极性码 $a_1 = 1$。

时钟脉冲 D_2 使触发器 Q_1 置 "1"，本地译码器输出 $I_g = I_{g1} = V_R/R = 64$，这时，输入样值与本地解码输出的 64 差为 29，这 29 作为比较器的输入。比较器以 0 作为判决门限，由于 29>0，则比较器输出一个 "1" 码，即 $a_2 = 1$，这一个 "1" 码使禁止门关闭，从而使触发器 Q_1 保持置 "1"。一直保持到 D_3 脉冲到来。

时钟脉冲 D_3 到来时，又使 D_2 置 "1"，从而驱动开关 SW_2 使电阻 $2R$ 接于参考电压，使得本地解码器输出增加 32，即使得本地解码器总输出为：$I_g = I_{g1} + I_{g2} = V_R/R + V_R/2R = 96$，输入样值小于本地解码器输出，则比较器输出一个 "0" 码，即 $a_3 = 0$，一直保持到 D_4 脉冲到来。

当时钟脉冲 D_4 到来时，使 Q_2 置 "0"，并使 Q_3 置 "1"，其他触发器保持原状态。此时，本地解码器输出为 $I_g = I_{g1} + I_{g3} = V_R/R + V_R/4R = 80$，因为输入样值大于本地解码器输出，比较器输出 "1"，即 $a_4 = 1$，一直保持到 D_5 脉冲到来。

当时钟脉冲 D_5 到来时，Q_4 为 "1"，因为 Q_4 为 "1"，此时 Q_3 为 "1"，$Q_5 \sim Q_7$ 为 "0"，此时解码器输出 $I_g = I_{g1} + I_{g3} + I_{g4} = V_R/R + V_R/4R + V_R/8R = 88$，因为输入样值大于本地解码器输出，比较器输出 a_5 为 1，一直保持到 D_6 脉冲到来。

依次编出 $a_6 = 1$，$a_7 = 0$，$a_8 = 1$，完成样值为 93 的编码，线性码以串行方式输出：11011101。

时钟脉冲 D_8 到达时，使所有触发器恢复为置 "0" 状态，并抽取下一个样值以准备下一个样值的编码。

逐次反馈型编码器的编码过程是将已编码字反馈到本地解码器，每到来一个比较脉冲编出 1 位码，码字以串行方式输出。从编码速度来看，逐次反馈型编码要比级联型编码器慢，但电路简单，精度高，适用于中速编码。

2. 线性解码

线性解码网络用于线性码的 D/A 变换。它的特点是变换后的电流（电压）值，对应着每一位幅度码权值的总和。

（1）线性码解码原理

接收端从信道中收到的是一串连续的数字码（"0" 和 "1" 的组合）。在收发同步的情况下，将连续的字符串按帧结构划分成 8 位一组的数字组，每组代表一个确切的样值。接收端必须把属于一个数字组的 8 位数字码同时送到解码器，只有这样，解码器的输出值才是有效的。因此，接收端电路设有串并变换电路，将串行到达的 8bit 数字码变成并行的 8bit 一并送到解码器。通常为了电路制作的方便，应设有一个缓冲寄存器以暂时存储数字码，如图 2-34 所示。图 2-34 所示的是一个 8 位线性码的解码框图，其中，串并变换电路实际上是一个 8bit 的移位寄存器，在位脉冲 D_8 位时隙的中间时刻将 $a_1 \sim a_8$ 送入缓冲寄存器，D_8 的中间时刻由 $D_8 \cdot \overline{CP}$ 来控制。这样，8bit 移位寄存器可以继续接收相继而来的下一个 8bit，而解码电路则可以根据缓冲器输出的 $a_2 \sim a_8$ 这 7 位线性码求得 |PAM|（和本地解码不同的是这里的解码网要有 $1/2\Delta$ 的补偿，以 7 位线性码所表示的量化级的中间值输出）。解出的 |*PAM*| 送入 a_1 极性码控制的极性处理电路，还原出 *PAM* 序列。为了将 *PAM* 信号展宽，使其具有较大的能量，

分路门的接通时间可以占用 $D_3 \sim D_7$ 这 5bit 时间。分路后的已经被展宽的 *PAM* 信号经重建滤波和孔径均衡器还原成原始语音信号。8bit 线性码的幅度解码电路类似于逐级反馈编码电路中的本地解码电路。

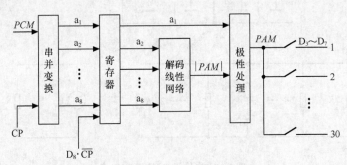

图 2-34　线性码解码原理图

极性处理电路应具有这样的功能：$a_1 = 1$ 时，$PAM = |PAM|$；而 $a_1 = 0$，$PAM = -|PAM|$。一种由差分电路组成的极性处理电路如图 2-35 所示。当 $a_1 = 1$ 时，开关 A_1 和 B_2 闭合，U_0 和 *PAM* 同相，$U_0 = K|PAM|$（其中 K 为差分放大器的放大倍数）。当 $a_1 = 0$ 时，开关 A_2 和 B_1 闭合，U_0 和 *PAM* 反相，$U_0 = -K|PAM|$。在实际应用中，用于极性处理的电路有很多种，但原理是相同的。

（2）权电阻解码网络

解码电阻网络的功能是将输入的 PCM 数字序列转换为输出电压或者电流的模拟值。电路的原理结构如图 2-36 所示。在图中对应于输入的 n 位二进制数字序列码组变换成对应的输入电压值的解码网络。每一码位控制一个相应开关，当相应的码位 i 为二进制"1"时，则对应的开关 K_i 就倒向标准电源 E；反之，若码位 i 为二进制"0"时，则对应的开关 K_i 就接地。图 2-36 表明输入序列为 10111。

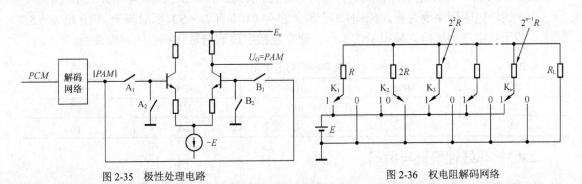

图 2-35　极性处理电路　　　　　　　　　图 2-36　权电阻解码网络

前述反馈型编码器中的本地解码器所用的解码网络是电流相加型解码网络，它是加权求和解码网络的变形。上述权电阻解码网络也可构成电流相加型解码网络，如图 2-37（a）所示，图中 E 为恒压源，n 表示码组位数，图中只有第 i 位为 1，其余皆为 0。因为这是一个线性电阻网络，故可以用叠加定理来分析。通常采用等效电路的分析方法，这个电路重画成图 2-37（b）和图 2-37（c）所示的简化形式，I_0 为等效电流源，R_0 是等效电阻。

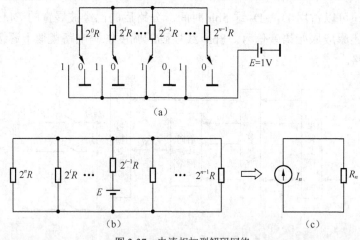

图 2-37　电流相加型解码网络

简化电路的参量为

$$I_0 = \frac{1}{2^{i-1}}$$

$$\frac{1}{R} = \sum_{i=0}^{n-1} \frac{1}{2^i}$$

根据级数求和公式

$$\sum_{i=0}^{n-1} a^i = \frac{1-a^n}{1-a}$$

可知电阻 R_0 为常数，与 i 值无关

$$R_0 = \frac{1}{2(1-2^{-n})}$$

因此，I_0 的值或 R_0 上的电压值就可直接表示为数字序列的值。

例如 $n=4$ 时，开关 K_i 的位置及相应 I_0 值如表 2-6 所列。若令 $\Delta = 1/8$，可用 Δ 表示 I_0 的值。

由于线性电阻网络满足叠加原理，对于输入序列 0101 有 $I_0 = 5\Delta$，而对应于 1010 则 $I_0 = 5\Delta$这就完成了数字序列解码为模拟量的工作，建立起数字序列与量化样值的对应关系。

表 2-6　　　　　　　　　　　　　　　数字序列与 I_0 关系

K_i	1000	0100	0010	0001
I_0	1	1/2	1/4	1/8
Δ	8Δ	4Δ	2Δ	1Δ

2.4.3　非线性编码与解码

为了改善语音信号的量化信噪比，增大动态范围，对语音信号采用了非均匀量化方式。具有非均匀量化特性的编码器叫做非线性编码器。非线性编码的码组所表示的量值与输入信号幅度成非线性变化关系，即非线性码组中各码位的权值与输入信号幅度成非线性变化关系。A 律 13 折线量化编码过程属于非线性编码，下面重点介绍 A 律 13 折线压扩方式实现的反馈型非线性编码器。

1. A 律 13 折线量化编码方案的码位安排

按 A 律 13 折线压缩特性进行量化编码时，用 8bit 编码，即用 8 位二进制码来表示量化电平值。8 位二进制码表示为 a_1、a_2、a_3、a_4、a_5、a_6、a_7 和 a_8，码位安排如表 2-7 所示。

其中，a_1 是极性码，表示量化信号的极性，通常，"1"表示正极性，"0"表示负极性。

a_2、a_3 和 a_4 是段落码，可表示为 000～111，共有 8 种组合，分别表示对应的 8 个大段。A 律 13 折线的分段是将输入信号归一化范围（0～1）分为 8 个不均匀段，故要表示不同的段落号就需要有 3 位码，这 3 位码表示样值为正（或为负）的 8 个非均匀量化大段。

表 2-7   码位安排

极性码	幅度码	
a_1	段落码	段内码
	$a_2a_3a_4$	$a_5a_6a_7a_8$

a_5、a_6、a_7 和 a_8 为段内码，可表示为 0000～1111，共有 16 种组合，表示每大段里的 16 个小段。为什么要有 4 位段内码呢？前面讨论过均匀量化时为保证量化信噪比要求，所需编码位数应是 $n=11$，即保证最小量化间隔 $\Delta=\dfrac{1}{2^{11}}=\dfrac{1}{2048}$。而对 13 折线分段时，分段值最小的第一段的值是 1/128，要保证最小的量化间隔 Δ 等于 1/2 048，则应有

$$\frac{1}{128} \div L = \frac{1}{2\ 048}$$

解得 $L=16$，即表示 8 个非均匀量化大段内又均匀分为 16 个小段才能保证 $\Delta=1/2\ 048$，所以段内码需要有 4 位。

段落码和段内码合起来构成 7 位幅度码，$2^7=128$，表示样值为正（或为负）时共分为 128 个量化级。表 2-8 列出了分段情况和对应的码字。

表 2-8   分段情况及对应的码字

量化段序号	电平范围（Δ）	段落码			段落起始电平（Δ）	段落差（Δ）	量化间隔 Δ_i	段内码对应权值（Δ）			
		a_2	a_3	a_4				a_5	a_6	a_7	a_8
8	1 024～2 048	1	1	1	1 024	1 024	64Δ	512	256	128	64
7	512～1 024	1	1	0	512	512	32Δ	256	128	64	32
6	256～512	1	0	1	256	256	16Δ	128	64	32	16
5	128～256	1	0	0	128	128	8Δ	64	32	16	8
4	64～128	0	1	1	64	64	4Δ	32	16	8	4
3	32～64	0	1	0	32	32	2Δ	16	8	4	2
2	16～32	0	0	1	16	16	1Δ	8	4	2	1
1	0～16	0	0	0	0	16	1Δ	8	4	2	1

每个大段区间是不均匀的，符合 2 的幂次规律。每个大段的起始值称为段落起始电平。每个大段落的 16 个小段是均匀的，每个小段的间隔即为量化间隔 Δ_i（$i=1\sim8$），显然不同的量化间隔是不相等的。如第 1 段 $\Delta_1=\dfrac{1}{128}\div16=\dfrac{1}{2048}=\Delta$，第 8 段 $\Delta_8=\dfrac{1}{2}\div16=64\Delta$。段内码是表示相对于该量化段中各码位的权值，其 a_5 码位的权值是 $8\Delta_i$，a_6 码位的权值是 $4\Delta_i$，a_7

码位的权值是 $2\Delta_i$，a_8 码位的权值是 Δ_i。例如，第 3 段时 a_5 码位的权值是 $8\Delta_i = 8 \times 2\Delta = 16\Delta$，而第 7 段时 a_5 码位的权值是 $8\Delta_i = 8 \times 32\Delta = 256\Delta$。由此可见，段内电平码的权值是随段落的不同而变化的，进一步说明了非均匀量化的实质是大信号的量化级差大，小信号的量化级差小。段内码的码位安排如表 2-9 所示。

表 2-9 段内码的码位安排

段内码	段内码			
	a_5	a_6	a_7	a_8
16	1	1	1	1
15	1	1	1	0
14	1	1	0	1
13	1	1	0	0
12	1	0	1	1
11	1	0	1	0
10	1	0	0	1
9	1	0	0	0
8	0	1	1	1
7	0	1	1	0
6	0	1	0	1
5	0	1	0	0
4	0	0	1	1
3	0	0	1	0
2	0	0	0	1
1	0	0	0	0

根据以上分析，对于某一个样值，可以确定出一个码字的 8 位码，这个过程称为编码。反之，一个码字的 8 位码，也可以对应还原为一个量化值，这个过程称为解码。在实际中，发端采用舍去法量化，在收端要加上半个量化级差，所以发端采用舍去法量化后的电平（即量化 PAM）同收端解码后得到的电平（即重建 PAM）是有区别的。为了表示区别，称发端量化的电平为码字电平，也叫做编码电平；称收端解码后的电平为解码电平。显然，解码电平比码字电平多半个量化级差，用表达式表示为

$$\begin{cases} 码字电平 = 段落起始电平 + (8a_5 + 4a_6 + 2a_7 + a_8) \cdot \Delta_i \\ 编码误差 = |\,码字电平-样值的绝对值\,| \\ 解码电平 = 码字电平 + \dfrac{\Delta_i}{2} \\ 解码误差 = |\,解码电平-样值的绝对值\,| \end{cases} \tag{2-25}$$

【例 2-2】求抽样样值为 -502Δ 时所对应的编码码字。

解 ① $\because PAM = -502\Delta$

$\therefore a_1 = 0$

②　$\because$　$256\Delta<|PAM|<512\Delta$，说明该样值在第 6 大段

　　$\therefore$　$a_2 a_3 a_4 = 101$

段落码为 101，样值在第 6 量化段，段落起始电平 $= 256\Delta$，量化间隔 $\Delta_6 = 16\Delta$

$$\therefore \frac{|PAM| - \text{段落起始电平}}{\Delta_6} = \frac{512\Delta - 256\Delta}{16\Delta} = 15.25$$

说明该样值在第 6 大段的第 16 小段

$$\therefore a_5 a_6 a_7 a_8 = 1111$$

所以样值 -502Δ 所对应的编码码字为 01011111。

【例 2-3】将上例中编成的 8 位 PCM 码还原为码字电平及解码电平，并计算编码误差和解码误差。

解　①　$\because$　$a_1 = 0$

　　　　$\therefore$　PAM 为负值

②　$\because$　$a_2 a_3 a_4 = 101$，说明 PAM 位于第 6 大段

$\therefore$　段落起始电平 $= 256\Delta$　　$\Delta_6 = 16\Delta$

$\therefore$　码字电平 $=$ 段落起始电平 $+ (8 a_5 + 4 a_6 + 2 a_7 + a_8) \cdot \Delta_i$

　　　　　　$= 256\Delta + (8 \times 1 + 4 \times 1 + 2 \times 1 + 1 \times 1) \times 16\Delta$

　　　　　　$= 496\Delta$

　　　解码电平 $=$ 码字电平 $+ \dfrac{\Delta}{2}$

　　　　　　$= 496\Delta + 16\Delta/2$

　　　　　　$= 504\Delta$

　　　编码误差 $=$ |码字电平-样值的绝对值|

　　　　　　$= |496\Delta - 502\Delta|$

　　　　　　$= 6\Delta$

　　　解码误差 $=$ |解码电平-样值的绝对值|

　　　　　　$= |504\Delta - 502\Delta|$

　　　　　　$= 2\Delta$

按上例码字 01011111 所对应的码字电平为 496Δ，与抽样编码电平幅度 502Δ 之差为 6Δ，这 6Δ 就是量化误差。为了确保量化误差小于半个量化级差，解码时要加上 $\dfrac{\Delta}{2}$。

2. A 律 13 折线量化编码方法

由于 A 律 13 折线正方向分为 8 个段落，按照 A 律的码位安排，除了对第 1 位极性码判决以外，还需对信号幅度进行比较判决，编出后 7 位幅度码。

（1）极性码 a_1 的判决

极性码，a_1 根据输入的样值信号 PAM 的极性来决定，即

$$PAM \geq 0 \text{ 时，} a_1 = \text{“1” 码}$$

$$PAM < 0 \text{ 时，} a_1 = \text{“0” 码}$$

（2）段落码 a_2、a_3 和 a_4 的判决

从表 2-8 可以看出，A 律 13 折线编码是将编码电平范围（归一化 0～1）以量化段或量化级为单位，逐次对分，对分点的电压（或电流）即为判定值 U_{ri}。

段落码 $a_2 = 0$ 表示样值位于 8 个段的 1～4 大段，$a_2 = 1$ 表示样值位于 5～8 大段，所以在编 a_2 码时，将样值 $|PAM|$ 与 1～4 大段和 5～8 大段的对分点的电平 128Δ 进行比较。若 $|PAM| \geqslant 128\Delta$，则 $a_2 = 1$，反之 $a_2 = 0$，即比较 a_2 的判定值为 128Δ。

由 a_2 已经得知 PAM 在前 4 段还是后 4 段。当 $a_2 = 0$ 时，样值在 1、2 大段对应的 $a_3 = 0$，样值在 3，4 大段对应的 $a_2 = 1$，分界点电平为 32Δ。所以在确定 $a_2 = 0$ 后编 a_3 码时，将 $|PAM|$ 与 1，2 大段和 3，4 大段的分界点电平 32Δ 进行比较。若 $|PAM| \geqslant 32\Delta$，则 $a_3 = 1$，反之 $a_3 = 0$。当 $a_2 = 1$ 时，由于 $a_3 = 0$ 表示样值在 5、6 大段，$a_3 = 1$ 表示样值在 7、8 大段，所以在确定 $a_2 = 1$ 后编 a_3 码时，将 $|PAM|$ 与 5、6 大段和 7、8 大段的分界点 512Δ 进行比较。若 $|PAM| \geqslant 512\Delta$，则 $a_3 = 1$，反之则 $a_3 = 0$。a_3 编码情况如表 2-10 所示。

表 2-10 a_3 编码情况

$a_2=1$	$\|PAM\|\geqslant 512\Delta$	$a_3=1$（第 7，第 8 大段）
$\|PAM\|\geqslant 128\Delta$	$\|PAM\|<512\Delta$	$a_3=0$（第 5，第 6 大段）
$a_2=0$	$\|PAM\|\geqslant 32\Delta$	$a_3=1$（第 3，第 4 大段）
$\|PAM\|<128\Delta$	$\|PAM\|<32\Delta$	$a_3=0$（第 1，第 2 大段）

归纳 a_2 和 a_3 的编码过程，并结合表 2-10 不难看到，在 $a_2\ a_3 = 11$，10，01，00 这 4 种情况下，比较 a_4 的权值，如表 2-11 所示。

表 2-11 a_4 的权值

$a_2=1$	$a_3=1$	$\|PAM\|\geqslant 1\ 024\Delta$	$a_4=1$（第 8 大段）
		$\|PAM\|<1\ 024\Delta$	$a_4=0$（第 7 大段）
	$a_3=0$	$\|PAM\|\geqslant 256\Delta$	$a_4=1$（第 6 大段）
		$\|PAM\|<256\Delta$	$a_4=0$（第 5 大段）
$a_2=0$	$a_3=1$	$\|PAM\|\geqslant 64\Delta$	$a_4=1$（第 4 大段）
		$\|PAM\|<64\Delta$	$a_4=0$（第 3 大段）
	$a_3=0$	$\|PAM\|\geqslant 16\Delta$	$a_4=1$（第 2 大段）
		$\|PAM\|<16\Delta$	$a_4=0$（第 1 大段）

以上分析可知，a_2 先行码的状态（"1"或"0"）将决定后面码位的判定值。量化段第一次分界点电平是 128Δ；第二次分界点电平是 512Δ（$a_2 = 1$ 时）和 32Δ（$a_2 = 0$ 时）；第三次分界点电平是 $1\ 024\Delta$（$a_2 = 1$，$a_3 = 1$），256Δ（$a_2 = 1$，$a_3 = 0$），64Δ（$a_2 = 0$，$a_3 = 1$），16Δ（$a_2 = 1$，$a_3 = 0$）。

（3）段内码 a_5、a_6、a_7 和 a_8 的判决

编段内码 a_5、a_6、a_7 和 a_8 的判定值 U_{ri} 可由下面式子加以确定：

$$U_{r5}=段落起始电平+\frac{1}{2} 段落差$$

$$U_{r6}=段落起始电平+\frac{a_5}{2} 段落差+\frac{1}{4} 段落差$$

$$U_{r7}=段落起始电平+\frac{a_5}{2} 段落差+\frac{a_6}{4} 段落差+\frac{1}{8} 段落差$$

$U_{r8}=$段落起妈电平$+\dfrac{a_5}{2}$段落差$+\dfrac{a_6}{4}$段落差$+\dfrac{a_7}{8}$段落差$+\dfrac{1}{16}$段落差

当$|PAM|\geqslant U_{r5}$时，$a_5=1$；　当$|PAM|<U_{r5}$时，$a_5=0$

当$|PAM|\geqslant U_{r6}$时，$a_6=1$；　当$|PAM|<U_{r6}$时，$a_6=0$

当$|PAM|\geqslant U_{r7}$时，$a_7=1$；　当$|PAM|<U_{r7}$时，$a_7=0$

当$|PAM|\geqslant U_{r8}$时，$a_7=1$；　当$|PAM|<U_{r8}$时，$a_8=0$

在上面 U_{r5} 的表达式中，由于段落起始电平和段落差都要由已编出的 $a_2a_3a_4$ 来决定，所以 U_{r5} 要由 $a_2a_3a_4$ 来决定；同样 U_{r6} 要由 $a_2a_3a_4\,a_5$ 决定；……U_{r8} 要由 $a_2a_3a_4\,a_5\,a_6a_7$ 来决定。

由此可见，这种编码是通过一次次的比较实现的，编几位码就要进行几次比较，这就是"逐次"的含义。每次比较都以非线性段落（编段落码）或线性段落（段落内码）的中间值作为判定值，这就是"对分"的含义。编第 i 位码的判定值 U_{ri}（除 $i=1$，2 外）都要由前面已编出的（$i-1$）位码来决定，所以要将前面已编出的码位反馈回来控制下一个权值的输出，这就是"反馈"的含义。因此，这种编码方法称为 A 律 13 折线逐次对分反馈型编码。

【例 2-4】某 A 律 13 折线编码器，$n=8$，一个样值 $PAM=-182\Delta$，试将其编成相应的码字。

解　①　$\because PAM=-182\Delta<0$　　　　　　　　$\therefore a_1=0$

②　$\because |PAM|=182\Delta$

　　$|PAM|>128\Delta$　　　　　　　　　$\therefore a_2=1$

　　$|PAM|<512\Delta$　　　　　　　　　$\therefore a_3=0$

　　$|PAM|<256\Delta$　　　　　　　　　$\therefore a_4=0$

$128\Delta<|PAM|<256\Delta$，说明该样值在第 5 大段。

段落码为 100，样值在第 5 量化段，段落起始电平=段落差=128Δ；量化间隔$\Delta_5=8\Delta$

③　$U_{r5}=$段落起始电平$+1/2$ 段落差

　　　$=128\Delta+64\Delta$

　　　$=192\Delta$

　　$|PAM|<192\Delta$　　　　　　　　　$\therefore a_5=0$

　　$U_{r6}=$段落起始电平$+a_5/2$ 段落差$+1/4$ 段落差

　　　$=128\Delta+32\Delta$

　　　$=160\Delta$

　　$|PAM|>160\Delta$　　　　　　　　　$\therefore a_6=1$

　　$U_{r7}=$段落起始电平$+a_5/2$ 段落差$+a_6/4$ 段落差$+1/8$ 段落差

　　　$=128\Delta+32\Delta+16\Delta$

　　　$=176\Delta$

　　$|PAM|>176\Delta$　　　　　　　　　$\therefore a_7=1$

　　$U_{r8}=$段落起始电平$+a_5/2$ 段落差$+a_6/4$ 段落差$+a_7/8$ 段落差$+1/16$ 段落差

　　　$=128\Delta+32\Delta+16\Delta+8\Delta$

　　　$=184\Delta$

　　$|PAM|<184\Delta$　　　　　　　　　$\therefore a_8=0$

则编码码字为 01000110。

3. 逐次反馈型编码器

与线性编码器类似，非线性编码器也属逐次反馈比较型，主要电路仍是比较器、串/并记忆电路和本地解码网络。它与线性编码器的区别在于本地解码网络为非线性网络，符合 A 律 13 折线压缩特性。

逐次反馈型的码字判决过程以及判定值的提供规律前面已作了分析和介绍。逐次反馈型编码器的工作原理可用图 2-38 表示。

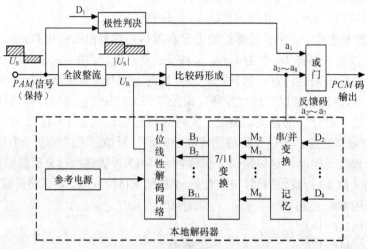

图 2-38 逐次反馈型编码器的工作原理图

语音信号是具有正、负极性的双极性信号，因此输入的语音信号在编码之前，要对其极性进行处理。极性判决就是判别输入信号的极性，以便编出极性码。经抽样保持的语音 PAM 信号分作两路，一路送入极性判决电路在 D_1 时刻进行判决，并用 a_1 码表示。$a_1 = 1$ 表示正极性，$a_1 = 0$ 表示负极性。PAM 信号的另一路将语音 PAM 信号进行全波整流变成单极性信号，再经全波整流送比较码形成电路与本地解码器产生的判定值进行比较，再对单极性信号进行编码（编幅度码）。其比较是按时序位脉冲 $D_2 \sim D_8$ 逐位进行的，根据比较结果形成 $a_2 \sim a_8$ 各位码。

本地解码器的作用是将除极性码以外的 $a_2 \sim a_8$ 各位码逐位反馈经串/并变换，并记忆为 $M_2 \sim M_8$，再将 $M_2 \sim M_8$（非线性码）经 7/11 变换矩阵变换为相应的 11 位二进制（线性码）码组，再经过 11bit 的线性解码网络输出相应的判定值。所以本地解码器由 7bit 串/并变换和记忆电路、7/11 变换及 11 位线性解码网络组成。

数字压缩（编码）是将码字位数多的线性码变换成码字位数少的非线性码，而数字扩张（解码）则是将非线性码变换成线性码。A 律 13 折线的幅度码为 7 位，过载电压为 2 048Δ。线性码的量化间隔 $\Delta_i = \Delta$，则线性编码的量化级数 $N = 2 \times 2\,048 = 4\,096$。根据 $N = 2^n$ 的关系，$n = 12$，除了 1 位极性码外，线性码的幅度码位数为 11 位。因此在编码器的本地解码器中需用 7/11 的变换矩阵把 7 位非线性码变换成 11 位的线性码。如果线性码的幅度码以 B_1，B_2，B_3，B_4，…，B_{11} 表示（极性码为 B_0），则各位码的权值如表 2-12 所示。

表 2-12   11 位线性码的权值

幅度码	B_1	B_2	B_3	B_4	B_5	B_6	B_7	B_8	B_9	B_{10}	B_{11}
权值（Δ）	1 024	512	256	128	64	32	16	8	4	2	1

从表 2-12 可见线性码 B_i 的权值与非线性码的权值不同，线性码中的每位码的权值是固定不变的。

线性码的码字电平可表示为

$$\begin{cases} 码字电平 = (1024B_1 + 512B_2 + 256B_3 + \cdots + 2B_{10} + B_{11}) \cdot \Delta \\ 解码电平 = 码字电平 + \dfrac{\Delta}{2} \end{cases} \quad (2\text{-}26)$$

一个样值的幅度码，既可以用 7 位非线性码表示，又可以用 11 位线性码表示，因此，7 位非线性码和 11 位线性码是可以相互转换的。也就是说，非线性码 $a_1 \sim a_8$ 和线性码 $B_1 \sim B_{11}$ 之间有一定的逻辑对应的关系。根据表 2-8、式（2-25）和式（2-26），使线性码和非线性码之间的码字电平相等，即可得出非线性码和线性码之间的对应关系，如表 2-13 所示。

表 2-13　　　　　　　　　　　A 律 13 折线非线性码与线性码间的关系

量化段序号	段落标志	非线性码（幅度码）								线性码（幅度码）											
		超始电平（Δ）	段落码			段内码的权值（Δ）				B_1	B_2	B_3	B_4	B_5	B_6	B_7	B_8	B_9	B_{10}	B_{11}	B_{12}^{*}
			a_2	a_3	a_4	a_5	a_6	a_7	a_8	1 024	512	256	128	64	32	16	8	4	2	1	$\frac{1}{2}(\Delta)$
（8）	C_8	1 024	1	1	1	512	256	128	64	1	a_5	a_6	a_7	a_8	1*	0	0	0	0	0	0
（7）	C_7	512	1	1	0	256	128	64	32	0	1	a_5	a_6	a_7	a_8	1*	0	0	0	0	0
（6）	C_6	256	1	0	1	128	64	32	16	0	0	1	a_5	a_6	a_7	a_8	1*	0	0	0	0
（5）	C_5	128	1	0	0	64	32	16	8	0	0	0	1	a_5	a_6	a_7	a_8	1*	0	0	0
（4）	C_4	64	0	1	1	32	16	8	4	0	0	0	0	1	a_5	a_6	a_7	a_8	1*	0	0
（3）	C_3	32	0	1	0	16	8	4	2	0	0	0	0	0	1	a_5	a_6	a_7	a_8	1*	0
（2）	C_2	16	0	0	1	8	4	2	1	0	0	0	0	0	0	1	a_5	a_6	a_7	a_8	1*
（1）	C_1	0	0	0	0	8	4	2	1	0	0	0	0	0	0	0	a_5	A_6	a_7	A_8	1*

注：① $a_1 \sim a_8$ 以及 $B_1 \sim B_2$ 码下方的数值为该码的权值。
　　② B_{12} 与 1* 项为收端解码时专补差项，发端编码时该项均为零。

在线性码栏中，打星号的 B_{12} 与 1* 两项为收端解码时的 $\dfrac{\Delta}{2}$ 补差项，在发端时该两项均为零。线性码栏中的 "1" 项对应非线性码的量化段的起始电平，第一量化段的电平为零，故在线性码栏中，在其所对应的位置为 0。另外在线性码栏中的 $a_5 \sim a_8$，所对应的电平与非线性码栏中该量化段的段内码电平一致。

将非线性 7 位幅度码变换成线性 11 位幅度码称为 7/11 变换。

【例 2-5】7 位非线性幅度码为 1 0 0 0 1 1 0，将其转换为 11 位线性幅度码。

解　段落码为 1 0 0，$\Delta_i = 128\Delta$，B_4 的权值 $= 128\Delta$，$B_4 = 1$

11 位线性幅度码为 0 0 0 1 0 1 1 0 0 0 0。

【例 2-6】7 位非线性幅度码为 0 1 1 1 0 1 0，将其转换为 11 位线性幅度码。

解　段落码为 0 1 1，$\Delta_i = 64\Delta$，B_5 的权值 $= 64\Delta$，$B_5 = 1$

11 位线性幅度码为 0 0 0 0 1 1 0 1 0 0 0。

【例 2-7】11 位非线性幅度码为 0 0 1 1 1 0 1 0 0 0 0，将其转换为 7 位非线性幅度码。

解　$B_3 = 1$，其权值为 256Δ，等于第 6 量化段的起始电平

7 位非线性幅度码为 1 0 1 1 1 0 1。

4. A 律 13 折线解码器

解码是编码的逆变换，其任务是把接收到的 PCM 信号还原成相应的 PAM 信号，即重建 PAM 信号，然后通过低通滤波器恢复成原模拟信号。这种从数字信号到模拟信号的变换也称数字/模拟变换（D/A 变换）。A 律 13 折线非线性解码器如图 2-39 所示。

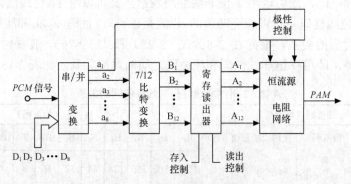

图 2-39　非线性解码器方框图

非线性解码器与逐次反馈编码器中的本地解码电路相似。PCM 信号首先经串/并变换电路将串行码变为并行码，其中极性码经极性控制译成正、负控制信号，其余的 $a_1 a_2 \cdots a_8$ 位电平码变换成 11 位线性码。但考虑到减小量化误差的要求，再附加一个第 12 位，使最小段落的量化误差不超过半个量化级。这样在解码中代码变换就变为由 7bit 变为 12bit。7/12 变换器输出到寄存读出器，其作用是缓冲解码的时间，把存入的信号在确定的时刻一齐读出到解码网络中。解码网络由标准电流源和梯形电阻网络组成，如图 2-40 所示。这是解码器的关键部分。图中各开关 K_1，K_2，$\cdots$，K_{12}，分别受寄存读出器输出的各位码 A_1，A_2，$\cdots$，A_{12} 控制。当 $A_i = 0$ 时，开关断开（或接地）；$A_i = 1$ 时，对应开关接通标准电流源。梯形电阻网络共有 12 节，每节的分压系数均为 1/2，这样，电流源通过开关 K 接到网络第 i 个节点，其产生的电压，每经过一节就降低一半。结果从左至右，即从最低位 A_{12} 到最高位 A_1，接入电流源后在输出端产生的电压就按 2^n 关系依次递增，这正符合二进制的编码规律。由于各节点接入对应的电流源后，在输出端产生的电压总和正比于编码信号所代表的模拟信号幅度量化值，故能够实现解码。

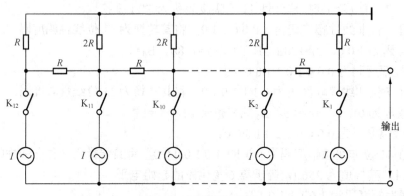

图 2-40　恒流源解码网络

非线性解码器与逐次反馈型编码器中的本地解码器的构成相比主要有以下不同点。

（1）非线性解码器增加了极性控制部分，由 PCM 信号中的第一位码 a_1 决定 PAM 的极性。a_1 的状态记忆在串/并变换记忆电路中，由记忆电路输出 a_1 = "1" 或 a_1 = "0" 来控制极性控制电路，从而恢复出 PAM 信号的极性。

（2）非线性解码器多了寄存读出，它的作用是把经过 7/12 变换后的 B_1～B_{12} 码存入寄存器中，在要求解码输出的时候再送进线性解码网络进行解码。

（3）非线性解码器采用的线性解码网络是 12 位的，因此逻辑变换电路要完成 7/12 变换，将非线性码变换为线性码。逐次反馈型编码器中的本地解码器的线性解码网络是 11 位的，因此逻辑变换电路要完成 7/11 变换。

2.4.4 单片集成 PCM 编解码器

随着 PCM 通信技术和集成电路的发展，采用了单片编解码器，即每路的编码器及解码器是独立的，利用大规模集成技术把发端的滤波、抽样、量化编码以及收端的解码、滤波等电路都集成在一块片子上，在一块芯片上实现 A 律 13 段折线压扩的 8bitPCM 编码和译码的功能。它对 PCM 设备的可靠性、体积、功耗和成本等性能指标的提高都具有显著的意义。

PCM 编解码器是数字通信专用的大规模集成电路，它的英文缩写为 "Codec"（取英文编码、解码字首组成），目前已形成系列，有众多品种已商业化。PCM 编解码器主要应用在传输系统的音频终端设备、用户环路系统和数字交换机的用户系统、用户集线器、用户终端设备以及综合业务数字网的用户终端这些方面。

一些典型的单片编解码器的型号及主要性能如表 2-14 所示。

表 2-14 典型的单片编解码器的型号及主要性能

型号	2911A	2913　29C13 2914　29C14	2916　29C16 2917　29C17	MK5156	S3506 S3508	MT8961AC MT8963AC MT8965AC MT8967	MC14400L MC14401L MC14402L MC14403L MC14405L
厂家	Intel	Intel	Intel	MOSTEK	AMI	Mitel	Motorola
主要功能	A 律； PCM 编解码： 内含参考 电压源： 可控时隙分配	A/μ律（可选）； PCM 编解码与 收发滤波： 内含参考电 压源： 固定时隙同步 （-13）异步（-14）	A 律（-17） μ 律（-16） PCM 编解码与 收发滤波： 内含参考 电压源： 固定时隙	A 律； PCM 编解 码外接参 考电压源： 固定时隙	A 律； PCM 编解 器与收发 滤波内含 参考电压 源： 固定时隙	A 律； PCM 编解码 与收发滤 波： 外接参考电 压源： 固定时隙	A/μ律（可选） PCM 编解码 与收发滤波： 内含参考电 压源： 固定时隙
工艺电 源（V）	NMOS	HMOS CHMOS	HMOS CHMOS	CMOS	CMOS	CMOS	CMOS
	± 5+12	± 5	± 5	± 5	± 5	± 5	± 5
功耗（mW）	工作：230 （等待 33）	175　70 （10）（5~8）	140　70 （5）（5~8）	30 （5）	80 （8）	30 （2.5）	45~70 （0.1）
管脚	22	20 24	16	16	22	18 20	16，18，22， 16，16

单片编解码器的种类很多，最典型的是 2914 单片编解码器。下面以 Intel2914 单片编解

码器为例介绍其组成和特点。

Intel2914 将 PCM 编码和解码网络集成在一块芯片上,它由 3 部分组成:发送部分(编码)、接收部分(解码)和控制部分。其功能方框图如图 2-41 所示。控制部分的主要功能是控制编、解码器的工作模式或工作状态。

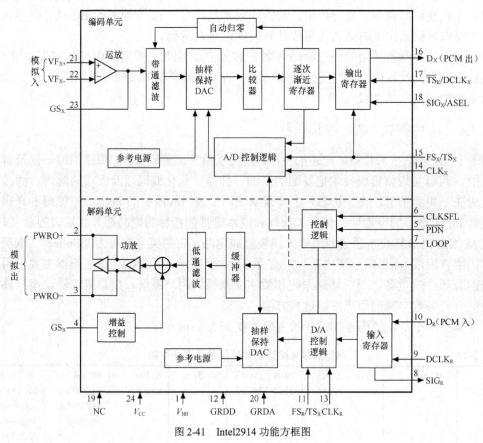

图 2-41　Intel2914 功能方框图

从图 2-41 分析 2941 编解码器工作原理如下。

编码单元由参考电源、输入运算放大器、带通滤波、抽样保持和 DAC(数模转换)、比较器、逐次逼近寄存器、A/D 控制逻辑以及输出寄存器等构成。发端的模拟语音信号从 21、22 端输入到运算放大器,经过运算放大器放大,该运算放大器有 2.2V 的共模抑制范围,增益可由外接反馈电阻控制。运算放大器输出的信号经带通为 300～3 400Hz 的带通滤波器滤波后,送到抽样保持、比较和本地 D/A 变换(DAC)等编码电路进行编码,再将 PCM 信码送入输出寄存器,在输出寄存器寄存,由主时钟(CBR 方式)或发送数据时钟(VBR 方式)作用,最后从数据输出端(16 端)输出串行 PCM 码。输出路时隙由 FS_X(15 端)控制,输出的数据比特率由 CLK_X(14 端,固定数据速率)或 $DCLK_X$(17 端,可变数据速率)控制。在采用固定数据速率时,当编码器在 D_X 端(16端)发送 8bitPCM 时,$\overline{TS}_k$(17 端)给出低电平输出,其他时间为高电平输出。低电平的时间间隙即为发送传输信码的路时隙,因此,可由电平 $\overline{TS}_k$ 来进行监测并取得 D_X 信号。整个编码过程由 A/D控制逻辑控制。此外还有自动调零电路来校正直流偏置,保证编码器正常工作。

解码单元由输入寄存器、D/A 控制逻辑、保持抽样和 DAC、低通滤波以及输出功放等构成。在接收数据输入端（10 端）D_R 输入 PCM 数字信号，由时钟下降沿读入输入寄存器，路时隙由 FS_R（11 端）控制。由 D/A 控制逻辑控制进行数模变换，接收数据比特速率由 13 端 CLK_R（固定数据速率方式）或 9 端 DCLK（可变数据速率方式）控制。将 PCM 字信号变换成 PAM 样值并由样值保持抽样保持，再经缓冲器送到低通滤波器还原成语音信号，由输出功放放大，从 2、3 端输出模拟信号。功率放大器由两级运放组成，是平衡输出放大器，可驱动桥式负载，需要时也可单端输出，其增益可由外接电阻调整，可调范围为 12dB。

控制部分主要是一个逻辑控制单元，通过 $\overline{PDN}$（低功耗选择），CLKSFL（主时钟选择）和 LOOP（模拟信号还回）3 个外接控制端控制芯片的工作状态。

Intel2914 器件采用双列直插的封装方式，共 24 个引脚，芯片各管脚编号、名称及功能如表 2-15 所示。

表 2-15　　　　　　　　　　　Intel2914 芯片管脚编号、名称及功能

管脚序号	名称	功能
1	V_{BB}	电源输入（−5V）
2, 3	PWRO+ PWRO−	功放输出
4	GS_R	接收增益调整
5	$\overline{PDN}$	低功耗选择，低电平有效，正常工作电压接+5V
6	CLKSFL	主时钟频率选择，CLKSEL=V_{BB} 时，主时钟频率为 2 048kHz
7	LOOP	模拟信号环回、高电平效。接地则正常工作，不自环
8	SIG_R	收信令比特输出，A 律编码时不用
9	$DCLK_R$	发送数据时钟方式时，为接收数据时钟，主时钟方式接−5V
10	D_R	接收 PCM 信号输入
11	FS_R	接收路时隙脉冲 TS_0 输入
11	TS_R	接收帧同步和时隙选通脉冲，该脉冲为正时，数据被时钟下降沿收下
12	GRDD	数字地
13	CLK_R	接收主时钟输入，即接收 2 048kHz 时钟
14	CLK_X	发送主时钟输入，即发送 2 048kHz 时钟
15	FS_X	发送路时隙脉冲 TS_0 输入
15	TS_X	发送帧同步和时隙选通脉冲，该脉冲为正时，寄存器数据被时钟上升沿送出
16	D_X	发送 PCM 输出
17	$\overline{TS_K}$	数字输出的选通
18	SIG_X	发送数字信令输入，接−5V 为选择 A 律
18	ASEL	μ 律、A 律选择，按−5V 时选 A 律
19	NC	空
20	CRDA	模拟地
21、22	VF_{X+}, VF_{X-}	模拟信号输入
23	GS_X	输入运放增益控制
24	V_{CC}	电源（+5V）

Intel2914 电路功能的特点如下。

（1）功耗低，非工作状态 10mW，工作状态 170mW。

（2）两种定时工作方式，即固定数据速率和可变数据速率。

① 在固定数据速率工作方式时，可由 CLKSEL（6 端）来控制主时钟（CLKK，CLK$_R$）的频率，其频率有 1 536kHz，1 544kHz 和 2 048kHz 这 3 种。CLK$_K$、CLK$_R$ 既为发、收主时钟，又是发、收数据时钟。

② 可变数据速率工作方式的发送数据速率和接收数据速率可以从 64kbit/s 变到 4096kbit/s，且可在工作中变动。CLK$_K$、CLK$_R$ 仅是发、收主时钟，这时的发、收数据时钟是 DCLK$_K$，DCLK$_R$。

（3）器件内设有精度高的参考电压。

（4）由 LOOP（7 端）可实现模拟环路控制功能，利用这一功能可以方便地检查话路通道。

（5）抽样保持和自动归零电路无需外接元件。

（6）电源抑制特性好。

（7）同一芯片既可工作于 μ 压缩律，又可工作于 A 压缩律。可由 ASEL［18 端］控制。

2.5 差值脉冲编码调制

64kbit/s 的 A 律或 μ 律的对数压扩 PCM 已经在大容量的光纤通信系统和数字微波系统中得到广泛的应用，但是在频率资源紧张的移动通信系统（采用超短波段，每路电话带宽要求小于 25kHz）和费用昂贵的卫星通信系统中，64kbit/sPCM 电话就由于经济性而受到限制。要拓宽数字通信的应用领域，就必须开发更低速率的数字电话，在相同质量指标的条件下降低数字化语音的数码率，以提高数字通信系统的频率利用率。通常，把低于 64kbit/s 数码率的语音编码方法称为语音压缩编码技术。大量研究表明，自适应差值脉码调制（ADPCM）是语音压缩编码中复杂度较低的一种方法，它能在 32kbit/s 数码率的条件下达到 64kbit/sPCM 系统数码率的语音质量要求。ADPCM 是在差值脉码调制（DPCM）基础上发展起来的。因此，本节主要介绍差值脉码调制（DPCM）原理和自适应差值脉码调制（ADPCM）原理，并对 32kbit/s ADPCM 系统进行简单介绍。

2.5.1 DPCM 原理

从抽样理论中得知，语音信号相邻的抽样值之间有很强的相关性，即信号的一个抽样值到另一个抽样值之间不会发生迅速的变化，它说明语音信号本身含有大量的多余成分。如果设法减小或去除这些多余成分，则可大大提高通信的有效性。根据这个原理，把语音样值分为两个成分，一个成分与过去的样值有关，即可以根据过去的样值来加以预测；另一个成分是不可预测的。可预测的成分由过去的一些适当样值加权后得到（一般通过对前面一个或两个样值加权），不可预测的成分可看成是预测误差。在实际中，不必直接传送原始信息抽样序列，只需传送差值序列就行了，这是因为样值序列的相关性使得差值序列的信息可以代替样值序列中的信息。这种利用语音信号的相关性找出可反映信号变化特性的一个差值进行编码，对差值序列进行量化编码的方法称为差分脉码调制，简记为 DPCM。由于样值差值的动态范围比样值本身的动态范围小得多，就有可能在满足语音质量要求下，降低数码率。信号的相关性越强，数码率压缩就可以做得越大。

DPCM 就是对样值的差值序列进行量化编码，它的实现有两个问题要加以解决，一是发送端要将样值序列转化为差值序列，二是接收端要将差值序列还原成样值序列。至于其他电路构成，如抽样、量化、编码、解码以及滤波则完全和 PCM 通信一样。不过上面提到的两个问题可归结为一个问题，即如何从前 n 个差值序列中估算出第 n 个样值，称此为预测。预测分为前向预测和后向预测，下面介绍后向预测的方法。

图 2-42 所示为后向预测时间波形图。图 2-42（a）所示为样值序列 s（n），图 2-42（b）所示为差值序列 d（n），差值序列是将第 n 时刻的样值和（$n-1$）时刻的样值相减得到的，如 $d(1)=S(1)-S(0)$，$d(0)=S(0)-0=S(0)$，（假设零时刻以前样值为 0），其余类推，通用公式为 $d(n)=S(n)-S(n-1)$。发送端将样值序列变为差值序列后进行量化编码，收端解码后还原为差值序列。预测的任务就是要从差值序列中还原出样值序列，其原理可用图 2-43（c）所示来说明。

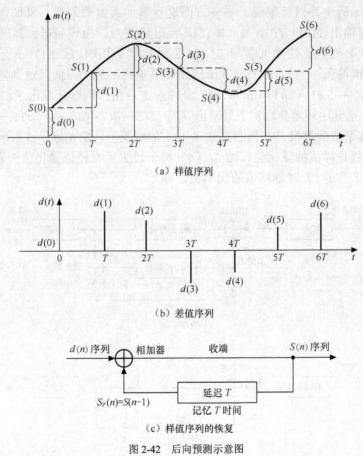

（a）样值序列

（b）差值序列

（c）样值序列的恢复

图 2-42　后向预测示意图

差值序列 $d(n)$ 送到相加器的一端，相加器的另一端为前一时刻样值的预测值 $S_P(n)$，即 $S_P(n)-S(n-1)$，其工作过程为：$d(0)$ 到来时，显然 $S_P(n)-S(n-1)=0$，所以 $S(0)=d(0)+0=d(0)$；$S(0)$ 一方面输出，另一方面又经过延迟电路 T 时间后送到相加器的另一端，经过时间 T 后，$S_P(1)=S(0)=d(0)$，此时 $d(1)$ 也正好到达，故 $S(1)=d(1)+S_P(1)=S(0)+d(1)=d(0)+d(1)$；$S(1)$ 一方面输出，另一方面又经过延迟 T 后送到相加器的另一端，故 $S_P(2)=S(1)=d(0)+d(1)$，此时 $d(2)$ 也正好到达，故 $S(2)=d(2)+S_P(2)=d(2)+S(1)=d(0)+d(1)+d(2)$；其余类推。总之，$S_P(n)=S(n-1)=d(0)+d(1)+\cdots+d(n-1)$，$S(n)==d(n)+S(n-1)$。

由此可以看出，预测实际上是将前面 n 个差值累加从而得到第 n 个样值。

根据以上原理，可得到一阶后向预测 DPCM 的方框图如图 2-43 所示。它的收端不同于 PCM 之处是在解码后加了一个预测电路。它同图 2-42 所示的预测示意图略有不同的是：在 n 时刻的预测值 $S_P(n)$，即 $(n-1)$ 时刻的样值是从差值序列的量化值（即量化差值序列）中预测得到的，而图 2-42 中所示的 $S_P(n)$ 则直接从差值序列中预测得到，所以这是一个名副其实的预测过程。发端的构成同 PCM 通信不同的是：在量化电路下端并联了一个预测电路，它从量化差值序列中预测出 n 时刻的预测值 $S_P(n)$（即 $(n-1)$ 时刻的样值），然后送到相减电路，将 $S(n)$ 和 $S_P(n)$ 相减得到差值序列 $d(n)$。其工作过程如下：$S(0)$ 到达比较器（即减法电路），比较器负端的 $S_P(0)= 0$（因零时刻以前样值为零），$d(0)= S(0)$，经量化电路后得到 $d'(0)$。$d'(0)$ 一方面送到编码电路进行编码，另一方面送到累加器的输入端。累加器另一输入端为 $S_P(0)= 0$。累加器输出 $S'(0)= d'(0)+ 0 = d'(0)$，经时延 T 后，由预测器预测出 $S_P(1)= a_1 S'(0)$（a_1 称为预测系数），送到比较器负端。此时 $S(1)$ 到达比较器正端，故 $d(1)= S(1)-S_P(1)= S(1)-a_1 S'(0)$，经量化电路得到 $d'(1)$。$d'(1)$ 一方面送到编码电路，另一方面又送到累加器，累加器输出为 $S'(1)= d'(1)+ S_P(1)= d(1)+ a_1 d'(0)$，经时间 T 后由预测器预测出 $S_P(2)= a_1 S'(1)= a_1 [d'(1)+ a_1 d'(1)]$，送到比较器负端。于是输出 $d(2)= S(2)-S_P(2)-S(2)-a_1 [d'(1)+ a_1 d'(1)]$，量化后得到 $d'(2)$。其余依此类推。在预测系数 $a_1 = 1$ 的情况下，$S'(n)$ 等于过去所有差值量化值的累积，实际上就是样值的量化值；而 $S_P(n)$ 等于过去所有差值量化值的累积，它是在 n 时刻对前一时刻即 $(n-1)$ 时刻样值的预测值，即

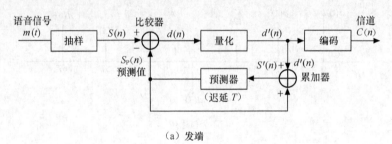

（a）发端

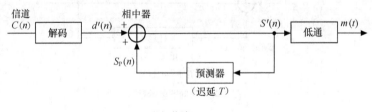

（b）收端

图 2-43　一阶后向预测 DPCM 方框图

$$S'(0) = \sum_{i=0}^{n} d'(i)$$

$$S_p(n) = \sum_{i=0}^{n-1} d'(i) = S'(n-1)$$

$$S'(n) = S_p(n) + d'(n)$$

综上所述，在一阶后向预测 DPCM 通信中，发端和收端都必须通过预测器从量化差值序

列中预测出样值序列，一阶预测器由逐次记忆电路（乘以预测系数 a，并迟延 T 的回路）和累加器组成。

一阶预测是从（$n-1$）时刻及以前的差值序列量化值中预测（$n-1$）时刻的样值的。实际上预测系数 a 不一定为 1，也可以采用二阶或多阶预测。二阶后向预测 DPCM 方框图如图 2-44 所示。

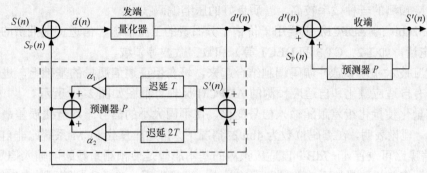

图 2-44　二阶后向预测 DPCM 方框图

在图 2-44 所示的后向预测方框图中

$$S_P(n) = a_1 S'(n-1) + a_2 S'(n-2)$$

其中，a_1 和 a_2 为预测系数，可根据语音的概率分布情况适当地选择预测系数，以取得较好的预测效果。

对 DPCM，其信噪比表达式为

$$\frac{S}{N} = 10\lg\frac{P_s}{P_N}$$

$$= 10\lg\frac{P_s}{P_d} \cdot \frac{P_d}{P_N}$$

$$= 10\lg\frac{P_s}{P_d} + 10\lg\frac{P_d}{P_N}$$

其中，P_s 为样值信号功率；

　　　P_d 为差值信号功率；

　　　P_N 为量化噪声功率；

$G_P = 10\lg\dfrac{P_s}{P_d}$，它定义为加入了预测差值结构后，系统信噪比获得的增益。

从上面表达式可见，DPCM 同 PCM 相比，其信噪比改善了 G_P 分贝，由于语音信号的相关性，样值信号功率一般大于差值信号功率，故 G_P 一般大于 1。故 DPCM 同 PCM 相比，可在相同比特率的情况下获得更大的信噪比，或者说以更低的数码率获得同样的通信质量。

差分脉冲编码调制的一个重要特例，就是 1bit 量化的增量调制（DM）。DM 是指通过对每个样值序列编 1 位码来传递信息的数字通信方式。其具体方法是，当差值＞0 时，量化成 Δ 值；当差值＜0 时，量化成−Δ 值。将 Δ 值和−Δ 用一位码表示，即差值>0 时，编成"1"码——Δ 值脉冲；当差值＜0 时，编成"0"码——−Δ 值脉冲。实际上，在 DM 系统中，对差值进行量化处理后，就不再需要编码，只将差值序列编成 Δ 值和−Δ 值的脉冲，其量化误差较大。

为了减少量化误差，应使抽样周期 T_s 缩小，即其抽样周期 T_s 要小于 PCM，DPCM 系统容易实现，采用 1bit 编码，收发不需同步，但传输质量不高，自适应增量调制可以改善系统性能。

2.5.2 自适应差分脉码调制

自适应差分脉码调制（ADPCM）是在差分脉码调制（DPCM）的基础上，再采用自适应量化和自适应预测的一种效率较高、音质良好的压缩编码技术。

目前，32kbit 的 ADPCM 主要用于价格十分昂贵的卫星信道、信道特别拥挤的移动通信（数字无绳电话，如 T-2、CT-3 和 DECT 等）和数字微波等领域。

把自适应技术和差分脉冲编码调制结合起来，可在保证通信质量的基础上，进一步压缩数码率。兼有自适应量化和自适应预测的 ADPCM 原理方框图如图 2-45 所示。

自适应量化使量化级差跟随输入信号变化，使不同大小的信号平均量化误差最小，从而提高信噪比。理论表明，在编码位数为 4bit 的情况下，自适应量化 PCM 系统比非自适应量化 PCM 系统信噪比可改善 4～7dB；自适应预测的基本思想是使预测系数跟随输入信号而变化，从而保证预测值与样值最接近，即预测误差最小。理论表明，自适应预测可使 DPCM 的信噪比增益 G_P 达 6～10dB。

自适应量化和自适应预测结合使用，可使信噪比进一步提高，或可在更低编码位数情况下取得满意的通信质量。如现在实用的 ADPCM 系统，可在数码率为 32kbit/s（4 位码）的情况下取得 64kbit/sPCM 系统的通信质量。即自适应差分脉码调制（ADPCM）技术使话路数码率降为 32kbit/s，传输效率提高了一倍。

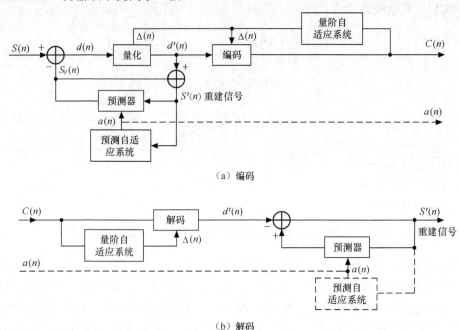

（a）编码

（b）解码

图 2-45　兼有自适应预测、量化的（后向型）ADPCM 原理框图

就目前情况看，32kbit/sADPCM 编码理论已经形成国际标准投入运行。应用自适应差分脉码调制（ADPCM）技术可实现数字电路倍增。数字电路倍增是将一条数字电路当做一条

以上的数字电路使用的一项数字技术，简称为 DCM。32bit/s 的 ADPCM 设备应用于 64k bit/s 的通道上可实现两倍的增益，即一条电路可作两条电路使用。

2.5.3　32kbit/sADPCM 系统简介

1984 年 ITU 公布了 G.721 32kbit/s ADPCM 标准，并于 1986 年作了进一步的修改。这种系统的语音质量十分接近 G.711A 律或 μ 律 64 bit/sPCM 的语音质量。

由于 G.721 32kbit/s ADPCM 主要用来对现有 PCM 信道扩容，即把两个 2 048kbit/s30 路 PCM 基群信号转换成一个 2 048kbit/s60 路 ADPCM 信号，因此，ADPCM 编码器的输入与解码器的输出都采用标准 A 律或 μ 律 PCM 信号码。G.721 32kbit/s ADPCM 编码器与解码器工作原理框图如图 2-46 所示。

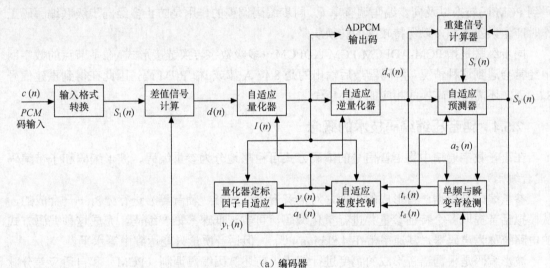

（a）编码器

（b）解码器

图 2-46　G.721 32kbit/s ADPCM 工作原理

编码器（如图 2-46（a）所示）输入端先将输入的 8 位 PCM 码 $C(n)$ 转换成原 14 位线性码 $S(n)$，然后，同预测信号 $S_P(n)$ 相减产生差值信号 $d(n)$，再对 $d(n)$ 进行自适应量化，产生 4bitADPCM 代码 $I(n)$。一方面要把 $I(n)$ 送给解码器，另一方面利用 $I(n)$ 进行本地解码，得到量化后的差值信号 $d_q(n)$，再同预测信号 $S_q(n)$ 相加得到本地重建信号 $S_r(n)$。自适应预测器采用二阶极点、六阶零点的混合预测器，它利用 $S_r(n)$，$d_q(n)$ 以及前几个时刻的值，对下一时刻将要输入的信号 $S_1(n+1)$ 进行预测，计算出 $S_q(n+1)$。为了使量化器能适应语音信号、带内数据信号及信令信号等具有不同统计特性以及不同幅度的输入信号，自适应要依输入信号的特性自动改变自适应速度参数来控制量阶。这一功能由量化器定标因子自适应、自适应速度控制、单音与瞬变音检测等 3 个功能单元完成。

解码器（如图 2-46（b）所示）的解码过程实际上已经包含在编码器中，但多了一个线性码到 PCM 码转换以及同步编码调整单元。同步编码调整的作用是防止多级同步级联编解码工作时产生误差累积，以保持较高的转换质量。

同步级联是指 PCM-ADPCM-PCM-ADPCM···多级数字转换链接形式，在多节点的数字网中经常会遇到这种情况。解码器最后输出的是 8 位 A 律或 μ 律 PCM 码，因此在得到重建信号 $S_r(n)$ 后，还需将它转换成相应的 PCM 码。

2.5.4 语音压缩编码技术的概念

在语音数字通信中将语音信号的编码方式可粗略地分为参量编码、波形编码和子带编码（混合编码）。

参量编码是根据语音形成的机理，对语音音素（元音、辅音等）进行分析——合成的，从模拟话音提取各个特征参量并进行量化编码，可实现低速率语音编码，完成这种编码方式的电路统称为声码器，其速率常在 4.8kbit/s 以下。但话音质量只能达到中等水平。

波形编码是根据语音形成的幅度进行编码，前述脉码编码调制（PCM）和自适应差分脉码调制（DAPCM）编码方式使用的就是波形编码技术。自适应差分脉码调制（DAPCM）编码首先对模拟信号波形进行离散时间的抽样，而后再根据样值幅度进行量化和编码，通过传输样值差值，对每个差值序列编 n 位码（$n>1$）传递信息。由于差值的动态范围总是小于实际信号样值的动态范围，所以只采用较小的编码位数 n，就可达到满意的通信质量，其速率通常范围在 16kbit/s～64kbit/s。

子带编码（SBC）方式既不是纯波形编码，又不是纯参量编码，它是二者的结合，既有波形编码的高质量优点又有参量编码的低速率优点。所以又称为混合编码，它的速率一般范围在 4.8kbit/s～16kbit/s。泛欧 GSM 系统的规则脉冲激励——长期预测编码（RPE-LTP）就是混合编码方案。

通用的 PCM 系统的数码率为 64kbit/s。DAPCM 系统在数码率为 32kbit/s 情况下，其通话质量达到了 64kbit/s 系统的水平，同时压缩了数码率。PCM 系统和 DAPCM 系统理论和实验的研究证明，采用纯波形编码方式，要进一步降低数码率，其通话质量会明显下降，达不到正常通信的质量要求。进一步降低数码率的语音信号编码方法称作语音压缩编码。

语音压缩编码按其数码率的压缩程度可大致分成两类：一类叫中速率压缩编码，另一类叫低速率压缩编码。

由于语音压缩编码技术是以数字信号处理理论为基础的，并且涉及到了若干关于语音物理特征的问题，因此有必要先了解相关的语音信号模型及特征参数。

1．语音特征参数及信号模型

从声学的观点来看，不同语音是由于发音器官中的声音激励源和口腔声道的形状的不同引起的。根据激励源与声道模型不同，语音主要可分成浊音和清音两类：伴有声带振动的音称为浊音，声带不振动的音称为清音。由于声带振动有不同的频率，因此浊音就有不同的音调，称之为基音频率。男性基音频率一般为 50Hz～250Hz，女性基音频率一般为 100Hz～500Hz。另外气流压出的不同强度就对应为声音的音量大小。

（1）浊音及基音

浊音（声带振动）又称为有声音。发浊音时声带在气流的作用下准周期地闭合或开启，从而在声带中激励起准周期的声波，如图 2-47 所示。

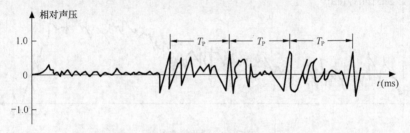

图 2-47　浊音声波波形图

由图 2-47 可见，声波有明显的准周期，这一准周期音称为基音，其基音周期为 4ms～18ms，相当于基音频率在 50Hz～250Hz 范围内。浊音的频谱特性如图 2-48 所示。语音信号除基音外还存在基音的多次谐波，浊音信号的能量主要集中在各基音谐波的频率附近，而且主要集中于低于 3kHz 的范围。

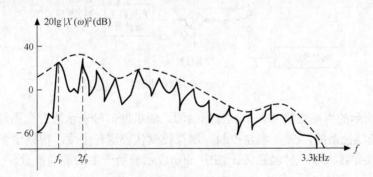

图 2-48　浊音的频谱特性

（2）清音

清音（声带不振动）又称为无声音。由声学和力学理论可知，当气流速度达到某一临界速度时，就会引起湍流，此时声带不振动，声道被噪声状随机波激励，产生较小幅度的声波，其波形与噪声相似，这就是清音，其波形示意图如图 2-49 所示。从图可见清音没有周期特性。

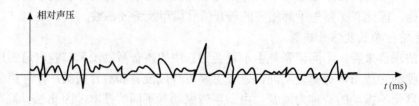

图 2-49　清音波形图

典型的清音波形频谱如图 2-50 所示。从清音的频谱分析可知，清音中不含具有周期或准周期特性的基音及其谐波成分。从频谱分析还可看出，清音的能量集中在比浊音更高的频率范围内。

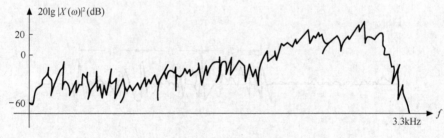

图 2-50　清音频谱图

（3）语音信号产生模型

根据上面对语音的分析可知，语音信号发生过程可抽象为如图 2-51 所示的模型。

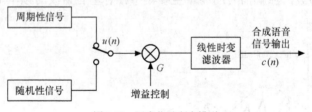

图 2-51　语音信号产生模型

图 2-51 中所示的周期性信号表示浊音激励源，随机性信号表示清音激励源。声道特性可以看成一个时变线性系统，G 是增益控制，增益控制代表语音强度。根据语音信号的种类，由浊/清音开关决定接入哪一种激励源。图中 $u(n)$ 表示波形产生的激励参量，$c(n)$ 是合成的语音输出。

由模型可以看出，决定语音的特征参数有基音、共振峰频率和强度以及清音/浊音判决。发端只需传送这些特征值到收端，收端即可根据这些参数合成语音信号，而不需要传输整个语音信号波形。由于传送这些特征参数所需的比特数大大低于传送波形抽样值的比特数，编码的比特速率可以大大降低，从而大大压缩编码速率。当然，由于采用低码率编码，只传送了主要特征参数，只能保持语音的可懂度，而失去了自然度，即以牺牲一定音质为代价。因此，只能在保持一定音质的前提下，尽可能降低数码率。

2. 中速率语音压缩编码技术

中速率语音压缩编码，如 TDSH（时域谐波压扩），SBC（子带编码）及 ATC（自适应变换域编码）等方式，其特点是语音质量较好，清晰度很高，自然度能达到基本要求，有少许失真，但还能达到常用数字电话的中等质量要求。它的算法和硬件实现相对低速率压缩编码简单，其数码率范围在 4.8kbit/s～16kbit/s。

3. 低速率话音压缩编码

低速率话音压缩编码，如线性预测编码（LPC）声码器、YQC（失量量化编码）等方式，可以大大压缩数码率，但其语音质量比中速率语音编码差，尤其是自然度较差，难于从声音来辨认出讲话人声音的特点。而且，其语音质量与语音特性有关，不同讲话人的质量不同。另外，这种编码在算法和实现上比较复杂。其数码率范围在 100bit/s～4.8kbit/s。

4. 语音插空技术

语音插空技术（简记为 DSI）根据语音的突发规律，充分利用通话的 "空闲" 时间传送其他信息（数据、图像甚至其他语音），是提高传输效率的有效方法之一。利用语音插空技术，使通话的实际数码率下降，提高了信道的利用率。

语音插空技术基本思想：在数字电话网中，全工电话通常是采用两条彼此独立的通道，即采用四线通话方式。由于通话时，通常是一方说话，另一方在听话，一方说完，另一方再说，这样一条单向数字通话的利用率顶多只有 50%。一方说话也不可能连续不断，而是断断续续，两个人说与听的交替也不是立即完成，存在一个考虑之后再答复的空闲时间，因而一条信道的利用率达不到 50%。统计测量表明：一个单向数字信道作为电路应用时，实际应用时间约占总时间的 40%，这样就可以设法把 60%的空闲时间利用起来，利用已经占用的电路在通话过程中的空闲时间来传递其他话路的信号，从而实现数字电路倍增。利用数字语音插空技术可实现 2.5 倍的电路增益。

数字语音插空与信源压缩编码相结合又形成了高效数字语音压缩编码技术。通过研究和实践表明：几乎所有波形编码器和声码器都可采用 DSI 技术。这种语音插空与压缩编码相结合的技术通过进一步压缩数字语音信号的比特率来提高 DSI 系统的增益。把 ADPCM 和 DSI 结合起来，总共可实现 5 倍的电路增益，即一条 64kbit/s 的电路可当 5 条电路使用，同时可以开通 5 路电话。具有 ADPCM 和 DSI 技术的数字电路倍增设备（简记 DCME）已经在卫星通信、数字微波以及光缆等长途干线系统中得到了应用。

2.6　参　量　编　码

参量编码是直接提取语音信号的一些特征参量，并对其编码的一种编码方式。其基本原理是由语音产生的条件，建立语音信号产生的模型，提取语音信息中的主要参量，然后经编码发送到接收端；接收端经解码恢复成与发端相应的参量，再根据语音产生的物理模型合成输出相应语音，即采取的是语音分析与合成的方法。实现这一过程的系统称为声码器（Vocoder）。声码器的数码率可压缩到 4.8kbit/s，甚至更低，其特点是可以大大压缩数码率。因此，目前小于 16kbit/s 的低比特率话音编码都采用参量编码，它在移动通信、多媒体通信和 IP 网络电话应用中起到了重要的作用。本节简要介绍线性预测编码（LPC）声码器和线性预测合成分析编码的基本概念。

2.6.1 线性预测编码的基本概念

线性预测编码分析法可以十分精确地估计语音特征参数，而且计算速度快，获得了广泛的应用。线性预测是指一个语音抽样值可用该样值以前若干语音抽样值的线性组合来逼近。简单地将语音分成浊音和清音两大类，根据语音线性预测模型，清音可以模型化为白色随机噪声激励；而浊音的激励信号为准周期脉冲序列，其周期为基音周期 T_P。由语音信号短时分析及基音提取方法，能逐帧将语音信号用少量特征参量，如清/浊音判决 u/v、基音周期 T_P、声道模型参数 $\{a_1\}$ 和增益 G 来表示，再把这些参量进行量化和编码。采用这种编码方式进行语音信号有效传输的系统称为线性预测编码（LPC），其实现方框图如图 2-52 所示。

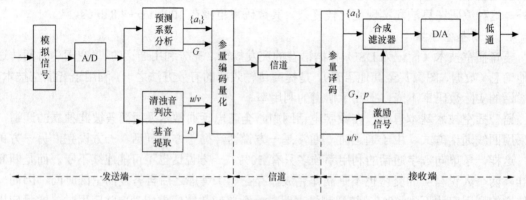

图 2-52　线性预测编译码方框图

在发送端，原始语音输入 A/D 变换器，以 8kHz 速率抽样并变换成数字化语音，然后以每 180 个样值为一帧（帧周期 22.5ms），以帧为处理单元逐帧进行线性预测系数分析，并作相应的清/浊音判决和基音提取，最后把这些参量进行量化、编码并送入信道传送。

在接收端，经参量解码分出参量 $\{a_1\}$，G，P 和 u/v 等 G，P 以及 u/v 用做语音信号的合成产生，$\{a_1\}$ 用做形成合成滤波器的参数。最后将合成产生的数字化语音信号再经 D/A 变换即还原为接收端合成产生的语音信号。

图 2-53 所示的是简化的 LPC 原理框图。按照这一原理所构成的 LPC-10 声码器已用于美国第三代保密电话装置（STU-III），其编码速率为 2.4kbit/s。

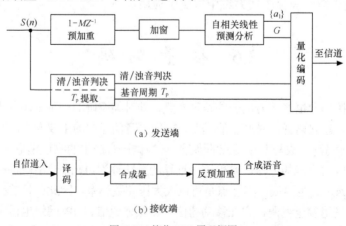

（a）发送端

（b）接收端

图 2-53　简化 LPC 原理框图

2.6.2　线性预测合成分析编码

20 世纪 80 年代以来，得到最广泛研究的语音编码算法是基于线性预测技术的分析——线性预测合成分析（LPAS-Linesr Analysis-by-Synteesis）编码器，简称 LPAS。

LPAS 的原理结构如图 2-54 所示。激励生成器产生的激励信号经线性预测器后得到重构的语音信号 $S(i)$。线性预测器模拟声道特性，加强了激励信号的某些频率域，减弱了另一些频率域，体现了语音信号的短时相关性。激励信号则体现了语音信号的长时相关性，输入线性预测器的激励信号是量化后的增益和基音信号。由于量化过程一定会产生量化误差，所以重构信号和输入信号 $S(i)$ 间必然存在有限的差值 $e(i)$，称之为残差信号。最小化过程的目的就是调整激励信号，使残差的方差为最小，由此构成确定激励信号的闭环回路。激励生成器输出的是残差信号的估值，而不是原信号的估值。

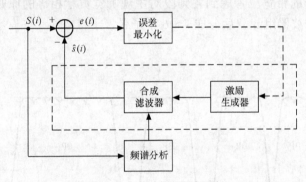

图 2-54　LPAS 声码器原理图

经过最小化过程确定的激励信号量化值就是声码器的输出，接收端的解码器根据此信号和同样的线性预测器恢复原来的语音信号。图 2-54 虚线框部分所示闭环回路的下半部分就是解码器结构，因此该结构的编码器已含解码器。在语音编码中，常称编码过程为语音分析，它的功能是将语音转换为低速率的数字信号；称解码过程为语音合成，其功能是将低速率的数字语音合成为模拟语音信号。反馈回路中的线性是用来重建信号的，又称为预测合成器。整个编码器是通过内含语音合成来完成语音分析过程的，所以称之为合成分析器。

LPAS 编码是码激励线性预测编码，也叫做随机编码、矢量激励编码（VXC）或随机激励线性预测编码（SELP）。目前，随着通信研究的深入，语音编码的研究也在不断引入新的分析技术，如非线性预测、多精度时频分析技术（包括于波分析技术）以及高阶统计分折技术等。预计这些技术更能挖掘人耳的听觉感知机理，更能模仿人耳的特性作语音分析与合成，使语音编解码系统的工作更接近于人类听觉器官的处理方式，从而在低速率语音编码的研究上取得突破。

2.7　子带编码

子带编码（SBC）方式既不是纯波形编码，又不是纯参量编码，它是二者的结合，称混合编码，它的速率范围一般在 4.8kbit/s～16kbit/s。本节讨论子带编码基本工作原理和编码速率。

2.7.1 子带编码工作原理

子带编码（SBC）首先用一组带通滤波器将输入频谱分成若干个频带，称为子带，然后每个子带再分别利用 APCM（自适应脉冲编码调制）进行编码。编码后再将各个比特流复接，传到收端，收端再将它们分接、解码、再组合恢复原始信号。其基本原理是根据语音信号在整个频带内分布的不均匀性，通过控制语音信号范围内的量化噪声失真，对不同子带采用不同的编码比特数进行编码。这类编码方式也称为频域编码。它将信号分解成不同频带分量的过程去除了信号的冗余度，得到了一组互不相关的信号，这样可大大改善编码信号的质量。

语音信号各子带的带宽应考虑到各频段对主观听觉贡献相等的原则做合理的分配。通常语音信号经带通滤波器组滤波后分成 4～6 个子带，子带之间允许有小的间隙，如图 2-55 所示。

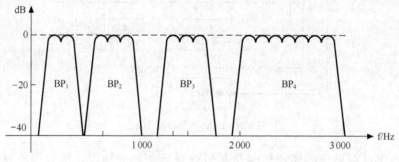

图 2-55　子带频域表示

把语音信号分成若干子带进行编码主要有两个优点。首先，如果对不同的子带合理地分配比特数，就可能分别控制各子带的量化电平数目以及相应的重建信号的量化误差方差值，使误差谱的形状适应人耳听觉特性，获得更好的主观听音质量。由于语声的基音和共振峰主要集中在低频段，它们要求保存比较高的精度，所以对低频段的子带可以用较多的比特数来表示其样值，而高频段可以分配比较少的比特。其次，子带编码的另一个优点是各子带的量化噪声相互独立，被束缚在自己的子带内，这样就能避免输入电平较低的子带信号被其他子带的量化噪声所淹没。

子带编码实现的原理框图如图 2-56 所示。在子带编码中，用带通滤波器将语音频带分割为若干个子带，每个子带经过调制将各子带变成低通型信号（图中未画出），这样就可使抽样速率降低到各子带频宽的两倍。各子带经过编码的子带码流通过复接器复接起来，送入信道。在接收端，先经过分接器将各子带的码流分开，经过解码、移频到各原始频率位置上，各子带相加就恢复出原来的语音信号。

由于各子带是分开编码的，因此可以根据各子带的特性，选择适当的编码位数，以使量化噪声最小。例如在低频子带可安排编码位数多一些，以便保持音节和共振峰的结构；而高频子带对通信的重要性略低于低频子带，可安排较少的编码位数，这样就可以充分地压缩编码速率。

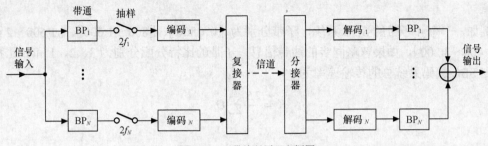

图 2-56 子带编码原理方框图

2.7.2 子带编码的编码速率

在子带编码器的设计中，必须考虑子带数目、子带划分、编码的参数、子带中比特的分配、每样值编码比特和带宽等主要参数。

在子带编码中，各子带的带宽 ΔB_i 可以是相同的，也可以是不同的。前者称为等带宽子带编码，后者称为变带宽子带编码。等带宽子带编码的优点是易于用硬件实现，也便于进行理论分析。在这种情况下带宽 ΔB_i 为

$$\Delta B_i = \Delta B = B/h \qquad (2-27)$$

式中：$i = 1, 2, 3, \cdots, h$；h 是子带总数；B 是编码信号总的带宽。

在变带宽编码中，常用的子带划分方法是令各子带宽度随 i 增加而增加，即

$$\Delta B_i + 1 > \Delta B_i \qquad (2-28)$$

也就是低频段的子带宽度较窄，高频段较宽。这样划分不仅和语音信号的功率相匹配，而且也和语音信号的可懂度或清晰度随频率变化的关系相匹配。研究表明，语音信号频带中具有相同带宽的各子带对语音可懂度的影响是不同的，低频段的影响大，高频段的影响小，因此，将低频段的子带分得细一些，量化精度高一些。但是，在等带宽分割时，对不同子带分配不同的比特数，等带宽子带编码也能获得很好的质量。

在子带编码中，每一个子带信号 $F_i(t)$ 按照频率 f_{ai} 经过抽样后，其每个样点使用 D_i 比特来进行数字编码，因此编码所需要的总速率 K 为

$$K = \sum_{i=1}^{h} f_{ai} D_i$$

对于等带宽子带编码有 $\Delta B_i = \Delta B = B/h$， 则

$$f_{ai} = 2\Delta B = 2B/h$$

$$k = 2B/h \sum_{i=1}^{h} D_i (\text{bit/s})$$

如果 D 表示各子带每样点编码所用比特数的平均值，即

$$\sum_{i=1}^{h} D_i = hD$$

则

$$K = 2BD \qquad (2-29)$$

式（2-29）也就是全带时域波形编码传输速率的表示式。从式（2-29）可以看到，在等带宽子

带编码中，总传输速率 K 同 D_i 的和成正比。这样，等带宽分割在进行比特分配时，关系就比较简单。

例如，一个 4 子带的 SBC 系统，子带分别为 $[0\sim800]$、$[800\sim1\,600]$、$[1\,600\sim2\,400]$ 和 $[2\,400\sim3\,200]$，如果忽略同步的边带信息，子带的比特分配分别为 3、2、1 和 0 比特/样值，则 SBC 编码系统总的传输速率为

$$K = \frac{2B}{h}\sum_{i=1}^{h}D_i$$

设 B=3 200Hz，h=4，D_1=3，D_2=2，D_3=1，D_4=0，则总的传输速率为

$$K = \frac{2\times3200}{4}(3+2+1+0) = 9.6\text{kbit/s}$$

全带取样编码的平均比特数为

$$D = \frac{1}{h}\sum_{i=1}^{h}D_i = \frac{1}{4}(3+2+1+0) = 1.5\text{bit}$$

以上分析可知，要获得相同的信号质量，子带编码的编码速率可以大大低于整个频率编码的编码速率，从而达到降低编码速率的目的。研究表明，16kbit/s 子带编码器的编码质量相当于 26.5kbit/s 的 ADPCM。

小　　结

1. 基带传输 PCM 通信系统的通信过程是：抽样、量化、编码、码型变换——再生、码型反变换、解码和低通重建。其抽样、量化和编码称为 A/D，解码和低通重建称为 D/A。

2. 把带宽 $B > f_L$ 的信号称为低通型信号，把带宽 $B < f_L$ 的信号称为带通型信号。对于低通型信号，其抽样频率必须大于 $2f_m$，即 $f_s \geq 2f_m$，否则将产生折叠噪声。语音信号（300～3 400Hz）属于低通型信号，截止频率 f_s= 8 000Hz，抽样周期 T = 125μs。对于带通型信号的抽样频率为 $f_s = \dfrac{2(f_L + f_H)}{2n+1}$。

3. 抽样门与分路门均是由模拟开关电路构成的。前者除完成抽样任务外，还完成合路（集中编码时）的任务；后者只完成分路的任务 （集中编码时）。发、收端低通滤波器特性不良，会产生折叠噪声和重建噪声，它们都是不能补偿的。

4. 量化噪声是数字通信特有的噪声，也是影响数字通信质量的主要因素。当均匀量化时，量化间隔 $\varDelta= \dfrac{2U}{N}$，各个量化级的量化值取其量化级的中间值。量化区的量化误差 $\leqslant \pm 0.5\varDelta$，过载区的量化误差 $> \pm 0.5\varDelta$。

码字位数 n 与量化级 n 的关系是 $N = 2^n$。

如假定出现过载的概率很小，主要考虑非过载区的量化噪声，其量化噪声可表示为

$$A_\delta = \frac{\Delta^2}{12} = \frac{U^2}{3N^2}$$

则量化信噪比为

$$\left(\frac{S}{N_P}\right)_{dB(均匀)} \approx 6n + 2 + 20\lg\frac{U_m}{U}$$

5. 非均匀量化的目的是改善小信号时量化信噪比，以达到减少编码位数的目的。非均匀量化是采用压缩、扩张的方法来实现的，在均匀量化之前先对抽样信号进行压缩，由于小信号得到放大，大信号被压缩，所以经均匀量化后，就可达到非均匀量化的目的。在接收端为了恢复原信号，在解码之后，需经过与压缩特性完全相反的扩张器。

非均匀量化的量化信噪比公式为

$$\left(\frac{S}{N_P}\right)_{dB(非均匀)} = \left(\frac{S}{N_P}\right)_{dB(均匀)} + 20\lg k_i$$

其 $20\lg k_i$ 是非均匀量化的量化信噪比改善量。

6. 不论是 A 律还是 μ 律，它们在大信号时，均满足理想压缩特性，即 $\frac{\mathrm{d}y}{\mathrm{d}x} = K/x$，因此，大信号时的 $\left(\frac{S}{N_P}\right)_{dB}$ 接近恒定值。小信号（在 A 律 $x < \frac{1}{A}$）时的斜率均为恒定值（即量化间隔 $\Delta_i = \Delta$ 固定不变）。因此，随信号电平的减小，$\left(\frac{S}{N_P}\right)_{dB}$ 也随着减小。

7. 折叠码的幅度码只决定于量化值的绝对值，即绝对值相同，其幅度码也相同，因此有利于双极性语音信号的编码。同时从统计观点来看，其抗误码性能强。

8. A 律 13 折线 8 位编码：极性码 $a_1 = 1$ 时幅度为正，极性码 $a_1 = 0$ 时幅度为负。由段落码（$a_2 a_3 a_4$）来确定该量化段的起始电平和该段的量化间隔 Δ_i。码字电平 = 段落起始电平 + （8 a_5 + $4a_6$ + $2a_7$ + a_8）• Δ_i，解码电平 = 码字电平 + $\frac{\Delta_i}{2}$。a_5，a_6，a_7 和 a_8 为段内码。

9. 数字扩张（7/11 变换）后的线性码 B_i，是由段落码（起始电平 = B_i 的权值）和某一量化段的段内码 a_i（a_i 的权值 = B_i 的权值）来确定的。

10. 线性码与非线性码均可用线性解码网络来解码，但后者需要 7/12 变换。线性解码网络的特点：各支路所产生的电流值（或电压值）与各码位的权值相对应，因此可采用求和的办法来得出 D/A 变换的解码电平。

11. 对串行码解码时，首先要经过串并变换，然后将一个码字（8 位码）予以寄存记忆，根据编码性质（线性或非线性），可确定采用何种解码网络以及是否需要 7/12 变换。在收端解码时需要加 $\Delta/2$ 补差项，同时极性控制也是不可缺少的。

12. 利用语音信号的相关性找出可反映信号变化特性的一个差值进行编码，对差值序列进行量化编码的方法称为差分脉码调制（DPCM）。

13. 语音信号编码的分类有波形编码、参量编码和子带编码（混合编码）。

思考题与练习题

2-1 PCM 通信系统中 A/D 变换、D/A 变换分别经过哪几步？

2-2 抽样定理的内容是什么？为什么采用理想低通滤波器可使模拟语音信号获得重建？

2-3 对载波基群（60kHz～108kHz）模拟信号，其抽样频率应等于多少？

2-4 试述抽样门和分路门的作用。

2-5 对发端抽样保持电路有何要求？发端和收端的保持电路的作用有何不同？

2-6 设过载电压 $U=8\Delta$（$\Delta=1$），均匀量化的量化间隔 Δ，试问量化级数 N 与码字位数 n 各为多少？幅度码为几位码？样值为 4.2Δ，9Δ 及 -2.4Δ 时，试计算量化值与量化误差各为多少。

2-7 均匀量化时的 Δ_i–U，N 和 n 的相互关系如何？在量化区内的最大量化误差等于多少？在过载区的量化误差等于多少？

2-8 均匀量化未过载时的 $\left(\dfrac{S}{N_P}\right)_{dB}$ 与哪 3 个因素有关？在过载时 $\left(\dfrac{S}{N_P}\right)_{dB}$ 与哪些因素有关？它与未过载的情况有何不同？

2-9 实现非均匀量化的方法有哪些？

2-10 非均匀量化与均匀量化有何区别？采用非均匀量化的目的是什么？实现非均匀量化的方法是什么？

2-11 今设压缩特性是折线的，其特性如下表所示。当量化级数 $N=128$，最小量化间隔为 Δ 时，试求：

① 各个量化段的量化间隔 $\Delta=$？

② 过载电压 $U=$？

③ 段落码、段内码位数各为多少？

④ 当语音信号均方根值的归一化值为 1/4 时，试计算量化信噪比的改善量。

x	0	1/8	1/4	1/2	1
y	0	1/4	2/4	3/4	1

2-12 简单比较各种码字码型的特点。折叠码有何优点？今设一般二进制码为 0101 时，其所对应的折叠码、循环码的码字为多少？

2-13 今设样值为 -106Δ 时，采用 A 律 13 折线 7 位编码（包括极性码），其码字判决过程如何？

2-14 A 律 13 折线编码器，$n=8$，一个样值为 93Δ，试将其编成相应的码字，并求其编码误差与解码误差。

2-15 A 律 13 折线编码器，$n=8$，过载电压 $U=4\,096mV$，一个样值为 $-796mV$，试将其编成相应的码字，求其编码电平与解码电平，并计算编码误差和解码误差。

2-16 某 7 位非线性幅度码为 1101010，将其转换为 11 位线性幅度码。

2-17 某 11 位线性幅度码为 00000110010，将其转换为 7 位非线性幅度码。

2-18　逐次渐近型编码器中，11 位线性解码网络的作用是什么？

2-19　A 律 13 折线解码器中为什么要进行 7/12 变换？

2-20　DPCM 的概念是什么？

2-21　ADPCM 的概念是什么？

2-22　ADPCM 的优点是什么？

2-23　什么叫子带编码？

第 3 章　　　　　　　　　　　　时分多路复用技术

本章内容

- 时分多路复用的基本概念。
- PCM 时分多路通信系统的构成。
- PCM30/32 路基群帧结构。
- PCM30/32 路定时系统。
- PCM30/32 路同步系统。
- PCM30/32 路系统构成。
- PCM 话路特性指标及其测试。
- 信号复用方式和多址方式。

本章重点

- 时分多路复用的基本概念。
- PCM 时分多路通信系统的构成。
- PCM30/32 路基群帧结构。
- PCM30/32 路定时系统。
- PCM30/32 路同步系统。

本章难点

- PCM30/32 路基群帧结构。
- PCM30/32 路同步系统。

本章学时数

- 18 学时。

学习本章目的和要求

- 掌握时分多路复用的基本概念及系统构成原理。
- 掌握 PCM30/32 路基群帧结构。
- 了解时分多路复用系统中位同步的概念及实现方法。
- 掌握时分多路复用系统中帧同步的概念及系统工作原理。
- 掌握 PCM30/32 路帧同步系统工作原理。

- 了解 PCM30/32 路系统构成。
- 了解 PCM30/32 话路特性指标及其测试。
- 了解信号复用方式和多址方式。

3.1　PCM30/32 路基群帧结构

在前面的章节中介绍了语音信号数字化过程和一路模拟电话数字化传输的基本原理。但是，无论是模拟通信还是数字通信，合理地利用传输线路，提高信道利用率，都是实现通信的关键环节。所谓提高信道利用率就是在同一信道内传输多路信号，而各路信号之间互不干扰。我们称之为多路复用。

目前多路复用的方法使用较多的有两大类：频分多路复用和时分多路复用。频分多路复用多用于模拟通信，时分多路复用多用于数字通信。在光纤通信中还使用了波分复用等。本节介绍时分多路复用的方法。

3.1.1　时分多路复用通信的概念

时分多路通信是各路经过抽样、量化编码的信号在同一信道上占用不同的时间间隙进行传输的通信方式。模拟信号经过抽样后，使时间上连续的信号变成了时间上离散的信号（PCM信号），同一路信号的相邻两个样值之间有一定的时间间隔。将各路信号样值的传输分配在不同的时间间隙，插入同一路信号的两个样值之间，就可以做到各路信号互相分开，互不干扰地在同一个信道中传输。可见，同一信号的两个样值之间间隔越大，样值宽度越窄，能插入的其他路信号样值就越多，即可以复用的路数就越多。但是，同一信号的两个样值的间隔必须满足抽样定理的要求，否则收端将不能恢复原信号。由抽样定理可知，对于频带限制在3 400Hz 以下的语音信号，抽样频率选 8 000Hz 时，其样值间隔为 125μs。图 3-1 所示的是时分多路复用的示意图。甲、乙两地均有多个用户同时用一对线路进行通话，电子开关 K_1 和 K_2 用来控制不同的用户在不同的时间占用信道。K_1 和 K_2 的控制过程可以用高速旋转的开关来描述。K_1 每旋转一周就依次对每一路信号抽取了一次样值，因为 K_1 旋转一周的时间等于一个抽样周期 T，所以 K_1 的旋转实现了每隔 T 秒对各路信号抽取一次样值。为了使甲地第一路的信号正确地传送到乙地第一路用户处，在收、发两端的高速电子开关 K_1 和 K_2 必须同频同相。同频是指 K_1 和 K_2 的旋转速度要完全相同，同相是指 K_1 和 K_2 步调要严格保持一致，即

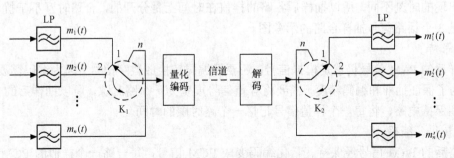

图 3-1　时分多路复用的示意图

当发端开关 K_1 接通第一路信号时，收端开关 K_2 也必须接通第一路，否则收端接收不到本路信号。K_1 和 K_2 同频同相被称为同步。可见，K_1 和 K_2 的同步是实现时分多路通信并保证通信正常进行的关键。

3.1.2 时分多路通信系统的构成

在图 3-1 中，用高速旋转的开关描述了各路信号在不同的时间间隔内占用同一信道传输，从而实现时分多路通信的原理。"高速旋转的电子开关"是分别用多个高速电子开关电路实现的，各电子开关电路在周期相同、相位不同的脉冲控制下，依次接通每一个用户，完成抽样、合路过程。

图 3-2 所示的是一个 3 路 PCM 时分多路复用通信系统的构成示意图，下面以此图为例说明时分复用通信系统的工作原理。

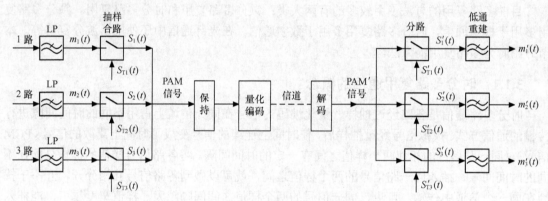

图 3-2 3 路 PCM 时分多路复用通信系统构成示意图

1. 低通滤波器

发端低通滤波器（LP）的截止频率为 3 400Hz，各路语音信号首先经过此低通滤波器，使语音信号频率被限制在 3 400Hz 以下。由抽样定理可知，用 $f_S \geqslant 6\,800$Hz 的抽样频率抽样，可以避免抽样后的 PAM 信号产生折叠噪声。

2. 抽样、合路门

$m_1(t)$，$m_2(t)$ 和 $m_3(t)$ 分别为 3 个话路的语音信号，经各自的抽样门进行抽样，各抽样门的抽样信号 $S_{T1}(t)$，$S_{T2}(t)$ 和 $S_{T3}(t)$ 是频率相同、相位不同的周期性脉冲信号。若取抽样频率 $f_s = 8\,000$Hz，则抽样时间间隔即抽样周期为 $T_S = 125\mu s$。因为 $S_{T1}(t)$，$S_{T2}(t)$ 和 $S_{T3}(t)$ 的相位不同，即脉冲出现的时刻不同，所以抽样后各路的样值在时间上是分开的，合路时互不干扰。图 3-3 所示的是 3 个话路信号抽样合路的示意图。

3. 保持

抽样后的 PAM 信号仍然是模拟信号，还要经编码转换成数字信号。因为编码需要一定的时间，为了保证抽样和编码精度，需要将样值信号展宽为一个路时隙，所以抽样后的 PAM 信号要送往保持电路，将每一个样值信号记忆一个路时隙的时间。

4. 量化、编码

合路后的 PAM 信号经保持、量化编码变成 PCM 信号，每一路一个样值的 PCM 信号占用一个路时隙。

5. 解码

在接收端，解码电路将接收到的数字码流还原成合路的 PAM'信号（PAM'与 PAM 信号之间有量化误差），因为解码必须在一个样值的 8 个码到齐后进行，所以 PAM'信号在时间上比 PAM 信号推迟一些。

6. 分路、低通重建

解码后的合路信号，经过分路门将各路的 PAM'信号分开。分路门的控制脉冲 $S'_{T1}(t)$, $S'_{T2}(t)$ 和 $S'_{T3}(t)$ 周期也是 125μs，时间上比 $S_{T1}(t)$、$S_{T2}(t)$ 和 $S_{T3}(t)$ 推迟一些。分路后的各路 PAM'信号再经过低通重建，恢复成最近似的原始语音信号。

以上是以 3 路语音信号为例，介绍了时分多路复用的概念。在实际应用中，复用路数理论上可以是 n，其基本原理是相同的。国际电信联盟 ITU-T 对语音 PCM 复用建议了两种系列，一种是一次群 PCM30/32 路系列，另一种是 PCM24 路系列。我国采用 PCM30/32 路系列。

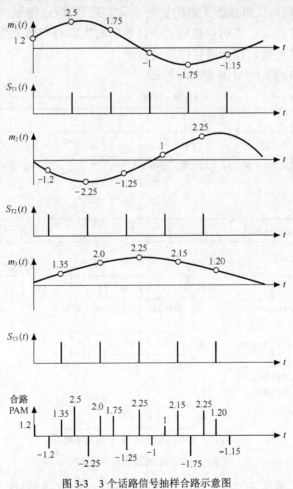

图 3-3 3 个话路信号抽样合路示意图

3.1.3 PCM30/32 路基群帧结构

1. 帧结构的概念

在 PCM 通信中，多路信号经模/数转换、汇合后送往信道，在信道上传输的是由 "0" 和

"1" 组成的数字码流。如果不做处理，在接收端就无法辨认出各路样值的码字，因此无法把它们分离到对应的话路上。也就是说图 3-2 中的 $S_{Tn}(t)$ 和 $S'_{Tn}(t)$ 无法同步工作，因此无法实现信息的正确传递。如果在这种数字码流中每隔一段时间加上一些标记，在接收端加以识别，就可以做到收端与发端同步动作。所谓帧结构就是将各路样值的数字码和各种用途的标记码按照一定的时间顺序排列的数字码组合。

由多路复用的概念可知，一个话路两次抽样的时间间隔可以安排其他话路的数字码和标记码。同一个话路抽样两次的时间间隔，或者所有话路都抽样一次的时间称为帧周期，用 T_S 表示。每个话路在一帧中所占的时间称为路时隙，用 t_C 表示。一个样值编 l 位码时，每个码位所占的时间称为位时隙，用 t_B 表示。对复用路数为 n 个话路的 PCM 系统，$t_C = T_S/n$，$t_B = t_C/l$。反映帧周期、时隙及码位的位置关系的时间图就是帧结构图。

2. 30/32 路 PCM 基群帧结构

PCM 时分多路通信可以组成数千路的复用。我国采用 30/32 路制式为基群，简称基群或一次群。基群可以独立使用，也可以组成更多路数的高次群与市话电缆、长途电缆、数字微波以及光缆等传输信道连接，作为数字终端设备。

图 3-4 所示为 30/32 路 PCM 基群帧结构图。

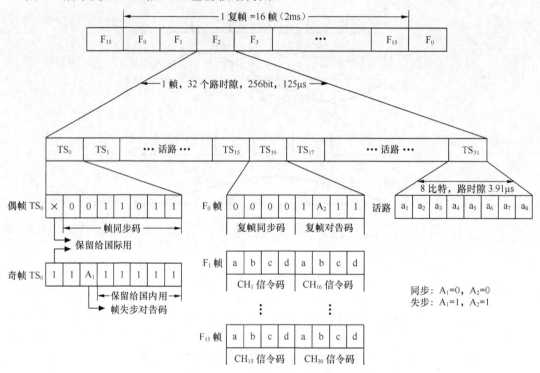

图 3-4　30/32 路 PCM 基群帧结构图

30/32 路 PCM 基群帧周期 $T_S = 125\mu s$，即抽样频率 $f_S = 1/T_S = 8kHz$，帧长为 256bit。每帧分为 32 个路时隙，每个路时隙为 $t_C = 125\mu s/32 = 3.91\mu s$。每个路时隙安排 8 位码，每个位时隙 $t_B = 3.91\mu s/8 = 0.488\mu s$。其中 30 个路时隙用来传送语音信号。各时隙安排如下。

（1）$TS_1 \sim TS_{15}$，$TS_{17} \sim TS_{31}$

$TS_1 \sim TS_{15}$ 分别传送 $CH_1 \sim CH_{15}$ 路语声信号，$TS_{17} \sim TS_{31}$ 分别传送 $CH_{16} \sim CH_{30}$ 路语音信号。

（2）TS_0

TS_0 是帧同步时隙。

偶帧 TS_0 用来传送帧同步码，其 8 位码中，$a_2 \sim a_7$ 固定发帧同步码组 0011011，收端通过检测帧同步码组来实现帧同步。a_1 留作国际通信用，不用时暂定为 "1"。

奇帧 TS_0 用来传送帧失步对告码、监视码等。a_2 为监视码，固定发 "1"，用来辅助同步过程的实现。a_3 为帧失步对告码，$a_3 = A1$，其作用是当甲、乙双方通信时，如果甲方发乙方收支路出现故障，乙方发就把 a_3 置为 "1"，即 $A_1 =$ "1" 发给甲方收，告诉甲方该支路出现故障；反之亦然。系统同步时 $A_1 =$ "0"。a_1、$a_4 \sim a_8$ 可用来传送其他信号（如业务码等），不用时暂定为 "1"。

（3）TS_{16}

TS_{16} 时隙是信令码传送时隙。在 PCM 通信中，除了传送各话路语声 PCM 信息码以外，还要正确传送信令信息码。信令信息的作用是控制电路的连接、拆除以及网络管理等，例如摘机、拨号、应答及拆线等状态信息，也称为标志信号。

根据信令信道的位置，信令可以分为时隙内信令和时隙外信令；而根据信令信道的利用方式，信令又可以分为共路信令和随路信令。共路信令是指把许多路信令信息和网路管理等所需要的其他信息，借助于地址码在单一信令信道上传输的方式。共路信令的信道是根据谁需要给谁用的原则来分配使用的，即信令是实时传送的。目前广泛使用的七号信令就是共路信令。随路信令是指在话路内或在固定附属于该话路的信令信道内传送该路信令信息的方式。采用随路信令方式时，一帧有多少个话路，则应设置多少个信令信道。

PCM30/32 路系统采用的是随路信令方式，一帧共有 30 个话路，所以要设置 30 个信令信道。因为信令信号的频率很低，所以对其抽样的频率也很低。取其抽样频率为 500Hz 时，其抽样周期为 $1/500 = 2ms = 125\mu s \times 16 = 16T_S$，即对于每一路的信令码只要每隔 16 帧传送一次就可以了。在实际中，每一路的信令信号在进入 PCM 信道传输之前，都要经过信令接口电路将非数字的信令信号编为 4 位数字信令信号。为了合理利用帧结构，将 16 个帧组成一个复帧，其中每一帧的 TS_{16} 时隙传送两个话路的信令码（前 4 位码传送一路，后 4 位码传送另一路）。30 个话路的信令码分别安排在 15 帧（$F_1 \sim F_{15}$）的 TS_{16} 时隙传送（如图 3-4 所示），$F_1 \sim F_{15}$ 的前 4 位码用来传送 $CH_1 \sim CH_{15}$ 的信令码，$F_1 \sim F_{15}$ 的后 4 位码用来传送 $CH_{16} \sim CH_{30}$ 的信令码。F_0 帧的 TS_{16} 前 4 位码用来传送复帧同步码，以保证各路信令码的接收与发送同步。复帧同步码的码型为 {0000}。F_0 帧的 TS_{16} 后 4 位码用来传送复帧失步对告码，其码型为 {$\times A_2 \times \times$}。复帧同步时 $A_2 =$ "0"，复帧失步时 $A_2 =$ "1"。其余码位不用时暂时固定为 "1"。

3.1.4 数码率计算

数码率是衡量信道传输效率的重要指标。对 30/32 路 PCM 基群，每一路抽样频率 $f_S = 8kHz$，每一个样值编为 8 位码，一帧共 32 个路时隙，所以其数码率为

$$f_b = 32 \times 8\,000 \times 8 = 2.048 \ (Mbit/s)$$

对 24 路 PCM 基群，每一路的抽样频率也是 8 000Hz，每一个样值同样编为 8 位码，每一帧 24 个路时隙，在每一帧的最后加 1bit 传送帧同步码，这样一帧共 $24 \times 8 + 1 = 193bit$，所

以 24 路 PCM 基群的数码率为

$$f_b = (24 \times 8 + 1) \times 8\ 000 = 1.544\ \text{(Mbit/s)}$$

3.2 PCM30/32 路的定时与同步系统

时分多路复用数字通信是将各话路信号分别安排在不同的时间进行抽样、量化和编码，然后送到接收端依次解码、分路恢复出原语音信号。在整个传输过程中，发端要控制各话路按照一定的时间顺序抽样，每一个样值要按照一定的时间顺序编为 n 位码，各话路语音信号的编码、同步码及信令码等要按照一定的时间顺序，即帧结构，组合成数字码流。收端要控制完成完全相反的变换。因此要求复用系统有一套严格的时间"指挥系统"，由它指挥各部件的协调工作。定时系统就是完成这项工作的。此外，为了保证收端和发端定时系统的同步工作，实现正确的通信，还需要有同步系统。定时系统和同步系统是 PCM 通信设备中的"指挥系统"，它控制设备有条不紊地工作。本节主要介绍定时系统和同步系统的组成和工作原理。

3.2.1 定时系统

定时系统的任务是在主时钟脉冲的控制下产生数字通信系统中所需要的各种定时脉冲，主要有：

（1）供抽样与分路用的抽样脉冲（又称路脉冲）；

（2）供编码与解码用的位脉冲；

（3）供信令信号用的复帧脉冲等。

定时系统包括发端定时系统和收端定时系统。

1. 发端定时系统

发端定时系统的主要任务是提供终端机发信支路所需要的各种定时脉冲。各定时脉冲的用途、周期和频率等如表 3-1 所示。

表 3-1　　　　　　　　　　PCM30/32 系统发端定时脉冲（方案之一）

脉冲名称和符号	相数	重复频率（kHz）	重复周期（bit）（1bit = 0.488μs）	脉冲宽度（bit）（1bit = 0.488μs）	主要用途
主时钟脉冲 CP	1	2 048	1	0.5	总时钟源，产生各种定时脉冲
延迟时钟脉冲 CP'	1	2 048	1	0.5	编码下权等用
位脉冲 $D_1 \sim D_8$	8	256	8	1	编码等用
路脉冲 $CH_1 \sim CH_{30}$	30	8	256	4	话路抽样等用
路时隙脉冲 TS_0、TS_{16}	2	8	256	8	传送帧同步码和标志信号码
复帧脉冲 $F_0 \sim F_{15}$	16	0.5	4 096	256	传送复帧同步码和标志信号码

发端定时系统主要由主时钟脉冲发生器、位脉冲发生器、路时钟和路脉冲发生器以及复帧脉冲发生器组成。发端定时系统的构成方框图如图 3-5 所示。

下面分别介绍各部分的工作原理和典型电路。

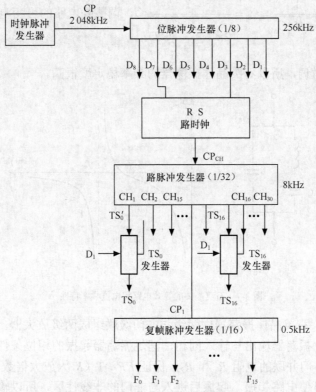

图 3-5　发端定时系统的构成方框图

（1）主时钟脉冲的产生

主时钟脉冲发生器的任务是提供频率高度稳定的时钟信号。由前一节内容可知，PCM30/32 路基群设备的数码率为 2.048Mbit/s，位时隙为 0.488μs，因此在 PCM30/32 路基群设备中，定义 0.488μs 为 1bit，规定主时钟脉冲 CP 的重复频率为 2 048kHz，频率稳定度 $\dfrac{\Delta f}{f_0} \leqslant 50 \times 10^{-6}$（$f_0$ 为标称频率，Δf 为频率偏差），即允许 2 048kHz 的误差只能在约 ±100Hz 以内。一般石英晶体振荡器的频率稳定度为 $10^{-6} \sim 10^{-11}$，采用石英晶体振荡器，不需要使用恒温槽就可以达到指标要求。石英晶体主时钟产生电路原理图如图 3-6 所示。石英晶体的等效电路和电抗频率特性如图 3-7 所示。

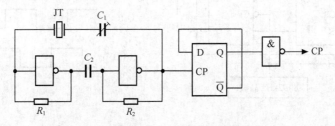

图 3-6　石英晶体主时钟产生电路原理图

由图 3-7（b）电抗频率特性曲线可以看出，石英晶体可以工作在串联谐振状态或并联谐振状态，也可以工作在电感性区域。因为 $C_0 \gg C_q$，所以串联谐振频率 f_0 和并联谐振频率 f_∞

的值很接近（$f_0 = \dfrac{1}{2\pi\sqrt{L_q C_q}}$，$f_\infty = \dfrac{1}{2\pi\sqrt{\dfrac{C_o \cdot C_q}{C_o + C_q} L_q}}$）。调整外电路的可变电容 C_1，只能使振荡

频率在 $f_0 \sim f_\infty$ 之间微调，所以石英晶体振荡器的频率稳定度很高。

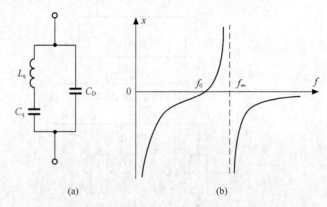

图 3-7　石英晶体的等效电路和电抗频率特性

由图 3-6 可见，石英晶体振荡器由两级与非门级联组成两级放大器。当石英晶体所在支路发生串联谐振时，振荡器输出与输入同相，满足振荡器起振的相位条件。两级放大器增益很高，适当调整与非门并联的电阻 R_1 和 R_2，保证 $KF \geqslant 1$（K 为放大倍数，F 为反馈系数），满足幅度条件，即可使电路起振。起振后进入与非门的非线性区，所以输出波形为矩形波。为获得 50% 占空比的时钟脉冲，在输出端接整形电路，如图 3-6 中的 D 触发器，此时，可采用振荡频率为主时钟频率 2 倍的石英晶体。

因为晶体工作在串联谐振状态，所以此时正反馈最大，容易满足幅度条件并在此频率处维持振荡。电容 C_1、C_2 起交流耦合作用。调整 C_1 可使振荡频率达到要求。

主时钟脉冲的产生还可以采用振荡频率为 2 倍或 4 倍于主时钟频率的石英晶体电路，经过 2 分频或 4 分频得到理想的 50% 占空比的主时钟脉冲。图 3-8（a）所示的石英晶体振荡器的振荡频率为 8 192kHz，经 4 分频电路得到 2 048kHz 主时钟信号；图 3-8（b）所示为该电路产生的主时钟信号波形。

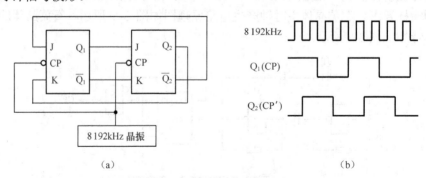

图 3-8　产生主时钟的另一种方法

（2）位脉冲的产生

位脉冲主要用于编码、解码和产生其他脉冲信号。在 PCM30/32 基群中，抽样频率

$f_S = 8\text{kHz}$，所以位脉冲的频率为 8 000Hz × 32(路时隙数) = 256kHz，它可以由主时钟 8 分频后得到。因为每个样值编 8 位码，所以位脉冲共有 8 相，可以用 $D_1 \sim D_8$ 来表示。位脉冲宽度为 0.488μs。在 PCM 基群终端设备中，8 分频电路方案一般由环形移位寄存器或扭环形计数器构成。本书介绍环形移位寄存器方案，其电路组成如图 3-9（a）所示。输入的时钟脉冲 CP 的频率为 2 048kHz，各 $\overline{Q}$ 端分别为 $D_1 \sim D_8$。

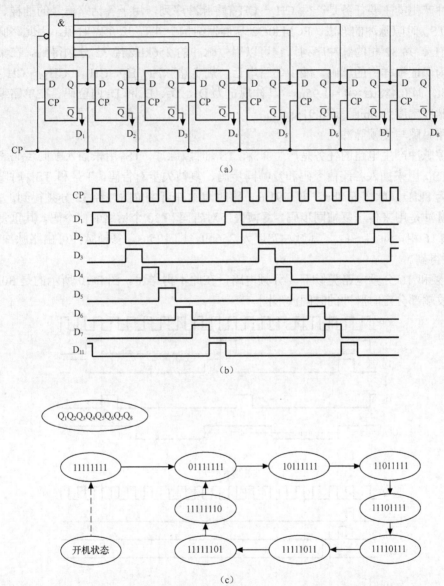

图 3-9 由环形移位寄存器组成的位脉冲发生器及其输出波形、状态迁移图

设 D 触发器初始状态均为"1"，此时与非门输出"0"，即第一级数据输入为"0"。随着 CP 脉冲上升沿的到来，数据"0"依次移位，使各触发器 $\overline{Q}$ 端依次输出高电平。其时间波形图如图 3-9（b）所示。电路正常工作时，状态迁移图如图 3-9（c）所示。D 脉冲的重复周期是 CP 的 8 倍，即频率是 CP 的 1/8，完成了 8 分频的任务。8 个位脉冲的重复频率均为 256kHz，

脉宽为 1bit，但各 D 脉冲相位不同，出现脉冲的时间是彼此错开的。

该电路在开机时，各 D 触发器初始状态是随机的，但只要 $Q_1 \sim Q_7$ 中有一个为 "0"，与非门输出便为 "1"，经过移位寄存，最终会出现 $Q_1 \sim Q_7$ 均为 "1" 的情况，随后电路即可进入正常工作状态。

（3）路脉冲产生

路脉冲产生的主要任务是产生 $CH_1 \sim CH_{30}$ 路脉冲序列，用于各话路信号的抽样、分离以及 TS_0 和 TS_{16} 时隙脉冲的形成。PCM30/32 基群帧结构中共有 32 个路时隙，因此路脉冲为重复频率 8kHz、共 32 相的脉冲序列。它可以用位脉冲的 256kHz 经 32 分频得到。在集中编码方式中，为保证抽样值的精确，减少邻路串话，规定路脉冲 $CH_1 \sim CH_{15}$、$CH_{16} \sim CH_{30}$ 的脉冲宽度为 4bit，即 $0.488\mu s \times 4 = 1.95\mu s$。具体规定为 D_7、D_8、D_1 和 D_2 四位码。在单路编译码方案中，路脉冲宽度为 8bit，即 $3.91\mu s$。

（4）路时隙与复帧脉冲

路时隙脉冲产生电路的任务是产生 TS_0、TS_{16} 时隙脉冲。TS_0 用来插入帧同步码和帧失步对告码，TS_{16} 用来插入各路信令码和复帧同步码、复帧失步对告码。TS_0 和 TS_{16} 时隙脉冲的重复频率为 8kHz，脉宽为 8bit，即 $3.91\mu s$。路时隙脉冲可由位脉冲经 32 分频得到。

复帧脉冲是用来传送复帧同步码、复帧失步对告码和 30 个话路的信令码，其重复频率为 500Hz，共 16 相，即 $F_0 \sim F_{15}$，其脉冲宽度为 256bit，即 $125\mu s$。复帧脉冲可由路脉冲的 8kHz 经 16 分频得到。

32 分频和 16 分频电路类似于 8 分频电路，在此不再详述。图 3-10 所示的是 30/32PCM 基群设备发端部分定时脉冲的时间波形图。

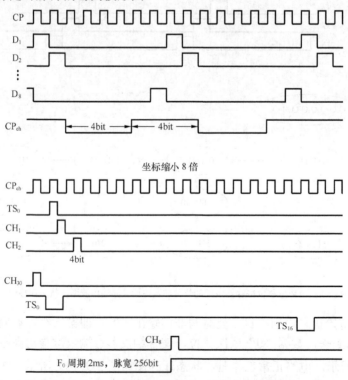

图 3-10   30/32PCM 基群设备发端部分定时脉冲的时间波形图

2. 收端定时系统

收端定时系统为从属式。在收端定时系统中没有主时钟晶体振荡器，主时钟信号不是由自身的振荡电路产生，而是由时钟提取电路从接收到的信码流中提取的。在时分多路复用系统中，为了正确判决或识别每一个码元，要求抽样判决脉冲与接收的信码频率相同，相位对准，而抽样脉冲是由时钟信号微分得到的，所以要求收端时钟与接收的信码同频同相，即要求收端和发端时钟同步，也称位同步。为了实现位同步，收端时钟的获得采用了定时钟提取方式。定时钟提取电路框图如图 3-11 所示，由全波整流、调谐放大、相移和整形电路等组成。

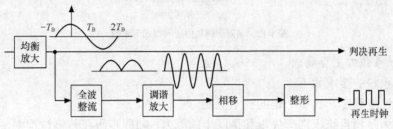

图 3-11　定时钟提取电路框图

经过均衡放大后的信号码波形是双极性波形，它的功率谱中不含有主时钟频率 f_b 成分，但含有丰富的 $f_b/2$ 成分，经过全波整流就可以得到单极性波形。单极性波形中含有主时钟 f_b 成分，再经过调谐放大器选择出来并放大，经相移网络调整到合适的相位上，以获得最佳判决。最后经过整形电路获得理想的波形，得到收端的时钟信号。

3.2.2　同步系统

1. 同步的含义及实现

（1）位同步

位同步是指收、发双方时钟频率要完全相同，收端定时系统的主时钟相位要和接收的信码对准，以保证码元的正确判决。通常采用收端主时钟从发端送来的信码流中提取来实现位同步。

（2）帧同步、复帧同步

帧同步是指在发端第 n 路抽样、量化和编码的信号一定要送到收端第 n 路还原，以保证语音的正确传送。

复帧同步是指在发端第 n 路的信令一定要送到收端第 n 路，以保证信令的正确传送。

帧同步和复帧同步的实现方式是相似的。发送端在固定的时间位置上插入特定的码组，即同步码组，在接收端加以正确识别，就可以实现同步。

同步码组的插入方式有两种：分散插入方式和集中插入方式。

① 分散插入方式

分散插入方式是指把 n 位同步码组分散地插入到信息码流中，24 路 PCM 基群采用的就是这种方式，在收端还原。

② 集中插入方式

集中插入方式是指把 n 位同步码组以集中的形式插入到信息码流中。30/32 路 PCM 基群设备采用的就是这种方式，其帧同步码组"0011011"集中插入到每个偶帧 TS_0 时隙的 $a_2 \sim a_8$

中。图 3-12 所示为集中插入方式示意图，收端只要在每个偶帧 TS_0 时隙的 $a_2 \sim a_8$ 位置处收到帧同步码组即可判定收、发双方同步。

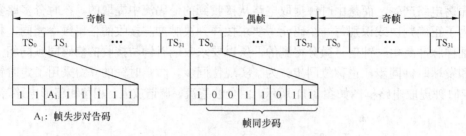

图 3-12　帧同步码集中插入方式示意图

2. 帧同步系统的主要要求

对帧同步系统的要求如下。

（1）同步性能稳定，具有一定的抗干扰能力

抗干扰能力是指系统识别假失步和伪同步的能力。帧同步码在传输过程中，会因为失真、干扰或其他因素产生误码，同步识别电路在收到产生了误码的同步码组时会误判系统失步，这种情况称为假失步，系统随后将进入捕捉过程。在这个过程中，系统不能正常通信，影响了通信质量。为了防止发生假失步，应规定在连续几次检出失步后，系统才判为失步。从第一个帧同步丢失起，到帧同步系统进入捕捉状态，这个过程称为前方保护，这段时间称为前方保护时间。ITU-T 建议，如果帧同步系统连续 $3 \sim 4$ 个同步帧（同步帧等于两个帧）收到的同步码组均有错误，则判系统失步。

系统一旦被判为失步，同步系统将发出失步告警信号，系统立即进入捕捉状态。因为在信息码流中可能出现与帧同步码相同的码型，即伪同步码，在捕捉过程中，当捕捉到伪同步码时，电路会误判为同步，这种情况称为伪同步。伪同步会使系统恢复为帧同步状态。因为它不是真正的帧同步，系统还会经过前方保护重新开始捕捉，使同步恢复时间增加。为了防止伪同步，在连续几次捕捉到帧同步码后，系统才能真正恢复同步状态。从捕捉到第一个帧同步码组到系统进入同步状态，这个过程称为后方保护，这段时间称为后方保护时间。ITU-T 建议：若在第 N 帧（假设为偶帧 TS_0）捕捉到帧同步码组，第 $N+1$ 帧（奇帧 TS_0）无帧同步码组，而有监视码 $a_2 = 1$；第 $N+2$ 帧（偶帧 TS_0）又捕捉到帧同步码组，则判系统进入同步状态，并确定该帧为偶帧的 TS_0，系统恢复同步。

为了保证同步性能稳定，除了采取保护措施外，在选择帧同步码码型时，要考虑由信息码而产生伪同步码的可能性越小越好。帧同步码组的码位数越多，可以使伪同步码出现的可能性减小，但码位数过多将使数码率增加，从而减少有效通信容量。因此，在一定码位数的条件下，合理选择帧同步码组的结构，可以减少伪同步码组出现的可能性。

对于集中插入帧同步码组方式而言，采用单极点的帧同步码组结构，可以在帧同步周期内，有一段码流不会出现伪同步码组，从而使系统发生伪同步的可能性减小。以 PCM30/32 路基群帧同步码组为例，其信息码流可分为随机区和覆盖区，如图 3-13 所示。在随机区，所有的码字都是信息码，每一位信息码都是随机的。在覆盖区，设帧同步码组长度为 l，则任一码长为 l 的码组都是由部分帧同步码和部分信息码共同组成的，其中只有一组是真正的帧同步码组，而帧同步码组的码位不是随机的。在帧同步码组的两侧有 $(l-1)$ 位码，它们与帧同

步码组共同组成 $2(l-1) + l = 3 \cdot l - 2$ 个码位（即覆盖区长度）。如果帧同步码组选得恰当，在覆盖区内除帧同步码组本身外，不会有伪同步码存在，这种帧同步码组的结构，称为单极点码组。从图 3-13 所示可知，PCM30/32 路基群采用的帧同步码组就是 7 位单极点码组，因此系统出现伪同步的可能性很小，使捕捉时间大大减少。

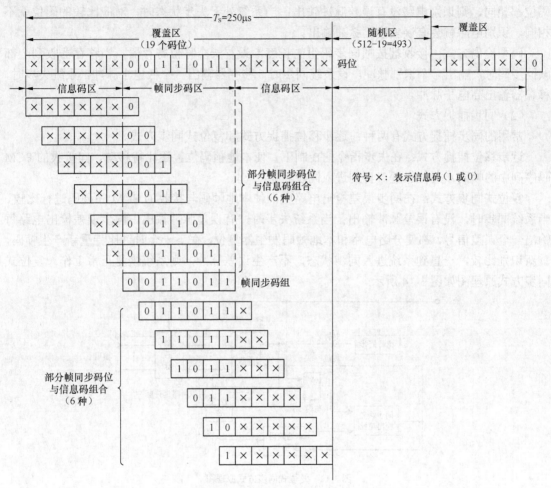

图 3-13　单极点码组覆盖区示意图

（2）同步建立时间短

同步建立时间是指开机或失步后，整个系统经过捕捉进入同步状态所用的时间。要求这段时间尽可能短。帧失步会使信息丢失，对于语音通信来说，人耳不容易察觉出小于 100ms 的通信中断，所以一般认为帧同步恢复时间在几十 ms 数量级是允许的。但在传输数据时，则要求很严格，即使帧同步恢复时间为 2ms，也会丢失大量数据。帧同步建立时间主要取决于捕捉时间，由前述可知，捕捉时间与帧同步码码型、前方保护以及后方保护等因素有关。

3. 帧同步电路工作原理

帧同步电路的工作过程主要包括同步识别过程和同步捕捉过程，因此，同步识别方式和同步捕捉方式对帧同步系统的性能有直接的影响。

（1）同步识别方式

常用的同步识别方式有两种：逐位比较方式和码型检出方式。

逐位比较方式：接收端产生一组与发送端发出的帧同步码组相同的本地帧码，在识别电路中使本地帧码与接收的 PCM 序列码逐位进行比较。当系统处于同步状态时，各对应比较的码位都相同，则识别电路没有误差脉冲输出；当系统处于失步状态时，对应比较的码位就不相同，识别电路就会有误差校正脉冲输出。

码型检出方式：接收端按帧同步码组的长度，设置一个移位寄存器，当移存器收到全部帧同步码时，输出一个识别脉冲。设系统同步时，移存器输出一个低电平脉冲，系统失步时，移存器输出高电平脉冲。

（2）同步捕捉方式

常用的同步捕捉方式有两种：逐步移位捕捉方式和复位式同步方式。

逐步移位捕捉方式：在失步指令的控制下，使本地帧码位置逐比特移动，向接收的 PCM 码序列中的帧同步码位靠近，直到进入同步状态。

复位式同步方式：在同步误差检出电路中，使本地帧码与接收的 PCM 序列码进行比较，当系统同步时，没有误差脉冲输出；当系统失步时，有误差脉冲输出。同步误差检出电路每输出一个误差信号，都使分路电路和本地帧码发生器复位，在下一个时钟比特重新产生帧码，重新识别比较，一直到系统进入同步状态，不产生误差脉冲，则系统恢复正常工作。复位式同步方式原理图如图 3-14 所示。

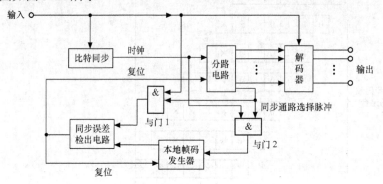

图 3-14　复位式同步方式原理图

（3）逐步移位捕捉方式帧同步电路工作原理

逐步移位捕捉方式帧同步电路如图 3-15 所示。接收端帧同步电路主要由同步码识别、调整和保护 3 部分组成。同步码识别电路用来识别接收的 PCM 信号序列中的同步标志码的位置；调整电路的作用是当收、发两端同步标志码位置不对应时，对收端进行调整；保护电路的作用是防止电路在外界干扰下产生错误的调整。图中所示的时钟提取电路完成从接收的 PCM 信号序列中提取主时钟信号，实现位同步。本地帧码及时钟产生电路的作用是：在主时钟的作用下，产生解码、分路用的路脉冲、位脉冲和本地帧码。禁止门 J_2 的作用是控制时钟信号进入位脉冲与本地帧码产生电路。同步识别电路的作用是将收到的帧同步码与本地帧码进行比较，输出的比较结果与保护电路输出结果共同控制禁止门 J_2 的动作。保护电路的作用是控制 J_1 门的动作时间，从而控制校正脉冲输出时间。一直等到本地帧码与接收信号序列中的帧码时间位置一致时，J_1 门关闭，J_2 门开启，系统才进入正常工作状态。

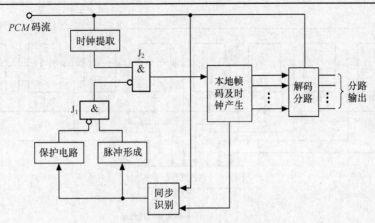

图 3-15　逐步移位方式帧同步电路原理框图

当本地帧码与 PCM 信号中的帧码码型相同且位置一致时，同步识别电路没有输出信号，保护电路也没有输出信号，此时禁止门 J_2 不关闭，系统处于同步状态，解码、分路电路正常工作。如果本地帧码与接收的 PCM 信号序列中的帧同步码在时间位置上不一致，同步识别电路就会有校正信号输出，该信号同时送入保护电路和脉冲形成电路，并在保护电路中记忆。当连续几次出现校正信号时，保护电路才开启 J_1 门，使脉冲形成电路输出一个脉冲，将禁止门 J_2 关闭，时钟被禁止，即扣除一个脉冲。此时系统处于失步状态，解码、分路电路停止工作。

4. 30/32 路 PCM 基群帧同步系统工作原理

（1）帧同步系统方框图及其工作原理

30/32 路 PCM 基群帧同步系统采用码型检出、逐位捕捉方式，其典型的系统构成框图如图 3-16 所示。该帧同步系统由帧同步码检出、前后方保护以及时标脉冲产生等部分组成。

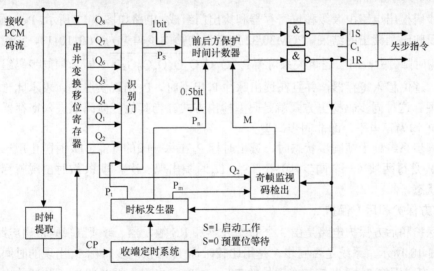

图 3-16　30/32 路 PCM 基群帧同步系统

① 时标脉冲产生

时标脉冲的作用是在规定的时间检出或检验该时刻的码型并辅助同步系统的建立。在图 3-17 所示的时标发生器主要产生 3 个时标脉冲，即读出时标 P_r、比较时标 P_c 和监视码时标 P_m。

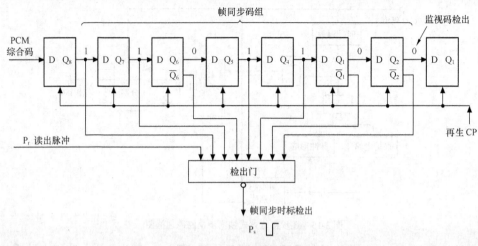

图 3-17　帧同步码检出电路

读出时标 P_r：读出时标的作用是读出 TS_0 时隙的码组。当系统处于帧同步状态时，$P_r = TS_0 \cdot D_8$，即检出同步码组的时间是 TS_0 的 D_8 时刻，每帧检出一次。当系统处于帧失步状态时，$P_r = 1$，此时，码流每移动一比特，就读出一次，系统进行逐比特的检出，即逐位检出。

比较时标 P_c：比较时标的作用是识别帧同步码组。在系统处于帧同步状态时，$P_c =$ 偶帧 $\cdot TS_0 \cdot D_8 \cdot CP$，即在偶帧的 $TS_0 \cdot D_8$ 时刻产生正脉冲 P_c。用 P_c 与同步时标 P_S 比较来检验帧同步码组。在系统处于帧失步状态时，$P_c = CP$，此时系统进行逐位检查、识别帧同步码组。

监视码时标 P_m：监视码时标的作用是检出奇帧 TS_0 时隙的监视码，辅助后方保护过程的实现。$P_m =$ 奇帧 $\cdot TS_0 \cdot D_8 \cdot CP$。

② 帧同步码检出

帧同步码检出电路由 8 级移位寄存器和检出门组成，电路如图 3-17 所示。P_S 为同步时标，其作用是反映码型读出的结果。PCM30/32 路基群的帧同步码组为 {0011011}，它应该出现在偶帧的 TS_0 时隙。由检出门逻辑关系可得 $P_S = \overline{\overline{Q_2}Q_3Q_4Q_5\overline{Q_6}\overline{Q_7}Q_8P_r}$，即当帧同步码组在再生时钟作用下，逐位移入寄存器，并且在读出脉冲 P_r 出现时，P_S 出现负脉冲，表示此时读出的是帧同步码型。这种同步码检出方式就是码型检出方式。当其他任何码组进入寄存器时，检出门的输出 P_S 均为正电平，即非同步码型。

在帧同步系统处于帧同步状态时，读出时标 P_r 在每一帧的 $TS_0 \cdot D_8$ 时隙出现一次，而帧同步时标 P_S 是每两帧（一个同步帧）在 $TS_0 \cdot D_8$ 时隙出现一次。即 P_S 按时出现就标志着系统处于同步状态。

③ 前方保护和后方保护

前方保护和后方保护电路是由 3 个 D 触发器和 RS 触发器、奇帧监视码检出电路等组成，电路如图 3-18 所示。系统是否同步，是用比较时标 P_c 与帧同步时标 P_S 出现的时间是否一致来判断的。因为比较时标 P_c 应该在偶帧的 $TS_0 \cdot D_S$ 时隙出现，所以当 P_c 正脉冲的出现时间与 P_S 负脉冲的出现时间正好一致时，则表示系统同步，否则系统为失步状态。D 触发器的作用是完成时间比较和前方保护计数，此系统用了 3 个 D 触发器，所以系统的前方保护计数为 3。比较时标 P_c 作为 3 个触发器的时钟脉冲，帧同步时标 P_S 作为 D 触发器的数据输入，当 P_c 正脉冲出现时，如果对准 P_S 的负脉冲，即触发器 A 的输入为 0，则其输出 A ＝ 0，表示帧同步；

如果 P_c 正脉冲的出现，没有对准 P_s 的负脉冲，则触发器输出 A＝1，表示帧失步。因此根据触发器 A 的输出可以判断系统是帧同步还是帧失步。由电路可知，当连续失步三次时，失步信号"1"在 P_c 信号的控制下依次移入触发器 B 和 C，使 3 个 D 触发器的输出均为"1"，即 A＝B＝C＝1，此时，与非门输出 $S=\overline{A \cdot B \cdot C}=0$。S 是控制收端定时系统的预置指令信号。当 S＝0 时，发出置位等待指令，将收端定时系统的路脉冲、位脉冲强行置位到一个特定的等待状态，使收端定时系统暂时停止工作，系统进入到捕捉状态。同时 $G_1=1$，$G_2=0$，发出失步指令送往告警电路，产生可见可闻的告警信号。

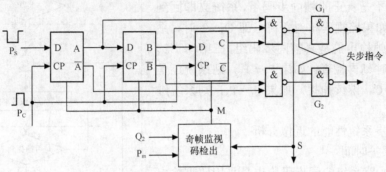

图 3-18　前方保护和后方保护电路

S＝0 后，虽然收端定时系统停留在等待状态，但收端再生时钟电路仍然继续工作。此时，由定时系统控制的时标产生电路产生的时标改为 $P_r=1$，$P_c=CP$，以便同步检出电路每个比特都进行读出、比较一次，即逐位比较识别。在捕捉过程中，P_r 始终为高电平。当系统从接收到的信码流中捕捉到一个同步码组时，识别门就会输出一个同步时标 P_s 的负脉冲，因为 $P_c=CP$，使触发器 A＝0，则 $S=\overline{A \cdot B \cdot C}=1$，立即解除收端定时系统的预置等待状态，启动收端定时系统，使时标 P_r、P_c 和 P_m 恢复正常工作状态。此时，系统的比较时标 P_c 是与接收到的 PCM 信码流中的偶帧 $TS_0 \cdot D_8$ 时隙对准的，假设该帧为偶帧，记为 n 帧。为防止伪同步，时标发生器输出的监视码时标 P_m 在奇帧即 $(n+1)$ 帧的 $TS_0 \cdot D_8$ 时刻输入监视码检出电路，对帧同步监视码进行核对。如果 $n+1$ 帧的 TS_0 时隙的第 2 位码 $Q_2=1$，则监视码检出电路输出监视脉冲 M＝1，3 个 D 触发器输出状态不变，S＝1，可以继续对 $(n+2)$ 帧进行核对。如果在 $(n+2)$ 帧识别门又有同步码检出，则说明收端定时系统第一次捕捉到的同步码是真同步码，系统完成后方保护过程，进入同步状态。如果 $(n+1)$ 帧的 TS_0 时隙的第 2 位码 $Q_2=0$，则监视码检出电路输出监视脉冲 M＝0。因为 M 接 3 个 D 触发器的置"1"端，所以将 3 个 D 触发器全部置"1"，即 A＝B＝C＝1，使 S＝0，系统重新进入逐位捕捉状态。如果 n 帧和 $(n+1)$ 帧都符合规定，但 $(n+2)$ 帧无同步码检出，系统也将重新进入捕捉状态。

（2）帧同步系统的工作流程图

由上述帧同步系统的工作过程，可以得到帧同步系统的工作流程。根据 ITU-T 的 G.732 建议，帧同步系统工作流程如图 3-19 所示。图中 A 表示帧同步状态，B 表示前方保护状态，C 表示捕捉状态，D 表示后方保护状态。

如果系统连续在偶帧 $TS_0 \cdot D_8$ 时刻检出帧同步码组，则比较时标 P_c 正脉冲与帧同步时标 P_s 负脉冲同时出现（记为 $P_c=P_s$），系统处于帧同步状态 A。如果在系统开机还没有建立帧同步时，或在同步状态下在偶帧 $TS_0 \cdot D_8$ 时刻没有检出帧同步码组，即 P_c 与 P_s 没有同时出现（记为 $P_c \neq P_s$），此时系统进入前方保护状态 B。当连续 m 次 $P_c \neq P_s$ 时系统进入捕捉状态 C，进行移位操作，逐位捕捉帧同步码组。当帧同步系统在接收到的信码流中捕捉到帧同步码组后，系统进入后方保护状态 D。假设在第 n 帧捕捉到第一个帧同步码组，在第 $(n+1)$ 帧（即奇帧）的 $TS_0 \cdot D_8$ 时刻进行监视码核对。如果核对不正确，即 $Q_2 = 0$ 时，系统认定在第 n 帧检出的不是真正的帧同步码组，系统立即回到捕捉状态 C。如果监视码核对正确，即 $Q_2 = 1$ 时，系统认定在第 n 帧检出的是真帧同步码组，在第 $(n+2)$ 帧的 $TS_0 \cdot D_8$ 时刻再检查。如果 $P_c \neq P_s$，则系统还是回到捕捉状态 C，继续捕捉。如果 $P_c = P_s$，则系统进入同步状态 A。

（3）帧同步系统性能的近似分析

① 前方保护时间

PCM30/32 路系统的同步码检出是采用码型检出方式，其防止假失步的过程是当连续 m 次检测不出同步码时，才判为系统真正失步，而立即进入捕捉状态开始捕捉同步码。m 称为前方保护计数。从第一个帧同步码丢失起到帧同步系统进入捕捉状态为止的这段时间称为前方保护时间，由前述可知，前方保护时间可以表示为

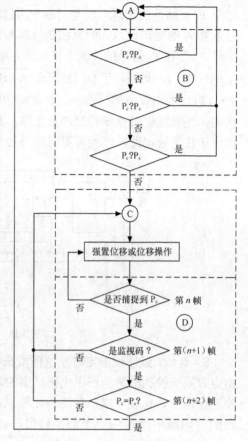

图 3-19 帧同步系统工作流程图

$$T_{前} = (m-1)T_s \tag{3-1}$$

其中 $T_S = 250\mu s$，为一个同步帧（两个帧）时间，ITU-T 的 G.732 建议规定 $m = 3 \sim 4$。

② 后方保护时间

PCM30/32 路系统的同步捕捉方式是采用逐步移位捕捉方式，其防止伪同步的过程是在捕捉帧同步码的过程中，只有在连续捕捉到 n 次帧同步码后，才认为系统已真正恢复到了同步状态。n 称为后方保护计数。从捕捉到第一个真正的同步码到系统进入同步状态这段时间称为后方保护时间，后方保护时间可表示为

$$T_{后} = (n-1)T_s \tag{3-2}$$

ITU-T 的 G.732 建议规定 $n = 2$。

需要注意的是在帧同步检出过程和捕捉过程中，可能出现的情况有很多种，式（3-1）和式（3-2）是用统计平均的方法得出的近似计算式。

③ 平均失步时间

平均失步时间是指帧同步系统从真正失步开始到确认帧同步已建立所需的时间。它包括失步检出、捕捉和校核 3 段时间。平均失步时间取决于捕捉和失步检出时间。

用统计平均的方法可得出捕捉时间为

$$T_s = (N_s - 1)\tau + (N_s - L)\left(\frac{p}{1-p}\right)T_s \tag{3-3}$$

其中：N_S 为同步帧的码位数，$N_S = 512\text{bit}$；τ 为每一位码元的宽度，$\tau = 0.488\mu s$；$p = \left(\dfrac{1}{2}\right)^l$，为出现伪同步码的概率；$l = 7$，为帧同步码位数；$L$ 为覆盖区长度；$T_S = 250\mu s$，为一个同步帧周期。

失步检出时间是指系统从真正失步开始到最后判定为失步状态所需的时间，它与前方保护时间有一定的关系。用统计平均的方法也可得出失步检出时间为

$$\tau_m \approx \frac{m}{1-mp}T_s \tag{3-4}$$

④ 误失步平均时间间隔

误失步平均时间间隔是衡量帧同步系统可靠性的指标，对帧同步系统来说，误失步平均时间间隔越长越好。数字信号在传输过程中产生信道误码是不可避免的，因此帧同步系统会因为误码在预定的同步码位置收不到帧同步码而产生误调整，其结果是将正常同步状态调到失步状态。前述的前方保护可以防止误调整，提高系统的抗干扰能力。用统计平均的方法可以推导出误失步平均时间间隔为

$$T_{误失步} \approx \frac{T_s}{(P_e l)^m} \tag{3-5}$$

其中，T_S 为同步帧周期，P_e 为信道误码率，l 为帧同步码位数，m 为前方保护计数。

对典型的 PCM30/32 路系统，$m = 3, P_e = 10^{-6}, l = 7, T_s = 256\mu s$，则有

$$T_{误失步} \approx \frac{T_s}{(P_e l)^m} = 256 \times 10^{-6} \div (7 \times 10^{-6})^3 \approx 7.3 \times 10^{11} 秒 \approx 23\,000 年$$

由计算可知，从统计意义上讲，在这样的信道误码率下，帧同步系统基本不会发生因信道误码而引起同步系统的误调整。

3.3　PCM30/32 路系统构成

前面讨论了抽样、量化编码、解码及时分多路复用的基本原理，本节在此基础上介绍 30/32 路 PCM 终端机构成。

20 世纪 70 年代以前，由于集成电路价格昂贵，PCM 编解码器采用的是分立元器件和小规模集成电路，电路的功耗和体积较大，又比较复杂，因此在发送端各路语音信号经过抽样后，送入一个公用的 PCM 编码器，按不同的时隙，对每一个话路的信号进行量化编码。在接收端，各话路的信号码流进入公用的 PCM 解码器，对不同时隙的各路数字话音信号进行 PCM 解码。随着超大规模集成电路的发展，集成电路的成本大幅度下降，实现了单片 PCM 编解码器。它使用方便，可靠性高，体积小，功耗低，并且能方便地直接与数字交换机连接，因而得到了广泛的应用。由上述可知，用不同的 PCM 编解码器构成的 PCM30/32 路系统的电路组成是不同的，下面介绍两种编解码方式下的终端系统构成。

3.3.1　集中编码方式 PCM30/32 路系统

集中编解码方式是指多个话路共用一个 PCM 编解码器。集中编解码方式 PCM30/32 路系统构成如图 3-20 所示。30 个话路的模拟信号分别被抽样，先汇合成群路 PAM 后再进行编码。

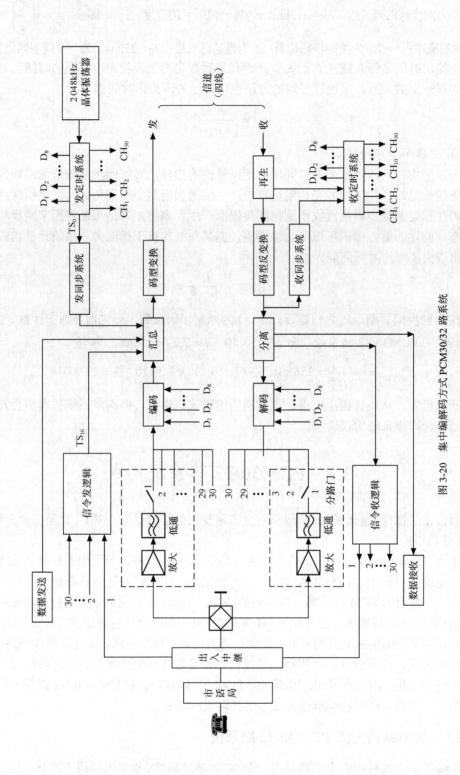

图 3-20　集中编解码方式 PCM30/32 路系统

1. 差动系统

用户语音信号的发与收是采用二线制传输的，但终端机内的发信支路与收信支路是分开的，即发信与收信在终端机内是采用四线制传输的。差动系统的作用是完成二/四线转换、平衡/不平衡电路转换。差动系统电路的构成通常采用差动变量器，其电路如图 3-21 所示。该电路利用了电桥平衡原理，当线路阻抗、发信支路阻抗、收信支路阻抗及平衡网络阻抗满足平衡条件时，2-2'与 4-4'端的传输衰减理论值应为无限大，而 1-1'端与 2-2'端及 4-4'端之间的传输衰减为有限值且很小。二线端的语音信号经差动变量器的 1-1'端送到 2-2'端，进入 PCM 系统的发信支路。收信支路还原后的语音信号经差动变量器 4-4'端送到 1-1'二线端。因为 2-2'端与 4-4'端之间的传输衰减近似为无限大，所以收信支路接收的信号不会再经发信支路送出，有效地防止了通路振鸣。

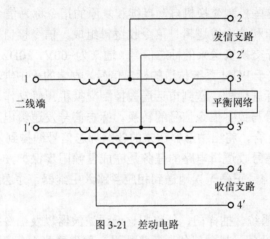

图 3-21 差动电路

2. 发信支路

发信支路包括抽样、量化编码、汇总和码型变换等电路。30 个话路的模拟语音信号，在各自的抽样门抽样。注意，各抽样门的路脉冲相位不同，即对各话路的抽样时间不同，因此抽样后样值不会重叠在一起。30 个话路的抽样时间按帧结构的顺序排列，每个话路的抽样值按帧结构的时间顺序依次送到同一个编码器进行量化编码。每一个样值都编为 8 位二进制码，安排在 TS_1～TS_{15} 和 TS_{17}～TS_{31} 时隙内。发端同步系统产生的帧同步码、帧监视对告码通过汇总电路安排在 TS_0 时隙传送，各路信令码安排在 TS_{16} 时隙传送。由汇总电路将语音数字信号、帧同步信号和信令信号汇总后送出符合 30/32 路 PCM 基群帧结构的综合性数字码流，其数码率为 2.048Mbit/s。汇总后的数字码流其码型为不归零的单极性码，称为 NRZ 码（详见第 5 章），这种码型不适合在外线上传输。码型变换电路的作用就是将不归零的单极性码变换成适合在信道上传输的双极性归零码（详见第 5 章）。

在发信端，低通滤波器的作用是将语音信号的频率限制在 3 400Hz 以下，以防止产生折叠噪声。

3. 收信支路

收信支路包括再生、码型反变换、分离、解码及分路等电路。对方送来的双极性归零码流，经线路传输和干扰后，波形已经失真，所以进入收信支路后，首先经再生电路将失真的码波形恢复成与发端发送的码波形相同的波形，再生后的码流经码型反变换电路将线路上传输的双极性归零码还原成单极性的归零码。同时收端定时系统从再生后的码流中提取主时钟信号，并产生各种定时脉冲，控制各部分电路按时间顺序工作。收同步系统从码型反变换后的码流中接收同步码信号，对系统进行同步监视和调整。在系统同步的前提下，定时脉冲控制分离电路将语音信号数字码流与 TS_{31} 时隙的数据信号、TS_{16} 时隙的信令信号进行分离。分离后的语音信号数字码流经解码器得到 PAM 信号，再将 PAM 信号送到 30 个分路门。在收端定时系统产生的路脉冲配合下，将 30 个话路的 PAM 信号分开，最后经各路的低通滤波器重建原语音模拟信号，送往二线端。

4. 信令系统

两个用户要进行正常的电话通信，通信系统除了要传输、处理语声信号外，还要传送其他必不可少的控制、呼叫信号，例如借助摘机、拨号和挂机等动作发出的指令去控制交换机进行自动接续和复原。这些控制交换机自动接续和复原的指令称为信令，也称为标志信号。

信令系统由信令接口和信令发逻辑、信令收逻辑组成。信令接口又称为出、入中继器。发端的出中继器将市话局交换机送来的标志信号（通常为−60V，10Hz 的直流脉冲信号）进行相应的编码，变换成适宜于 PCM 系统传送的标志信号。收端的入中继器将对方送来的数字信令反变换为原来特征的标志信号，送到市话局去控制交换机正确动作。可见，信令接口的作用是完成非数字信令信号与数字信令信号的转换。标志信号发逻辑电路的任务是产生复帧同步码组，并与接口电路配合，将出中继器送来的各路标志信号编排到复帧内相应子帧 TS_{16} 时隙的相应码位上。标志信号收逻辑电路的任务是完成复帧同步保护，并与接口电路配合，将 PCM 终端机送来的信令信号正确无误地送到相应各路入中继器，并送到交换机控制完成接续和复原等工作。

图 3-21 所示的差动系统、抽样门、分路门、低通滤波器以及信令接口等为每路一套，在 PCM 终端机中称为分路设备；其余部分为各路共用，称为群路设备。

上述信令系统属于随路信道信令方式，即每一路的信令通道随话路而定，被固定安排在某个信道中传输。例如，话路 CH_1 发送的信令，安排在 F_1 帧的 TS_{16} 时隙内的前 4 位码内。现在，随着程控交换机的更新换代和综合业务数字网的发展，已普遍采用公共信道信令方式，它将信令通道与话路完全分开，互不依赖，许多话路共同动态地使用一条公共信号通道，传递接续控制信号。

3.3.2 单路集成编解码 PCM30/32 路系统

单路集成编解码 PCM30/32 路系统的构成如图 3-22 所示，其不同于群路编解码 PCM30/32 路系统之处在于单路集成编解码系统是将各话路信号单独抽样、量化编码，再将各路信号编成的二进制码合并，合并的是数字信号，然后再和同步码、监视码、失步对告码以及信令码等汇合。群路编解码系统是每路各自抽样后将样值合并，合并的是模拟信号，然后再用同一个编码器进行量化编码，再和同步码、监视码、失步对告码以及信令码等汇合。在收端，单路集成编解码系统将综合性数字码流先分路，然后每路单独解码滤波；群路编解码系统是将综合性数字码流先分离出群路 PCM 话音信号码流，再用同一个解码器解码成群路 PAM，然后再分路进行滤波。此外，其他部分电路，两者基本相同。

完整的 PCM 终端机还应有电源供给系统、告警系统、自动监测系统、远距离供电系统（供给无人值守的再生中继器电源）和测试系统等。

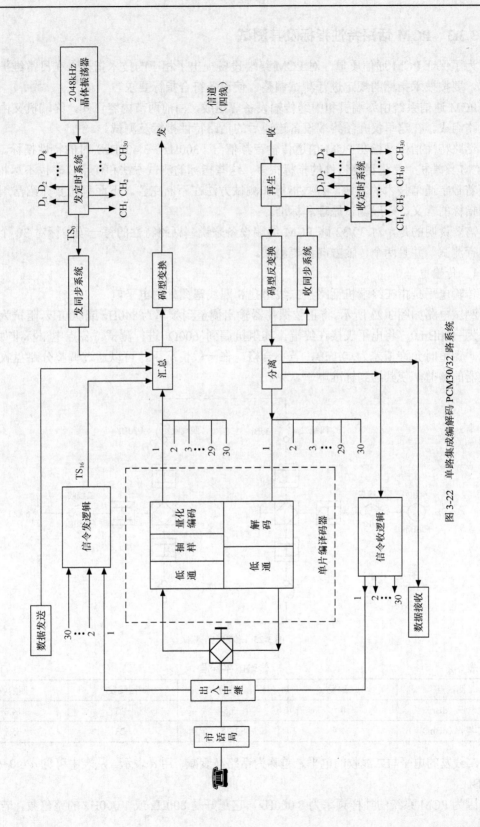

图 3-22 单路集成编解码 PCM30/32 路系统

3.3.3 PCM 话路特性指标及其测试

为了保证 PCM 通信质量，对 PCM 终端设备提出了相应的技术指标。在日常维护终端设备时，要按技术指标的规定进行测试调整，使设备符合指标要求。

PCM 通信系统由终端机和中继传输设备等组成，由前两节内容可知，终端机又由很多部分电路组成。在这里仅介绍终端设备连通后的话路特性指标及测试。

话路特性指标是指在 PCM 信道传输音频信号（300Hz～3 400Hz）时的特性指标。对不同的 PCM 终端机，衡量话路特性的指标很多，这些指标的测试方法和使用仪表也不尽相同，而且随着数字通信技术的发展，有些指标和测试方法在不断完善。下面只简要介绍常用的最基本的指标的含义、一般测试原理和标准。

需要说明的是，对 30/32 路 PCM 终端设备来说，话路特性的每一项指标对 30 个话路都要进行测试，并且两个传输方向都要测试。

1. 传输电平

传输电平是指在终端机话路盘二线塞孔和四线塞孔处的电平值。

测试电路如图 3-23 所示。将正弦振荡器输出调整到频率为 840Hz 或 900Hz，阻抗为 600Ω，电平为 -10dBm0。将电平表接在终端，其阻抗调到 600Ω 进行测试。各点电平标准如表 3-2 所示。调整时允许偏差为 ±0.1dB，若不合格，在一般情况下，可以通过调整分路盘收信支路放大器的增益，使其达到标准电平。

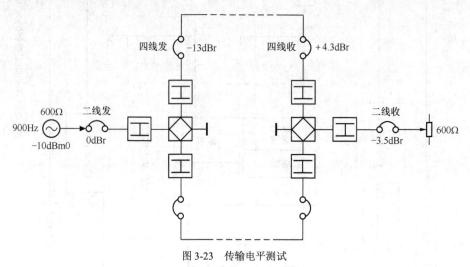

图 3-23　传输电平测试

表 3-2　　　　　　　　　　　　　　　　传输电平标准

测试点	二线发	二线收	四线发	四线收
相对电平（dBr）	0	-3.5	-13	+4.3
测试电平（dBm）	-10	-13.5	-23	-5.7

二线发的电平与二线收的电平之差称为话路净衰减，用 α 表示。从表中可见 α = 0-(-3.5) = 3.5dB。

因为 PCM 系统的抽样频率为 8 000Hz，它正好是 800Hz 或 1 000Hz 的整倍数，若用频率为 800Hz 或 1 000Hz 的信号作为测试信号，系统容易产生差拍，所以通常只用 900Hz 的正弦信号作为测试信号。下面一律以 900Hz 的正弦信号作为测试信号。

2. 净衰减频率特性

净衰减频率特性是指在有效传输频带（300Hz～3 400Hz）内净衰减与频率的关系，其测试电路如图 3-24 所示。

图 3-24　净衰减频率特性测试

全程净衰减频率特性可以是四线发与四线收之间的净衰减频率特性，也可以是二线发与二线收之间的净衰减频率特性。由于终端机二线部分都是无源线性部件，对话路的指标影响不大，因此除传输电平以外，大部分指标都在四线塞孔处进行测试。测试频率通常选择 300、420、500、600、900、1 020、2 040、2 400、2 600、2 800、3 000、3 200 和 3 400Hz 等。将测得的各个频率的净衰减减去 900Hz 处的净衰减，其差值用 $\Delta\alpha$ 表示，绘出 $\Delta\alpha\sim f$ 特性曲线就是频率特性曲线，其标准如图 3-25 所示。

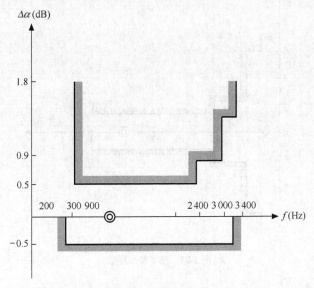

图 3-25　频率特性标准

测得的 $\Delta\alpha\sim f$ 特性曲线不能进入图 3-25 所示的影线范围。交界频率处以严要求为准，例如图中 3 000Hz 处，要求 $\Delta\alpha < 0.9$dB，而不是按 $\Delta\alpha < 1.8$dB 的要求。

若测得的净衰减频率特性不合格，通常需要检查话路盘内的放大器、滤波器等电路性能是否正常。

3. 电平特性

电平特性是指话路净衰减或净增益（二者大小相等，符号相反）与话路输入电平的关系。

理想情况下，话路输出电平（如图 3-23 中所示的二线收或四线收处的电平）随输入电平（二线发或四线发处的电平）的增加而线性增加，即话路的净衰减或净增益不随话路输入电平的变化而变化。但由于模拟部分的非线性元件等影响，实际情况与理想情况略有出入。

电平特性测试方法如图 3-26 所示，分别将振荡器输出信号的频率和阻抗调到 900Hz 和 600Ω。在输入电平为-10dBm0 时，调整电路，使其净衰减 $\alpha = 3.5$dB。调整外加可变衰减器使输入电平在-55～+3dBm0 之间变化，用电平表终端法测量其净衰减的变化 $\Delta\alpha$ 或净增益的变化 ΔG。

图 3-26　电平特性测试

电平特性的标准如图 3-27 所示。它是将输入电平为-10dBm0 作为参考，改变输入电平后测得净衰减变化 $\Delta\alpha$ 或净增益变化 ΔG，要求 $\Delta\alpha$ 或 ΔG 的值不得进入影线范围，在交界频率处以严要求为准。输入电平低于-55dBm0 后，由于杂音等影响已无法准确测出净衰减，所以无特殊要求。输入电平高于 +3dBm0 后，已超过量化过载极限值，所以也不提出特殊要求。

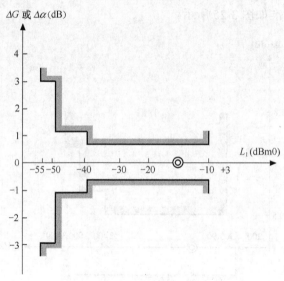

图 3-27　电平特性标准

4. 空闲信道噪声

空闲信道噪声是指在每个话路的输入输出端均终接 600Ω 的标称电阻，在不通话时测得的背景噪声。空闲信道噪声主要来源于抽样脉冲的泄漏噪声、空载编码噪声及热噪声等。空闲信道噪声可以用衡重噪声、单频噪声和接收设备噪声来衡量，对应的测试方法有下列 3 种。

（1）衡重噪声测试

衡重噪声是指用带有衡重网络的噪声计测量出来的噪声。衡重网络是模拟人耳对不同频率信号的响应特性的网络。衡重噪声测试连接方式如图 3-28 所示。将被测话路音频输入口终接 600Ω 电阻，用噪声计电压表或话路综合特性测试仪在该音频输出口测量衡重噪声，要求测得的衡重噪声电平不超过-65dBm0p。p 代表噪声计电平，即加入衡重网络后测得的电平。

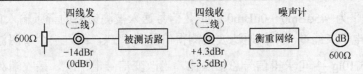

图 3-28　衡重噪声测试

衡重噪声也可以用普通电平表测量，只要将测得的电平值减去修正值 2.5dB 就可以得到近似的衡重噪声电平值。

（2）单频噪声测试

单频噪声测试是指在被测话路音频输入口终接 600Ω 电阻，在该话路音频输出口用选频电平表选测任何单一频率的电平。要求任何单一频率的电平不得超过−50dBm0。单频噪声测试连接方式如图 3-29 所示。

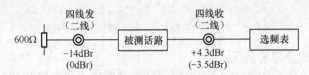

图 3-29　单频噪声测试

（3）接收设备噪声测试

接收设备噪声是指在设备接收侧的数字输入口送入数字空闲码，在被测话路音频输出口用噪声计或话路特性测试仪测得的噪声电平。要求由接收设备产生的噪声电平应小于−75dBm0p。接收设备噪声测试连接方式如图 3-30 所示。

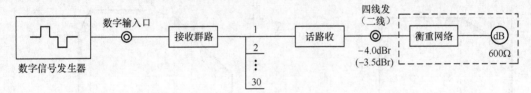

图 3-30　接受设备噪声测试

5. 总信噪比

总信噪比又称为总失真比。电路的总噪声包括由量化失真、非线性失真、热噪声、信道误码及外来干扰等产生的噪声，其中量化失真是在加入信号后产生的一种非线性失真，它随着编码位数的增加而减少，但不可能完全消除。量化失真引起的噪声是 PCM 数字终端机特有的主要噪声，但在实际测量时，无法只测量化噪声，只能测得信号传输过程中产生的总失真，即总信噪比。

总信噪比的测量方法有两种。一种方法是利用正弦信号源测量，在 PCM 系统中，用单一频率正弦波测得的量化噪声功率与用模拟语音的白噪声信号测得的量化噪声功率之间的误差在允许范围内，因此这种方法常被采用。另一种方法是采用在规定带宽内幅度分布具有近似于高斯分布律的伪随机噪声信号测量源测量。测量方法不同，测试数据应作相应调整。

（1）正弦信号作测量源的测量

测试连接方框图如图 3-31 所示，将频率为 350Hz～550Hz（使用话路特性测试仪时，通常取 420Hz）、电平为−45dBm0～0dBm0 的正弦信号送入被测话路的音频输入口，在对应话路的音频输出口用电平表经过一个低通滤波器测得信号功率 P_S，经过一个带阻滤波器测得噪声功率 P_N，根据式 $10\lg\dfrac{P_S}{P_N}$ 可求得信号总信噪比。当改变信号电平时，接收端测试会得到不同的结果，要求测试结果在图 3-32（a）所示的影线之外。

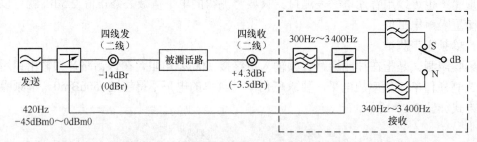

图 3-31　用正弦信号测量总信噪比测试连接方框图

（2）噪声信号作测量源的测量

用噪声源测量的连接框图与图 3-31 相似，只是音频输入口接噪声信号源，要求噪声源能送出模拟语音信号的噪声信号。改变发送信号的电平，测出相应电平下的信号总信噪比，要求测试结果在图 3-32（b）所示的影线之外。

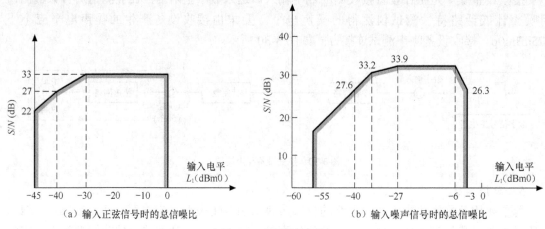

（a）输入正弦信号时的总信噪比　　　　　　（b）输入噪声信号时的总信噪比

图 3-32　总信噪比标准

6. 路际可懂串音防卫度

路际串音是指同一 PCM 系统中，某一路或某几路的通话信号串扰到其他话路中去，产生终端机通路之间的串音。路际串音分为可懂串音和不可懂串音。可懂串音会造成失密，必须设法防止。不可懂串音按噪声处理。路际可懂串音又分为近端串音和远端串音，近端串音是指主串话路信号串入同一端的被串话路，远端串音是指主串话路信号串入另一端的被串话路。

串音通常用防卫度指标来衡量，防卫度定义为有用信号电平与串音电平之差。串音防卫度的测试连接方法如图 3-33 所示。测试时先将被测话路的传输电平调整合格。用振荡器在主串话路音频输入口送频率为 700Hz～1 100Hz 内的任一频率的正弦信号，在被串话路的音频输出口用话路测试仪或选频表测量串音电平，即可得近端和远端串音防卫度。

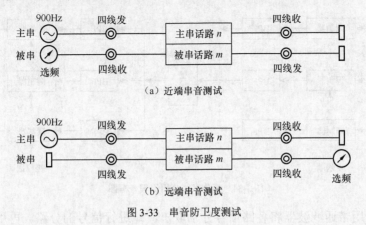

（a）近端串音测试

（b）远端串音测试

图 3-33　串音防卫度测试

要求路际可懂串音防卫度不小于 65dB。

上述各项指标都可以用话路特性测试仪测试，全自动的话路特性测试仪能快速准确地测试出 PCM 终端设备所有话路特性指标。在单路编译码方案 PCM 设备中，话路特性指标主要由大规模集成电路单路单片编译码器的性能决定，若指标不合格，应重点检查该集成块的性能。

3.4　信号复用方式和多址连接方式

对于通信系统来说，无论是有线信道还是无线信道，提高信道的利用率是通信发展的重要课题。在现代通信系统中，提高信道的利用率的有效方法是采用多路复用技术和多址连接方式。多路复用是指利用一条基带信道或有线信道同时传输多路信号的一种技术，它能解决在同一信道内同时传送多个信号的问题。多址连接则是指多个用户的信号在射频信道上的复用。

多路复用的方式很多，有频分复用、时分复用、波分复用及码分复用等，不同的信道应采用不同的复用技术。多址联接的方式主要有频分多址、时分多址、空分多址和码分多址等。本节将简要介绍常用的几种信号多路复用方式和多址连接方式。

3.4.1　频分多路复用

频分复用（Frequency-Division Multiplex，FDM）是多路复用的基本方式之一。频分多路复用是使各路信号占用同一个信道的不同频带进行传输。在频分多路复用中，信道的可用频带被分割成若干互不交叠的频段，每路信号占据其中一个频段。接收端用不同中心频率的带通滤波器（BPF）就可以把各路信号分离出来。

频分多路复用的原理方框图如图 3-34 所示。发送端低通滤波器（LPF）的作用是将传输信号的频带限制在一定范围内，以防止各路信号经过频率搬移后，相互之间产生干扰。调制器的作用是用不同的载波频率把各路信号搬移到不同的频段上，对于不同的信号，调制器的类型可以不同，可以是调幅电路，也可以是调频电路。带通滤波器的作用是把已调信号的频带限制在相应的频段送往信道，以减少在信道上各路信号相互串扰。

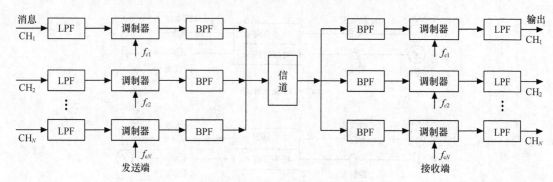

图 3-34　频分多路复用原理方框图

接收端首先用带通滤波器将各路信号分别取出，即进行信号的分路。再用与发送端相同的载波频率对信号解调，最后由低通滤波器恢复出原始信号。

频分多路复用在很多领域得到广泛应用，无线电广播就是典型的频分复用实例。在无线广播中，为了在同一个无线信道（如某个波段）传输多个不同的语声广播信号，要将不同的语声信号调制到不同的载频上，然后对空发射出去。用广播接收机进行调谐，就可以选出用户所需要的广播信号。

频分多路复用中的主要问题是各路信号之间的相互串扰，引起串扰的主要原因是系统非线性造成的各路已调信号频谱的展宽。虽然发送端带通滤波器可以部分消除调制非线性所造成的串扰，但传输信道中非线性所造成的串扰是无法完全消除的。因此，采用频分多路复用的系统对线性的要求很高。合理选择载波频率，使调制载波的频率间隔足够大，从而使各个已调信号的频谱之间有一定的保护间隔，这是减少串扰的有效措施。如我国的调幅广播（AM）规定载频间隔大于 9kHz。

频分多路复用通信的空间示意图如图 3-35 所示。图中信道的可用频带被分割成几个子频带，每个子频带可以用来传输一路信号，子频带之间留有保护带（防护频带）。由图 3-35 可见，在频分复用系统中，各路信号在频域中占用有限的不同频率区间，但每个信号占用整个时域，可以同时存在于同一个信道中。

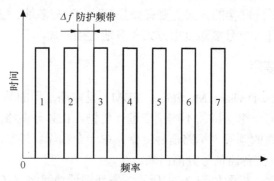

图 3-35　频分多路复用通信空间示意图

在模拟通信中，频分多路复用是实现信道复用的主要方法。它的优点是信道频带利用率高，分路容易，设备简单。

3.4.2 时分多路复用

时分复用（Time-Division Multiplex，TDM）也是多路复用的基本方式之一。时分多路复用是使各路信号占用同一个信道的不同时间进行传输。在时分多路复用中，信道的可用时间被分割成若干时隙，每路信号占据其中一个时隙进行传输。接收端用时序脉冲控制的一组分路"开关"，就可以把各路信号分离出来。

时分多路复用通信的空间示意图如图 3-36 所示。在时分多路复用通信系统中，各路信号占用同一信道的不同时间区域，但每个信号都占有相同的频域。

关于时分多路复用通信的原理，在本书的第 2 章和本章的前几节中已作了详细的介绍。与 FDM 比较，TDM 有以下两个突出的优点。

（1）在 TDM 系统中，多路信号的合路与分路都采用数字电路，这种方式比 FDM 系统采用模拟滤波器进行分路要简单、可靠。

（2）在 FDM 系统中，信道的非线性容易产生交替失真和高次谐波，引起路间串扰，因此，FDM 对信道的非线性失真要求高，而 TDM 对系统的非线性要求可以降低。

TDM 是在数字通信系统中实现信道复用的主要方法。

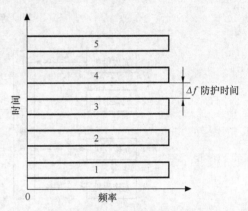

图 3-36 时分多路复用通信的空间示意图

3.4.3 波分多路复用

波分多路复用（Wavelength-Division Multiplex，WDM）是使各路信号占用同一个信道的不同波长进行传输。在波分多路复用中，信道的可用波长被分割使用，每路信号占据其中一个波长进行传输。波分多路复用与频分多路复用在本质上是没有什么区别的。在交流信号中，频率表示电磁波每秒出现的波峰数，波长表示此电磁波的一个波峰到另一个波峰的长度，两者是互为反比关系的。一般载波间隔比较小时（小于 1nm）称为频分复用，载波间隔比较大时（大于 1nm）称为波分复用。

波分复用技术多用于光通信系统。为了提高光纤的利用率，利用波分复用技术，在一根光纤上同时传送不同的多个光载波，使原来只能传送一个光载波的单一光信道变为可传送多个不同波长的光信道，使光纤的传输能力成倍增加。也可以利用不同波长沿不同方向传输来实现单根光纤的双向传输。光波分复用原理框图如图 3-37 所示。

图 3-37（a）所示的是单向波分复用系统，来自不同光源的不同波长的光信号经过合波器，耦合进同一根光纤中传输。在接收端，分波器再把不同波长的光信号分开，送到各自的光接收机分别检测、放大和再生。图 3-37（b）所示的是双向波分复用系统，该系统通过两个分波/合波器在一根光纤中实现几个波长光信号的双向通信。

由图 3-37 可见，WDM 是实现多个波长同时进行复用的，WDM 能够同时复用多少个波长，与相邻两个波长之间的间隔有关。一般相邻两个峰值波长间隔比较大，即波长的间隔在 50nm～100nm 的系统，称为 WDM 系统；相邻两个峰值波长间隔比较小，即波长的间隔在

1nm～10nm 的系统，称为密集的波分复用（Dense WDM 或 DWDM）系统。

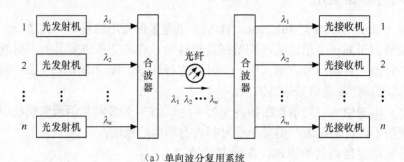

（a）单向波分复用系统

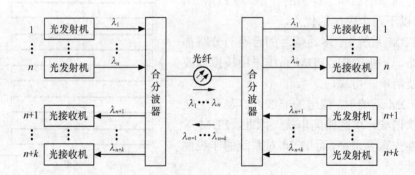

（b）双向波分复用系统

图 3-37　光波分复用原理框图

波分复用系统有以下几个优点。

（1）能充分利用光纤的低损耗波段，增加光纤的传输容量，降低成本。

（2）波分复用器件（分波/合波器）具有方向的可逆性，即同一个器件可用作合波也可用作分波，因此可以在同一光纤上实现双向传输。

（3）在光波分复用技术中，各个波长工作的系统是彼此独立的，各个系统所用的调制方式、传输速率及信号类型，如用模拟信号还是数字信号，各波长工作系统彼此没有关系，是相互兼容的，因此在使用上具有很大的方便性和灵活性。

3.4.4　多址方式

在移动通信和卫星通信系统中，存在着射频信道复用问题。多址联接与多路复用相似，它们都是解决多个信号源共用信道的问题，多路复用是指一个基站或地球站把多个用户的话路在基带信道或有线信道内的复用，多址联接则是多个移动站或地球站发射的信号在射频信道上的复用。常用的多址方式有频分多址（FDMA）、时分多址（TDMA）、空分多址（SDMA）和码分多址（CDMA）等。

1. 频分多址方式

以卫星通信系统为例，频分多址方式是按频率高低不同把各地球站发射的信号排列在卫星工作频带内的某个位置上，各站的频谱排列互不重叠，可以按频率区分站址。频分多址方式示意图如图 3-38 所示。

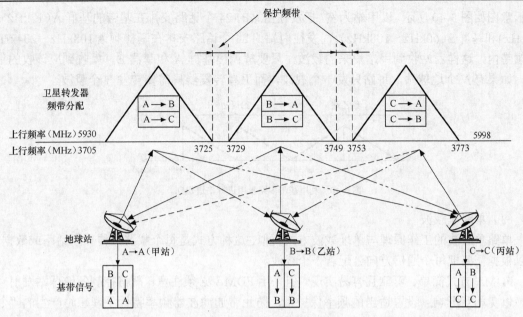

图 3-38 频分多址方式示意图

图中假设有甲、乙、丙 3 个地球站使用卫星转发器，现将 3 705MHz～3 725MHz 和 5 930MHz～5 950MHz 分配给甲站作为下行和上行发射频带，将 3 729MHz～3 749MHz 和 5 954MHz～5 974MHz 分配给乙站作为下行和上行发射频带，将 3 753MHz～3 773MHz 和 5 978MHz～5 998MHz 分配给丙站作为下行和上行发射频带。各地球站接收时，可以根据不同的载波频率识别发射站的站址。例如，当甲站收到 3 753MHz～3 773MHz 内的信号时，就可以识别出是丙发来的信号，利用相应的带通滤波器即可分离出这些信号。

在点对点的卫星通信中，各地球站只需要发一个载波。在多点通信，即一个站与多个站通信时，根据各站发射载波的方式不同，实现频分多址的方法通常有 3 种。

（1）单址载波

单址载波是指一个地球站与几个地球站通信，就发几个载波，每个载波代表一个通信方向，而卫星转发器照收照发。在此方法中，图 3-38 中所示的 3 个站，每个站发两个载波，如图 3-39 所示，这样转发器共转发 6 个载波。如果有 N 个地球站，则每个站要发（$N-1$）个载波，转发器要转发 N（$N-1$）个载波，这种方法使转发器和地球站中工作的载波数目太多。

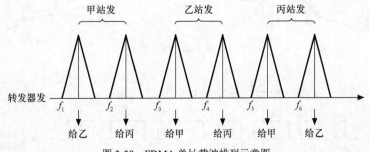

图 3-39 FDMA 单址载波排列示意图

（2）多址载波

多址载波是指每个地球站只发一个载波，利用基带的多路复用（如 FDM）进行信道定向，其示意图如图 3-40 所示。以甲站为例，把发往乙站的 24 个话路安排在基带的基群 A（12kHz～60kHz）和基群 B（60kHz～108kHz），而发往丙站的 24 个话路安排在基群频谱 108kHz～204kHz 的频带内，这样乙站收到甲站发来的载波，只要解调出基群 A 和基群 B，就收到应该收的信号。如果有 N 个地球站，每站只发一个载波，而卫星转发器只需要转发 N 个载波。

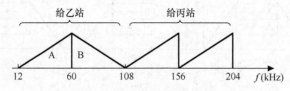

图 3-40   利用基带多路复用进行信道定向

（3）单路单载波

单路单载波的工作原理与单址载波方式类似，这种方式是每个载波只传一个话路或数据，可以根据需要把每个通信方向分配若干个载波。

FDMA 方式简单、可靠且容易实现。但采用 FDMA 必须注意：严格控制各地球站发射功率，以免相互影响；设置适当的频率保护带，防止带通滤波器频率特性不理想时产生的"邻道干扰"；设法减少由于电路的非线性带来的互调干扰。

2. 时分多址方式

在卫星通信中，时分多址方式是指各地球站发射的信号，在进入转发器时是按时间排列的，即各站信号所占时隙互不重叠，转发器根据特定的时隙来区分地球站的站址。时分多址方式示意图如图 3-41（a）所示。设有 A、B 和 C 3 个地球站和一个基准站 R，基准站的任务

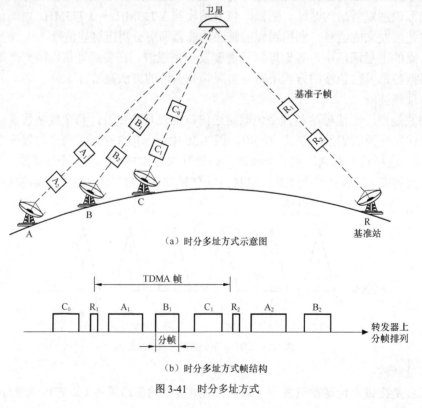

（a）时分多址方式示意图

（b）时分多址方式帧结构

图 3-41   时分多址方式

是为系统中各地球站提供一个共同的标准时间，各地球站以该标准时间为基准，保证各站发射的信号进入转发器时，在所规定的时隙内不互相重叠干扰，即保证信号同步。基准站相继两次发射基准信号的时间间隔称为一帧，如图 3-41（b）所示。在一帧内有一个基准分帧和若干个消息分帧，每一个分帧占一个时隙，基准分帧由基准站的突发信号构成，消息分帧由地球站的突发信号构成。一个消息分帧对应一个地球站的突发信号。突发信号是指只能在规定时隙内发射的具有规定格式的已调制的脉冲群。基准分帧用来传送载波和时钟恢复码、帧同步码和基准站站址识别码，消息分帧用来传送各地球站的通信信息。消息分帧的数目决定了TDMA 系统中容纳地球站数和地址数。地球站发射的信号可由该站的消息分帧在一帧中的位置来确定。各消息分帧的长度可相等也可不相等，由各站的业务量决定。

TDMA 方式与 FDMA 方式比较：TDMA 方式更充分地利用转发器的输出功率，不需要较多的输出补偿；任何时刻在卫星转发器上都只有一个载波工作，从根本上消除了转发器中的互调干扰问题。

3. 空分多址方式

空分多址方式利用天线的方向性来分割各地球站信号，即在卫星上安装多个天线，各天线的波束分别指向不同的地球站。各地球站即使在同一时间内用相同的频率工作，但因为各地球站发射的信号在空间不重叠，也不会产生干扰。但是这种方式要求天线的波束较窄并且所指的方向十分准确。

在实际应用中，空分多址方式很少单独使用，而是与其他多址方式结合使用，其典型方式是与时分多址方式组合，构成 SDMA/SS/TDMA 多址方式，即空分多址/卫星转接/时分多址方式。SDMA/SS/TDMA 多址方式组成示意图如图 3-42 所示。图中卫星上装了 3 个用于接收和发射的窄波束天线，它们分别覆盖 A、B 和 C 3 个地球站，当各地球站的上行时分多址信号到达卫星以后，根据通信对象所属地球站不同，在卫星转发器内由时分开关矩阵网络重新排列组合，将上行线路中发往同一地球站的信号编成一个新的下行线路帧，再通过相应的点波束天线转发到各地球站。

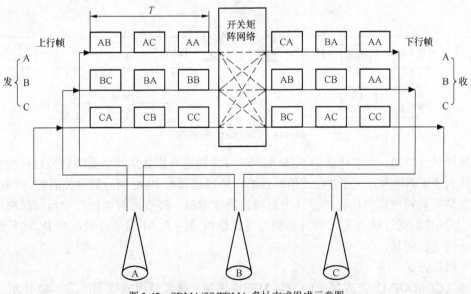

图 3-42　SDMA/SS/TDMA 多址方式组成示意图

SDMA/SS/TDMA 多址方式为了保证系统正常工作，需要建立严格的同步关系。

（1）因为这种方式是在时分多址的基础上工作的，所以必须保证 TDMA 的系统同步。各地球站的上行信号进入卫星时必须保证各分帧的同步。

（2）卫星转发器开关矩阵网络的转换开关动作必须分别与上行、下行 TDMA 分帧保持同步。

（3）每个地球站的相移键控调制及解调必须与时分复用的每一个分帧同步。

由上述可见，SDMA/SS/TDMA 多址方式比 TDMA 方式多一个同步过程，因而设备较复杂。但是由于这种方式是利用波束不同来实现空分，提高了抗同波道干扰的能力；另外由于天线波束很窄，卫星的发射功率集中，节省了卫星的发射功率。

4. 码分多址方式

码分多址是利用不同的地址码来识别各地球站的地址。在 CDMA 系统中，每个地球站配有不同的地址码，各站所发射的载波（为同一载波）既受基带数字信号调制，又受地址码调制。在接收端，对某一用户，只有确知其地址码的接收机才能用相关检测器解调出相应的基带信号，而其他用户信息或其他接收机因地址码不同，无法解调出信号。

各地球站地址的划分是根据各站的码型结构不同来实现和识别的。所用的码型最好是正交码，基于同步等方面的考虑，一般采用具有正交性的伪随机码（PN 码）作地址码。由于 PN 码的码元宽度远小于 PCM 信号码元宽度，因而使加了伪随机码的信号频谱远大于原基带信号的频谱，因此，码分多址又称为扩频多址。CDMA 系统实际上是扩展频谱通信技术在卫星通信中的应用。

码分多址中最常用的扩频方式是直接序列调相方式和跳频方式。

（1）直接序列调相方式

直接序列调相（CDMA/DS）码分多址方式属于直接型的 PSK 调制，地址码用伪随机序列（即 PN 序列），通常记为 CDMA/DS 或 CDMA/PSK/DS。其原理框图如图 3-43 所示。

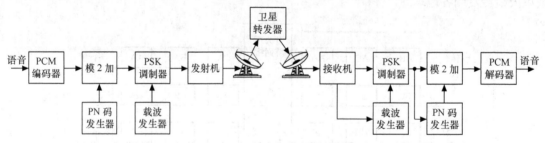

图 3-43　CDMA/DS 原理框图

在地球站发送端，数字化后的 PCM 信号与 PN 码进行模 2 加，然后对载波进行相移键控调制。因为 PN 码速率远大于 PCM 信码速率，所以已调的 PSK 信号频谱被展宽。PSK 信号经发射机变频后对空发射出去，经过卫星转发回地球站。接收端解调后，用与发送端相同的 PN 码（且同步）进行模 2 加，即可得到与发送端相同的 PCM 信号，最后经 PCM 译码器恢复成原来的语音信号。

（2）跳频方式

跳频（CDMA/FH）方式属于间接型 MFSK 调制，其系统组成框图如图 3-44 所示。

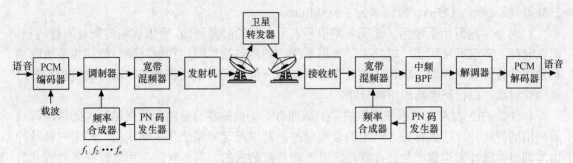

图 3-44　CDMA/FH 系统组成框图

在地球站的发送端，用 PN 码去控制频率合成器，产生出频率能在大范围内周期性跳变的本振信号，然后再与信码调制过的中频混频，以达到扩展频谱的目的。跳频扩频调制后的信号频谱结构如图 3-45 所示。它由 N 个子频谱组成，每个子频谱的形状取决于每一频率持续时间内信号码的调制。各子频谱按跳频图案的次序周期性的出现，使信号的能量均匀地扩散到 ΔF 的带宽上。为避免不同地址载波同时跳到同一频率而相互干扰，必须合理设计跳频图案。

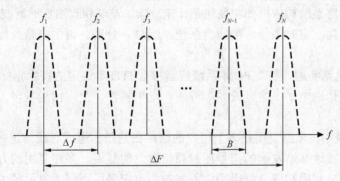

图 3-45　跳频扩频调制后的信号频谱结构

在接收端，本地 PN 码发生器提供一个与发送端相同的 PN 码，控制本地频率合成器产生同样规律的频率跳动，与接收信号混频后，得到固定的中频已调信号，再经过解调器、PCM 译码器还原出原语音信号。

码分多址方式抗干扰性强，保密性好且设备简单，但其传输速率低。

小　　结

1. 时分多路复用通信是各路经过抽样、量化编码的信号在同一信道上占用不同的时间间隙进行传输的通信方式。各路信号在发送端首先经过低通滤波器对语音信号的频带加以限制，抽样、编码后按规定的时隙排列、合路成为 PCM 信码流；在接收端经过解码、分路和低通滤波恢复成为原模拟信号。

2. PCM30/32 路系统是 PCM 通信的基本传输体制，其一帧共有 32 时隙，其中 $TS_1 \sim TS_{15}$，$TS_{17} \sim TS_{31}$ 为话路时隙，TS_0 为帧同步时隙，TS_{16} 为信令时隙。PCM30/32 路系统帧长度为

256bit，帧周期为 125μs，数码率为 2.048Mbit/s。

3．时分多路复用系统为了保证各路信号占用不同的时隙传输，要求收端与发端同频同相，即在时间上要求严格同步。时分多路复用系统的同步包括位同步和帧同步。位同步是指收端与发端的时钟频率相同，以保证收端正确识别每一位码元。帧同步是指收端与发端相应各话路能够对准，以保证收端能正确分路。

4．PCM30/32 路定时系统产生的主要脉冲有：①供抽样与分路用的路脉冲；②供编码与解码用的位脉冲；③供标志信号用的复帧脉冲。发送端定时系统是主动式的，即主时钟脉冲由本端时钟脉冲发生器产生；接收端定时系统是被动式的，其主时钟采用定时提取的方式得到，目的是实现位同步。

5．PCM30/32 路帧同步系统的任务是完成帧同步功能，其前、后方保护电路分别用来防止假失步和伪同步，以使帧同步系统稳定可靠地工作；帧同步码型的选择是使产生伪同步的可能性尽可能小。PCM30/32 路帧同步码型为 {0011011}，前方保护时间 $T_{前}=(m-1)T_s$，后方保护时间 $T_{后}=(n-1)T_s$，一般 $m=3\sim4$，$n=2$。当连续 3～4 次收不到同步码时才认为系统真正失步而进入捕捉状态；在捕捉过程中，当连续两次收到同步码时才认为系统真正同步而进入同步状态。衡量帧同步系统性能的主要指标有误失步平均时间间隔等。

6．PCM30/32 路系统构成框图主要包括：差分器，发端和收端低通滤波器，编、解码器，码型变换、反变换器，定时系统，帧同步系统，汇总、分离、再生电路及标志信号发、收系统等。

7．为了保证电路畅通，整个 PCM 系统应当符合 ITU-T 规定的技术指标。PCM 终端设备的技术指标主要有传输电平、净衰减频率特性、电平特性、空闲信道噪声、总信噪比和路际可懂串音防卫度等。

8．在通信系统中，多路复用是多个用户的话路在基带信道或有线信道内的复用，多址联接则是多个移动站或地球站发射的信号在射频信道上的复用。多路复用的方式主要有频分复用、时分复用、波分复用和码分复用等，不同的信道应采用不同的复用技术。多址联接的方式主要有频分多址、时分多址、空分多址和码分多址等。

思考题与练习题

3-1 什么是时分多路复用？

3-2 画出 PCM30/32 路系统帧结构图。

3-3 PCM30/32 路系统 1 帧有多少比特？每秒传送多少帧？假设 $l=7$ 时，数码率 f_b 为多少？

3-4 PCM30/32 路系统中，第 19 话路在哪个时隙中传输？第 19 路的信令码在什么位置中传输？

3-5 PCM30/32 路定时系统的主要任务是什么？各定时脉冲的频率是多少？

3-6 为什么位脉冲的频率选为 256kHz？

3-7 收端定时系统的时钟信号是如何获得的？为什么如此？

3-8 位同步的目的是什么？如何实现？

3-9 帧同步的目的是什么？如何实现？PCM30/32 路系统的帧同步码型是什么？帧同步

码型选择的原则是什么？

3-10　复帧同步的目的是什么？PCM30/32 路系统的复帧同步码型是什么？

3-11　帧同步系统的工作状态有哪些？

3-12　帧同步系统为什么要加前方保护电路和后方保护电路？前、后方保护的前提状态分别是什么？

3-13　PCM30/32 路系统中，假设 $m = 3$，$n = 2$，求前、后方保护时间分别为多少？

3-14　假设帧同步码为 6 位码 {110101}，分析其覆盖区有多少码位？在覆盖区内有哪些情况会产生伪同步码？

3-15　设某帧同步系统的 $T_s = 100\mu s$，帧同步码位数 $l = 10$，前方保护计数容量 $m = 4$，帧同步周期内码位 $N_s = 848bit$，信道误码率 $P_e = 10^{-3}$，近似计算 $T_{误失步}$、$T_{前}$ 各为多少？

3-16　PCM 通信系统中发端低通滤波器的作用是什么？收端低通滤波器的作用是什么？

3-17　PCM30/32 路系统构成框图中差分器的作用是什么？

3-18　单路编解码 PCM30/32 路系统构成与集中编解码 PCM30/32 路系统构成有何不同？

3-19　通信系统中常用的信道复用方式有哪些？

第4章 准同步数字体系（PDH）和同步数字体系（SDH）

本章内容

- 数字复接的基本概念。
- 同步复接与准同步复接。
- PCM 高次群。
- PCM 零次群、子群。
- SDH 概述。
- SDH 的速率等级和帧结构。
- SDH 同步复用和映射方法。
- SDH 网络结构。

本章重点

- 数字复接的基本概念。
- 同步复接与准同步复接。
- SDH 速率等级和帧结构。
- 我国的 SDH 复用路线。
- 同步复用、映射、定位。

本章难点

- 同步复接与准同步复接。
- 同步复用、映射、定位。

本章学时数

- 20 学时。

学习本章目的和要求

- 了解 PCM 复用原理和数字复接方法。
- 掌握同步复接和准同步复接的方法及工作原理。
- 掌握准同步复接 PCM 二次群、高次群的帧结构。

- 了解 PCM 零次群、子群的帧结构。
- 了解 SDH 传输网络。
- 熟悉 SDH 的速率等级和帧结构。
- 掌握我国的 SDH 复用路线。
- 掌握同步复用、映射、定位。

4.1　复接的基本概念

在时分制的 PCM 通信系统中，为了扩大传输容量，提高传输效率，必须提高传输速率。由前述可知，PCM30/32 路系统每帧长为 125μs，路时隙数为 32 个，每路样值 8 个比特，占时 3.91μs。如果要传送更多路数的话路信号，每个路时隙的时长将压缩。对于 PCM120 路二次群系统，时隙长度应为 0.997μs，实用系统中只有 0.950μs。三次群 PCM480 路系统每路时隙则更短。要在这么短时间间隔内直接完成 ITU-T 高次群对数压扩的 PCM 编码，技术上难以实现。实用上采用把 PCM 基群低速数字信号合并成一个高次群高速率信号，然后再通过一个高速信道传输的方式。数字复接技术就是把低次群 PCM 码流变换成高次群 PCM 码流的技术。根据数字复接的类型、方式和实现的方法不同，目前，国际上主要有两大复接体系：准同步数字复接体系（PDH）和同步数字复接体系（SDH）。准同步数字复接技术是学习复接技术的基础，本节主要学习与准同步数字复接技术有关的概念。

4.1.1　PCM 复用与数字复用

1. PCM 复用

在数字通信系统中，要扩大系统的通信容量，通常采用两种方法来实现。一种方法是基群所采用的对各路信号分别进行抽样、量化编码的方法，在这个过程中进行合路，达到多路复用的目的。例如，要进行 PCM120 路复用，可以将 120 路语音信号分别用 8kHz 抽样，然后对每个样值编 8 位码，则其数码率为 $120 \times 8 \times 8 = 7\,680$kbit/s，每帧时长还是 125μs，其数码率远大于 PCM30/32 路系统（数码率为 2 048kbit/s）的数码率。用此方法每路样值编 8 位码只有约 1μs 的时间，这就要求编解码器的速度很高，因此对构成编解码电路的元器件的精度要求都很高，实现起来成本较高。这种对 120 路语音信号直接编码复用的方法，叫做 PCM 复用。

2. 数字复用

扩大系统通信容量的另一种方法是采用数字复用的方法。数字复用就是将几个经 PCM 复用后的信号（如 PCM30/32 路基群）进行时隙叠加合成，即对低次群的码元进行压缩，然后在时隙的空隙中叠加。叠加后的信号数码率提高了，但是对每一个话路的编码速度没有提高，这种方法实现起来比较容易，所以被广泛采用。

因为数字复用是采用数字复接的方法，即码元合成的方法来实现的，所以又叫做数字复接。

4.1.2 数字复接系统的构成

1. 数字复接系统的构成

数字复接系统由复接器（Digital Multiplexer）和分接器（Digital Demultiplexer）两部分组成，其原理框图如图 4-1 所示。数字复接器的功能是把两路或两路以上的低次群数字信号，按时分复用方式，合并成一路高次群数字信号。数字分接器的功能是把已合并的高次群数字信号分解成原来的低次群数字信号。

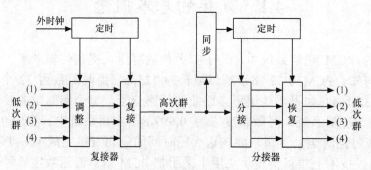

图 4-1　数字复接系统方框图

数字复接器主要由定时、码速调整、复接等单元组成。由数字复用原理可知，在数字复接器中的复接单元输入端上，各支路输入信号必须是同步的，即数字信号的频率与相位完全是确定的关系。复接以前先要将各支路数字脉冲变窄，将相位调整到合适位置，再按照一定的帧结构排列起来，就可以完成数字复接的过程。上述一系列的过程，必须由一个统一的时钟系统指挥完成。定时单元的任务就是给设备提供统一的基本时钟。码速调整单元的作用是把各输入支路的数字信号的速率进行必要的调整，使它们保持固定的频率和相位关系，形成与定时单元产生的时钟信号完全同步的数字信号，送往复接单元。复接单元的作用是对已同步的各支路信号进行时间复用，形成合路数字信号。

数字分接器是由同步、定时、分接、恢复等单元组成的。同步单元的作用是完成分接器与复接器之间位同步及帧同步的过程，其同步原理和同步实现方式与 PCM 复用同步原理类似。分接器的定时单元是由接收信号序列中提取的时钟来推动的，借助于同步单元的控制使得分接器的基准时钟与复接器的基准时钟保持同步。分接单元的作用是把接收到的合路数字信号进行时间分离形成同步的支路数字信号，然后通过恢复单元把它们恢复成原来的支路数字信号，即原低次群信号。

2. 低次群数字信号的复接类型

数字信号的复接通常有 3 种情况，第一种情况是，几个低次群信号是用一个高稳定度的主时钟来控制的，它们的数码率统一在主时钟的频率上，各低次群支路信号的频率相位完全确定，其码元经压缩、移相后，复接时不会产生重叠和错位，如图 4-2 所示。

第二种情况是，几个低次群信号是由各自的时钟源产生的，它们的标称数码率相同。例如，PCM30/32 路一次群的数码率都是 2 048kbit/s，但它们的瞬时数码率不同，因为几个晶体振荡器的振荡频率不可能完全相同。ITU-T 规定 PCM30/32 路的数码率为 2 048kbit/s ± 100bit/s，即允许它们有 100bit/s 的误差，这样几个低次群复接后的码元就会产生重叠和错位，如图 4-3 所示。这样复接合成后的信号，在接收端是无法分接恢复成原来的低次群信号的。因此，数码率不同的低次群信号是不能直接复接的。对于这种情况，在各低次群复接之前，必须对各低次群信号进行码速调整，使它们相互同步，同时使数码率符合高次群帧结构的要求。

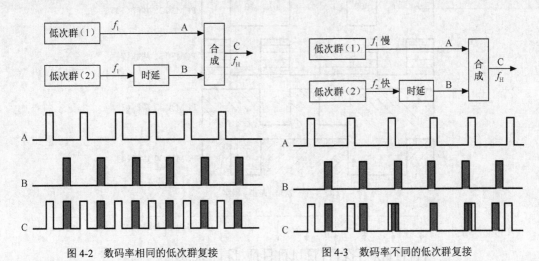

图 4-2　数码率相同的低次群复接　　　　图 4-3　数码率不同的低次群复接

第三种情况是，复接的各低次群信号不仅使用异源时钟，而且速率各不相同，如用 PCM 系统传输各种数据信号、电视信号等。用这种复接方式，在复接前，要使被复接的信号速率与传输信道的速率相适配，同时要进行码速调整，以获得同步。

由此可见，将低次群复接到高次群时，必须采取适当的措施来调整各低次群系统的码速使其同步。这种系统与系统间的同步叫做系统同步。

由上述内容可知，系统同步的方法有两种，即同步复接和异步复接。同步复接就是用一个高稳定的主时钟来控制被复接的几个低次群，使它们同步。但是用这种同步方法，系统的主时钟一旦发生故障，相关的通信系统将全部中断。所以它只限于在局部地区内使用。

异步复接是各低次群使用各自的时钟进行复接。复接前要进行数率的适配和调整，使各低次群信号获得同步。

4.1.3　数字复接方式

1. 数字复接方式

数字信号复接时，其各支路码字的排列方式不同，实现的方法也不同。按照各复接支路码字排列的规律，数字信号的复接可分为按位复接、按字复接和按帧复接 3 种方式。

（1）按位复接

按位复接又叫做"比特单位复接"，用这种方法每次每个支路依次复接一位码形成高次群。例如，4 个 PCM30/32 路基群的 TS_1 时隙的码字情况如图 4-4（a）所示。按位复接后的二群信号码中，第 1 位码表示第 1 支路第 1 位码的状态，第 2 位码表示第 2 支路第 1 位码的状态，第 3 位码表示第 3 支路第 1 位码的状态，依此类推。4 个支路第 1 位码都取过之后，再循环取以后各位，如此循环下去，就实现了数字复接。按位复接方法如图 4-4（b）所示，此方法的优点是设备简单，要求码速调整电路的存储容量小，较易实现，因此在准同步数字体系（PDH）中被广泛采用。它的缺点是破坏了一个字节的完整性，不利于以字节为单位的信号的处理和交换。

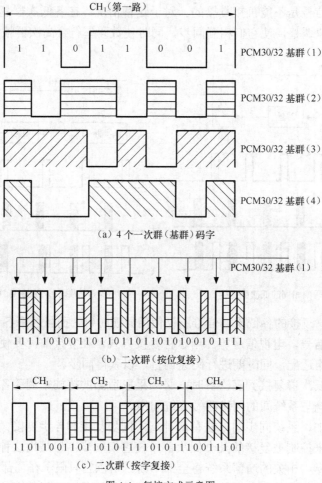

图 4-4　复接方式示意图

（2）按字复接

按字复接是每次轮流复接每个支路的一个码字，即 8 位码，形成高次群。按字复接方法如图 4-4（c）所示。按字复接时每个支路的码速调整电路中设置的缓冲存储器，先将接收到的各支路的信号码字储存起来，等到传送时刻到来时，用高速（速率约是原来各支路的 4 倍）一次将 8 位码取出复接，4 个支路用此方法轮流取出 8 位码复接。可见，这种复接方法的缺点是要求缓存器有较大的存储容量，但它的优点是保证了一个码字的完整性，有利于以字节为单位的信号的处理和交换。同步数字体系（SDH）大多采用这种方法。

（3）按帧复接

按帧复接是每次轮流复接每个支路的一个帧。这种复接方法要求码速调整电路中的缓冲存储器有更大的存储容量，电路复杂，不易实现，所以用得很少。

2. 准同步数字复接体系

在实际使用时，根据信号传输的需要，有不同话路数和不同速率的信号，由低向高逐级复接，形成一个系列（或等级），称为数字复接系列。目前 ITU-T 推荐应用的主要有两大系列的准同步数字体系（PDH），即 PCM24 路系列和 PCM30/32 路系列。北美和日本采用 1.544Mbit/s 作为第一级速率（即一次群）的 PCM24 路数字速率系列，且北美的复接方案和日本的复接方案略有不同。欧洲各国和中国则采用 2.048Mbit/s 作为第一级速率（即一次群）的 PCM30/32 路数字速率系列。两类数字复接体系的速率系列如表 4-1 所示。

表 4-1　　　　　　　　　　　　　　　数字复接系列

	一次群	二次群	三次群	四次群	五次群
日本	24 路 1.544Mbit/s	96 路（24×4） 6.312Mbit/s	480 路（96×5） 32.064Mbit/s	1440 路（480×3） 97.728Mbit/s	5760 路（1 440×4） 397.200Mbit/s
北美	24 路 1.544Mbit/s	96 路（24×4） 6.312Mbit/s	672 路(96×7) 44.736Mbit/s	4032 路（672×6） 274.176Mbit/s	
欧洲 中国	30 路 2.048Mbit/s	120 路（30×4） 8.448Mbit/s	480 路(120×4) 34.368Mbit/s	1920 路（480×4） 139.264Mbit/s	7680 路（1 920×4） 564.992Mbit/s

数字通信系统除了传输电话和数据外，还可以传输其他宽带信号，如电视信号、可视电话信号、频分制载波信号等。对于这些不同业务的信号，可以根据其不同的带宽，选择适合它们的抽样频率、编码位数，确定相应数字信号的速率，选择合适的高次群信道单独进行传输；这些信号也可以和相应的 PCM 高次群一起复接成更高一级的高次群进行传输。基于 PCM30/32 路系列的数字复接体制如图 4-5 所示。

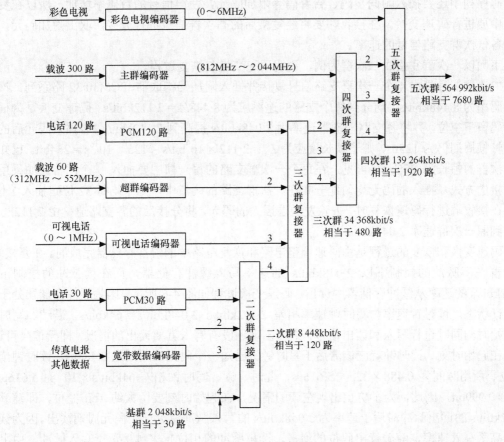

图 4-5　PCM 复接体制

由 PCM 复接体制的结构可知，准同步数字复接系列具有如下优点：①易于构成通信网，便于支路信号的分支与插入，并且复用倍数适中（一般在 3～5 倍之间），传输效率较高；②电视信号、可视电话信号和频分制载波信号能与某个高次群相适应；③传输速率能与对称电缆、同轴电缆、微波、波导、光纤等传输介质的传输容量相匹配。

4.2 同步复接与异步复接

前面介绍了同步复接和异步复接的概念。无论是同步复接还是异步复接，复接时，除了为保证各复接支路同步要进行码速调整外，为了保证复接器和分接器的正常工作，还需要在各低次群支路中插入一定数量的帧同步码、对端告警码及勤务联系等公务码，即需要进行码速变换。本节主要介绍与此相关的复接技术及二次群帧结构、复接设备的组成等。

4.2.1 同步复接技术

1. 码速变换与恢复

同步复接中虽然发送端被复接的各低次群支路信号的数码率是完全一致的，但复接后的数字码序列中还要插入帧同步码、告警码等附加码元，使得信号的数码率增加，所以在复接过程中要进行码速变换。在接收端要将经复接后的高次群信号进行分接，取出附加码元，并恢复各低次群支路信号的速率。

下面以一次群复接成二次群为例，说明码速变换与恢复过程。

二次群信号是由 4 个一次群支路信号复接并插入附加码构成的。PCM30/32 路系列二次群的数码率为 8 448kbit/s，均分到每个支路的速率应为 8 448/4 = 2 112kbit/s。码速变换是为插入附加码留下空位，并将各支路一次群速率由 2 048kbit/s 提高到 2 112kbit/s。若插入码元后的支路子帧帧周期仍为 125μs，则子帧长度应为 $L_S = 2\,112 \times 10^3 \text{bit/s} \times 125 \times 10^{-6}\text{s} = 264\text{bit}$。已知每个一次群的帧长为 256bit，可见，在每个一次群支路的每一帧中要插入 8 个比特。如果用按位复接的方式，插入的码元均匀地分布在一次群支路的码流中，则平均每 32 位码插入 1 位。

在接收端进行码速恢复时，去除发送端插入的码元，将分接后的各支路速率由 2 112kbit/s 恢复到原一次群速率 2 048kbit/s。

码速变换和恢复的过程是由码速调整电路和恢复电路中的缓冲存储器完成的。在复接端，一次群在写脉冲的控制下以 2 048kbit/s 的速率写入缓冲存储器，而在读脉冲的控制下以 2 112kbit/s 的速率从缓冲存储器中读出。码速变换过程如图 4-6 所示。因为缓冲存储器处于慢写快读状态，读时钟速率与写时钟速率相差 2 112kbit/s-2 048kbit/s = 64kbit/s，若读、写时钟在起始时刻同时进行写入和读出信号，则会出现还没有写入就要读出的情况，即无信号可读，因此在起始时刻，读时钟就应该滞后于写时钟。已知一个码元的周期是 0.488μs，读时钟读出 32 位码所用时间为 0.488 × 32 = 15.616μs，此时，读、写时钟相差 64kbit/s × 10^3 × 15.616μs × 10^{-6} = 0.999bit，因此，为了防止出现空读的情况，在起始时刻要留大约 1bit 空位，即速率为 2 112kbit/s 的读出脉冲滞后于速率为 2 048kbit/s 的写入脉冲将近一个码元周期读出。因为读出速率高于写入速率，随着读出码位的增多，读出脉冲的相位越来越接近写入脉冲。由上述计算可知，读到第 32 位码后，下一个读出脉冲与写入脉冲将有可能同时出现，并有可能出现还未写入就要读出的情况，此时在禁止读出脉冲控制下禁读一个码元，即插入了 1bit 的空位

（此时只是留下空位，还未真正插入附加码）。此后下一个读出脉冲再从缓冲存储器中读下一位码，这时读出脉冲与写入脉冲的相位恢复到起始时刻的状态，即又相差 1bit 周期的时间。这样循环下去，就构成了每 32 位码插入一个空位的数码率为 2 112kbit/s 的数码流，4 个支路这样的数码流在复接电路中加入附加码字复接合成高次群数码流。

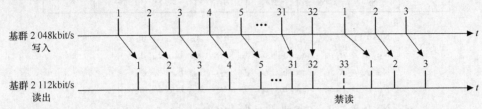

图 4-6　码速变换示意图

在接收端分接器中，分接出来的各支路信号的速率为 2 112kbit/s。在写脉冲的控制下，各支路以 2 112kbit/s 的速率将数码流写入缓冲存储器，在读脉冲的控制下，以 2 048kbit/s 的速率读出。码速恢复过程如图 4-7 所示。在起始时刻，写脉冲与读脉冲的相位很接近，即写入第一位码时，立即被读出。因为写得快，读得慢，随着码位增多读写相位差会越来越大，可以计算出到写第 33 位码时，读出脉冲才读到第 32 位。此时，如果不采取措施继续写下去，存储器就会积存 1 位码。由于存储器容量有限，随着时间的推移，码位会越积越多，最终会产生溢出。从上述内容可知，在复接端进行码速变换时，第 33 位码是插入的附加码元，因此在分接器中，当写到第 33 位码时扣除此时的一个写脉冲，使插入的附加码元不能写入存储器，几乎同时读出脉冲读出第 32 位码。此后，写入脉冲继续写入第 33 位后的第一位码，读出脉冲第 32 位后的第一个脉冲立即读出该位码，读脉冲与写脉冲的相位关系又回到与起始时刻一致，这样循环下去，将各分接支路的 2 112kbit/s 码流恢复成 2 048kbit/s 的原支路码流。

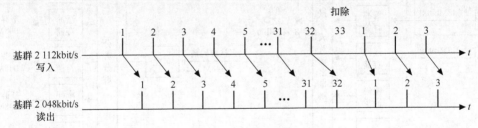

图 4-7　码速恢复示意图

2. 同步复接二次群帧结构

按位复接的同步复接二次群帧结构如图 4-8 所示。

被复接的一次群帧周期为 125μs，帧长为 256bit。用同步复接的方式将 4 个一次群复接成二次群时帧周期还是 125μs，帧长为(256 + 8) × 4 = 1 056bit。把二次群的一帧等分成 8 段，每段中的 4 个一次群信号码共有 128 个码元（每个基群 32 个码元），再插入 4 个码元，这样每段共 132 个码元。在一帧插入的 32 个码元中，N_1 的 1101 和 N_5 的 0010 是二次群的帧同步码。N_2、N_4、N_6 和 N_8 的 α_1、α_2、α_3 和 α_4 是 4 个 32kbit/s 的通道（在 125μs 内传送 4bit 码，其速率为 $4/125 \times 10^6 = 32$kbit/s），可以提供 4 路勤务电话。N_7 的 β_1、β_2、β_3 和 β_4 是 4 个 8bit 的通道（在 125μs 内 1bit 码，其速率为 $1/125 \times 10^6 = 8$kbit/s），用来传送勤务电话的呼叫码。N_3 的 A_1 规定为二次群对端告警码，系统同步时 A_1 为 "0"，失步时 A_1 为 "1"；A_2 可以用来传送速

率低于 8kbit/s 的数据信号；A_3 和 A_4 待定。a_i、b_i、c_i 和 d_i 分别为 4 个一次群的码元，一帧中共有 $4 \times 32 \times 8 = 1\,024\text{bit}$ 原一次群的码元。

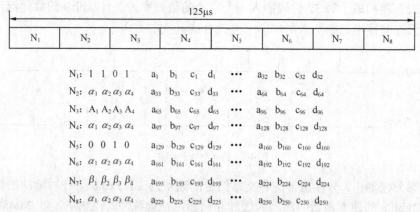

$$125\mu s$$

N_1	N_2	N_3	N_4	N_5	N_6	N_7	N_8

N_1: 1 1 0 1 a_1 b_1 c_1 d_1 $\cdots$ a_{32} b_{32} c_{32} d_{32}

N_2: α_1 α_2 α_3 α_4 a_{33} b_{33} c_{33} d_{33} $\cdots$ a_{64} b_{64} c_{64} d_{64}

N_3: A_1 A_2 A_3 A_4 a_{65} b_{65} c_{65} d_{65} $\cdots$ a_{96} b_{96} c_{96} d_{96}

N_4: α_1 α_2 α_3 α_4 a_{97} b_{97} c_{97} d_{97} $\cdots$ a_{128} b_{128} c_{128} d_{128}

N_5: 0 0 1 0 a_{129} b_{129} c_{129} d_{129} $\cdots$ a_{160} b_{160} c_{160} d_{160}

N_6: α_1 α_2 α_3 α_4 a_{161} b_{161} c_{161} d_{161} $\cdots$ a_{192} b_{192} c_{192} d_{192}

N_7: β_1 β_2 β_3 β_4 a_{193} b_{193} c_{193} d_{193} $\cdots$ a_{224} b_{224} c_{224} d_{224}

N_8: α_1 α_2 α_3 α_4 a_{225} b_{225} c_{225} d_{225} $\cdots$ a_{250} b_{250} c_{250} d_{250}

图 4-8　同步复接二次群帧结构

3. 同步复接系统的构成

二次群同步复接器和分接器原理框图如图 4-9 所示。

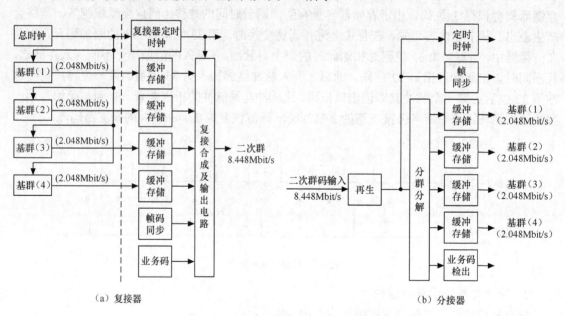

（a）复接器　　　　　　　　　　　　　　　（b）分接器

图 4-9　二次群同步复接器、分接器原理框图

复接器由定时时钟电路、缓冲存储器、帧同步码产生电路、勤务码产生电路、复接合成及输出电路组成。被复接支路的时钟和复接时钟都来自于同一个总时钟源，各支路标称数码率均为 2 048kbit/s，并且严格同步。由前述可知，各支路信号先要经过缓冲存储器进行码速变换，其作用是将各支路码字与其他支路的码字错开并为插入附加码留下空位。然后由复接合成电路将码速变换后的各支路码流以及由帧同步码产生电路和勤务码产生电路等产生的附加码合并在一起，形成二次群码流。

分接器由再生电路、定时时钟电路、帧同步电路、分群分接电路、缓冲存储器、勤务码检出电路等组成。再生电路将收到的二次群信号进行波形恢复；定时时钟电路从收到的码流中提取时钟信号，并产生分接器所需要的复接定时脉冲；帧同步电路使接收端与发送端之间保持帧同步；分群分接电路将 4 个支路信号进行分接，同时检出勤务码。缓冲存储器扣除附加的码位，并对相位进行调整，恢复原来的支路信号速率。

4.2.2 异步复接技术

1. 码速调整与恢复

异步复接时，4 个一次群的标称速率虽然都是 2 048kbit/s，但各支路使用各自的时钟源，这些时钟源允许有±100bit/s 的偏差。在复接器的输入端 4 个一次群的瞬时数码率是各不相等的，所以在复接前要进行码速调整。

码速调整是用插入一些码元的方法将一次群的速率由 2 048kbit/s 左右统一调整成 2 112kbit/s。接收端进行码速恢复时，通过去掉插入的码元，将各支路的速率由 2 112kbit/s 还原成一次群的速率 2 048kbit/s 左右。

码速调整技术可分为正码速调整、正/负码速调整和正/零/负码速调整。这 3 种码速调整方法，都可以调整速率的正偏差和负偏差。下面分别讨论这 3 种码速调整技术。

（1）正码速调整原理

正码速调整是指通过只插入脉冲的方法，对码速进行调整。它是人为地在复接支路的信号中插入一些脉冲，使各支路信号变为瞬时数码率相同的信号。正码速调整电路和码速恢复电路如图 4-10 所示。每一个参与复接的支路码流都要先经过各自的码速调整电路，将标称数码率相同瞬时数码率不同的准同步码流变换成同步码流，然后再进行复接。收端分接后的各支路同步码流分别经过各自的码速恢复电路将各支路信号恢复成原来的支路码流。

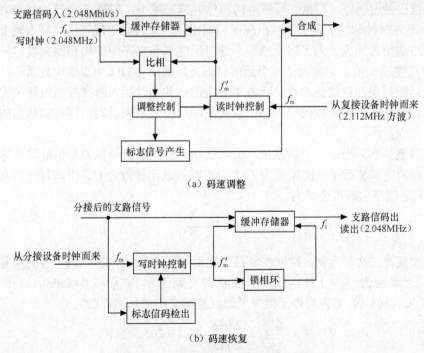

（a）码速调整

（b）码速恢复

图 4-10 正码速调整电路和码速恢复电路

　　码速调整电路的主体是缓冲存储器，此外，还有复接时钟产生电路，读、写时钟控制电路等。支路信码在写入脉冲的控制下逐位写入缓存器，写入脉冲的速率 f_1 与输入支路的数码率相同。支路信码在读出脉冲控制下从缓存器逐位读出，读出脉冲的速率 f_m 与码速调整后支路的数码率相同。由于只用插入脉冲的方式调整码速，所以称其为正码速调整。在正码速调整中，缓存器处于快读慢写状态，最终就会出现无信息可读的状态。为解决这个问题，电路设计了读、写时钟相位比较器，在缓存器快要读空时，即 f_m 与 f_1 相位接近时，相位比较器发出一个脉冲扣除指令，让读时钟停读一次，在这个位置上不传信码而只传一个空位，以后重复上述过程。正码速调整时间关系示意图如图 4-11 所示。

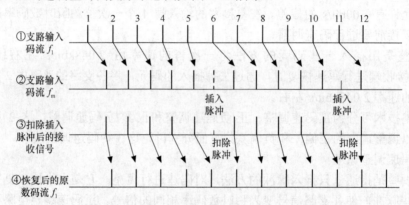

图 4-11　正码速调整时间关系

　　从图中可以看出，输入信码是在写入脉冲的控制下以 f_1 的速率写入缓存器，在读出脉冲的控制下以 f_m 的速率读出。第 1 个脉冲写入后经过一段时间读出，因为读出速度比写入速度快，写入与读出的时间差（即读、写时钟的相位）越来越小，到第 5 个脉冲到来时，读出时钟脉冲 f_m 与写入时钟脉冲 f_1 几乎同时出现或超前出现，此时会出现还没有写入就要求读出的情况，从而造成空读现象。为了防止空读，这时码速调整电路中的比相器会发出一个扣除脉冲指令，使 f_m 空读一拍，即插入了一个无信息码元，如图 4-11②中虚线位置所示。插入脉冲的插入与否是根据缓冲存储器的存储状态来决定的，并通过插入脉冲控制电路来完成。而缓冲存储器的存储状态由输入数码流与输出数码流的相位关系来确定，即存储状态的检测，由相位比较器完成。

　　正码速调整虽然只用了一个调整位，但它既能调整速率的负偏差，也能调整速率的正偏差。设各支路码速调整后子帧的帧长为 L_S，原支路信息比特数为 Q，平均每一帧塞入调整比特为 S。正码速调整的基本公式为

$$\frac{f_1}{f_m} = \frac{Q-S}{L_S} \qquad (4\text{-}1)$$

　　以准同步复接二次群为例。准同步复接二次群数码率为 8.448Mbit/s，各支路复接前（码速调整后）速率应为 $f_m = 2.112$Mbit/s，各基群支路速率为 $f_1 = 2.048$Mbit/s，子帧帧长为 $L_S = 212$bit。按式（4-1）可得到每子帧中平均原基群支路信息比特数为

$$Q-S = \frac{f_1}{f_m}L_S = \frac{2.048}{2.112} \times 212 = 205.576\text{bit}$$

因为只有一个调整位，所以 $S = 0 \sim 1$。

取 $Q = 206$，$S = 0$，即每帧都不塞入脉冲，此时支路输入速率应为最高允许支路输入速率。设最高允许支路输入速率为 f_{1max}，由式（4-1）可得

$$\frac{f_{1max}}{f_m} = \frac{Q}{S} \tag{4-2}$$

由式（4-2）可得

$$f_{1max} = \frac{206}{212} \times 2.112 \text{Mbit/s} = 2.052226 \text{Mbit/s}$$

取 $Q = 205$，$S = 1$，即每帧都有塞入脉冲，此时支路输入速率应为最低允许支路输入速率。设最低允许支路输入速率为 f_{1min}，由式（4-1）可得

$$\frac{f_{1min}}{f_m} = \frac{Q-1}{L_S} \tag{4-3}$$

由式（4-3）可得

$$f_{1min} = \frac{205}{212} \times 2.112 \text{Mbit/s} = 2.042264 \text{Mbit/s}$$

通常把最高允许支路输入速率 f_{1max} 与标称数码率 f_1 之差称为标称码速调整率 f_S：

$$f_S = f_{1max} - f_1 = 4.226 \text{kbit/s}$$

最高允许支路输入速率 f_{1max} 与最低允许支路输入速率 f_{1min} 之差称为最大码速调整率 f_{Smax}：

$$f_{Smax} = f_{1max} - f_{1min} = 9.962 \text{kbit/s}$$

由上述可见，采用正码速调整的异步复接二次群，其码速调整范围为 2.042 264～2.052 226Mbit/s。

在收端的分接器中，先将高次群信号码流进行分接，分接后的各支路信号分别送入各自的码速恢复电路。码速恢复电路应完成两个任务：一是判断复接器的码速调整电路是否插入无信息码元，若有无信息脉冲插入，则在插入的位置上要扣除一个脉冲；二是将各支路数码率从扣除插入脉冲后的 f_m' 恢复成 f_1。

码速恢复电路的主体也是缓存器。为了判断发送端是否有无信息脉冲插入，发送端在帧结构中安排了 3 个码速调整指示位（称为标志信号），用来指示该帧是否有无信息脉冲插入。分接器收到信号码流后，首先通过标志信号检出电路检出标志信号，根据标志信号的内容决定是否在规定插入的位置扣除一个脉冲。当需要扣除这一脉冲时，可通过写入脉冲扣除电路扣掉一个插入脉冲，如图 4-11③所示，原来的虚线位置，在扣除插入脉冲后是空着的。需要说明的是，实际当检出标志信号表示需要扣除脉冲时，写入时钟在规定的位置扣除一个脉冲。然后由已扣除脉冲的写入时钟控制支路信号码流写入缓存器，遇到写入时钟扣除脉冲的位置支路信码也不写入，即扣除了一个发端插入的码元，所以写入缓存器的是已经扣除了插入码元的支路信号码流。

扣除了插入脉冲以后，支路信码的次序与原来信码的次序一样，但是在时间间隔上是不均匀的，在扣除插入脉冲的位置上有空隙，但其平均码速与原支路信号 f_1 相同。因此接收端的读时钟 f_1 是从扣除脉冲后的信码流中提取的。图 4-10（b）所示的电路中锁相环的任务就是使脉冲间隔均匀化。锁相环电路主要由鉴相器、低通滤波器及压控振荡器 VCO 等部分组成。鉴相器的输入端接写入脉冲 f_m'（已扣除插入脉冲）和读出脉冲（VCO 的输出脉冲），由鉴相

器检出它们之间的相位差并转换成电压波形，经低通滤波器平滑后，再经直流放大器去控制VCO 的频率，由此获得一个频率等于时钟平均频率 f_l 的间隔均匀的读出时钟。用这个读出时钟去控制缓存器支路信码的读出，缓存器输出的支路信码就是速率为 f_l 的间隔均匀的信码流，即恢复了原来的支路信号。

异步复接的码速调整和同步复接的码速变换从过程看似乎没有区别，实际上两者有根本的区别。码速变换是在平均间隔的固定位置先留出空位，复接合成时再插入脉冲（附加码字）；而码速调整插入脉冲要看具体情况，不同支路，不同瞬时数码率，不同的帧，可能插入脉冲，也可能不插入脉冲。需要插入时，插入的脉冲不携带信息；不插入脉冲时，相应的位置为原支路信息码。

（2）正/负码速调整

正/负码速调整的基本原理与正码速调整原理大体相同，它是指同时使用插入脉冲和扣除脉冲的方法对支路码速进行调整。在正/负码速调整中，同步复接时钟取值等于支路时钟的标称值，即各支路速率等于其标称速率。考虑到各支路速率会在各自的容差范围内变动，它们的瞬时值之间可能会出现以下 3 种情况。

① 各支路速率小于标称速率，在调整过程中要使 f_m 停若干拍才能保持正常的传输，这与正码速调整的调节原理类似。

② 各支路速率等于标称速率，这种情况无需调整就可以保持正常传输，系统处于不调整状态。

③ 各支路速率大于标称速率，在这种情况下，缓冲存储器存储的信息会发生"溢出"现象而将信息丢失。为保证正常传输，在适当的时候需多读一位，这与正码速调整相反，称为负码速调整。

对于上述 3 种情况，需要采取不同的调整方式，即正调整、负调整和不调整。在实际应用中，是采用正调整和负调整相间进行来代替不调整状态的。因此采用正/负码速调整的系统中只有两种工作状态，用两种标志信号分别表示正调整和负调整即可。这种情况类似于正码速调整。假设读写时差的调整门限为 Δt_0，当读写时差 $\Delta t < \Delta t_0$ 时，进行正调整；当读写时差 $\Delta t > \Delta t_0$ 时，进行负调整；当读写时差 $\Delta t = \Delta t_0$ 时，相间地进行正、负调整。

正/负码速调整帧结构如图 4-12 所示。在正/负码速调整过程中，不仅要安排一个特定的正调整时隙（+SV），还要安排一个特定的负调整时隙（−SV）。当需要负调整时，−SV 时隙传输信息码，相当于扣除一个−SV；当不需要调整时该时隙就插入非信息码，这和正码速调整正好相反。所以，在−SV 和 +SV 两个时隙中，正调整时都不传信息码，而在负调整时都用来传输信息码。

图 4-12　正/负码速调整帧结构示意图

图 4-12 中 SF 为帧同步码，SZ 为标志信号。

（3）正/0/负码速调整

正/0/负码速调整技术形成于 20 世纪 70 年代后期。为了统一同步/准同步复接制式，大幅度地减小塞入抖动，便于复接器全数字化，提出了正/0/负码速调整技术。在正/0/负码速调整中，复接时钟 f_m 取值等于 f_l。考虑到 f_m 和 f_l 会在各自的容差范围内变动，使它们的瞬时值存在 3 种情况，即 $f_m > f_l$、$f_m = f_l$ 和 $f_m < f_l$。这 3 种情况对应着 3 种调整，即正调整、不调整和负调整，并且用相

应的调整指令通知接收端进行码速恢复。正/0/负码速调整过程与前两种码速调整过程类似，正调整就是在指定时隙（+SV）插入一个调整比特，负调整就是在指定位置（–SV）多传送一比特支路信息码，不调整就是按标称值正常传输。在收端分接时，也按调整指令实施恢复控制。

在正/0/负码速调整中，接收端的恢复电路中设置了支路时钟产生器，它可以产生 3 种时钟：f_i，f_i+f_{ms} 和 f_i-f_{ms}，其中 f_i 为支路标称频率，f_{ms} 为调整帧频。缓冲存储器的写入时钟为 f_m，读出时钟在上述 3 种时钟里选取，使其充分利用这些调整余量，获得良好的调整效果和技术性能。

在 3 种码速调整技术中，正码速调整技术调整速率高，设备简单，但不具备同步/准同步/数字交换兼容性；正/负码速调整技术调整速率高，设备较简单，但也只具备同步/准同步兼容；只有正/0/负码速调整技术具备同步/准同步/数字交换兼容性，但其调整速率低，调整过程长，设备复杂。

4.2.3　异步复接二次群帧结构

PCM 异步复接二次群是由 4 个 PCM 基群复接而成的。被复接的 4 个基群支路各有自己的时钟，虽然它们的标称数码率都是 2.048Mbit/s，但它们的瞬时数码率在 2.048Mbit/s±100bit/s 范围内变化。因此，在复接之前先要对各被复接支路进行码速调整，使各支路的数码率完全一致后再进行复接。在异步复接的码速调整中，包含了码速变换，即需要插入帧同步码、监视码、告警码、业务码及插入标志码等将支路速率从 2.048Mbit/s 提高到 2.112Mbit/s，同时还需要插入一些不含任何信息的码来调整各基群的数码率，以便使它们的瞬时数码率完全相等。

异步复接二次群的数码率是 8.448Mbit/s。根据 ITU-T G.742 建议，二次群异步复接的帧周期为 100.38μs，帧长为 848bit，每个复接支路为 212bit。这 212bit 安排如图 4-13 所示，在支路子帧中除了信息码外，还插入了用于提高和调整码速率的复接帧同步码、监视码、告警码、插入标志码和无信息脉冲的码位。图中，F_{11}，F_{12} 和 F_{13} 是第一支路中安排的复接帧同步码位和业务码位；V_1 是用于码速调整的插入码码位，在不需要时传信息码。对于标称数码率为 2.048Mbit/s 的支路，一个帧周期的 212bit 中平均包含信息码的个数为

$$\frac{2.048\times10^6}{2.112\times10^6}\times212 = 205.576\text{bit}$$

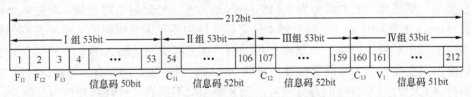

图 4-13　基群支路子帧码位示意图

帧同步码、业务码和插入标志码共有 6 个，所以平均每帧插入的无信息 V 码为 $212-6-205.576 = 0.424$ 个，即大约每 $\frac{1}{0.424} = 2.36$ 帧插入一个无信息脉冲；C_{11}、C_{12} 和 C_{13} 第一支路的插入标志码，其作用是通知接收端该帧有无 V 码插入，以便接收端码速恢复时能准确地消除插入的无信息脉冲。当标志码为"111"时，表示该帧 V 码的位置为插入的无信息脉冲，标志码为"000"时，表示该帧 V 码位置不是插入的无信息脉冲，而是信息码。在二次群中采用 3 位标志码，其目的是为了防止由于信道误码而导致的收端错误判决。由于采用 3 位标志码，在接收端码速恢复时用大数判决来检测每帧 V 码位置是否为插入的无信息脉冲，即

在接收端每一支路收到的 3 位插入标志码中，当有两位及以上为"1"时，表示此帧对应的 V 码位置为插入的无信息脉冲；当有两位以上为"0"码时，表示 V 码位置为信息码。如果信道的误码率为 P_e，则按大数判决后，其正确判断的概率为

$$3P_e^2(1-P_e)+(1-P_e)^3=1-3P_e^2+2P_e^3$$

例如，当 $P_e=10^{-3}$ 时（最坏情况），正确判断的概率为 $1-3\times10^{-6}+2\times10^{-9}=0.999\,997$ 以上。若只用一位插入标志码，其正确判断的概率为 $(1-P_e)=1-10^{-3}=0.999$。可见，采用大数判决的方法，可靠性大为提高。

二次群复接的 4 个基群支路经过码速调整后，码速率从标称值 2.048Mbit/s 调整到统一的 2.112Mbit/s，然后 4 个基群支路按位复接成二次群的总码流，其码速率为 8.448Mbit/s。帧结构如图4-14所示。图中 F_{11}、$F_{21}\sim F_{24}$ 共 10 个比特用来发送复接帧同步码，其码型为 1111010000，F_{33} 用于告警码，F_{34} 为国内备用码；$C_{11}\sim C_{41}$、$C_{12}\sim C_{42}$ 及 $C_{13}\sim C_{43}$ 分别为 4 个基群支路的插入标志码；V_1、V_2、V_3 和 V_4 分别为 4 个基群支路码速调整时插入的无信息脉冲位置，在不需要插入时，传信息码。在二次群复接帧结构中共有 24～28bit 的插入码。

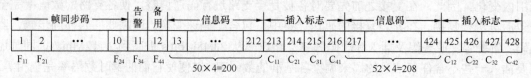

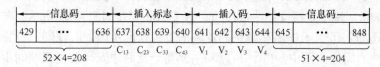

图 4-14　异步复接二次群帧结构

4.2.4　二次群异步复接系统构成

二次群异步复接系统构成框图如图 4-15 所示。

在复接端，复接器产生主时钟为 8.448Mbit/s 的方波，经定时电路分频，产生 4 个相位不同的 2.112Mbit/s 的复接时钟，分别送到 4 个复接支路中用于调整码速的 4 个缓冲存储器，作为码速调整的读出时钟。以第一个复接支路为例，在复接支路的输入端首先将接收到的线路基群信码流的码型变为不归零的单极性二进码 NRZ 码，并提取 2.048MHz 的基群时钟 CKW_1。基群支路时钟 CKW_1 经 8 分频电路分频后得到 8 个相位不同的位时钟脉冲作为写脉冲，将 T_1 支路的信号（NRZ 码）按路时隙 8 位码写入存储器。由复接器主时钟分频得到的 2.112MHz 复接时钟，经比较相位（PD）和控制电路（CK_1）形成读时钟 CKR_1，CKR_1 经 8 分频电路分频后得到 8 个相位不同的位时钟脉冲作为读脉冲，串行地读出存储器中存储的信码。读时钟 CKR_1 已经控制电路扣除了在应插入附加码位处的节拍，并且在比较器中比较 CKW_1 和 CKR_1 两个时钟的相位差，当相位小到一定值时，CK_1 电路就扣除 V_1 处的一位，即塞入一个 V 脉冲，同时 CK_1 电路输出一个塞入指示信号 JE_1。JE_1 信号控制编码电路编出 3 位插入标志码 C_1、C_2、C_3 和一位插入码 V_1。其他 3 个复接支路原理与第一个复接支路相同。从 4 个缓冲存储器读出的 4 个复接支路信码流 T_1'、T_2'、T_3' 和 T_4' 在多路合成电路中与复接帧同步码、告警码、插入标志码和插入的无信息码进行合路，形成二次群信号码流输出。

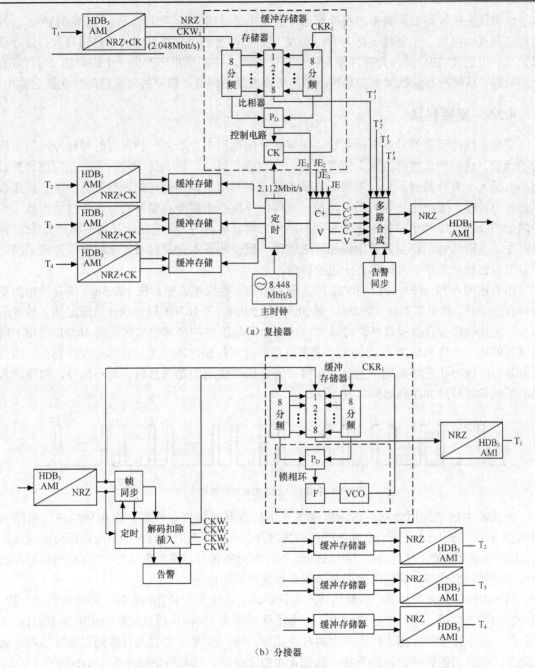

（a）复接器

（b）分接器

图 4-15 二次群异步复接系统构成框图

在接收端，从线路传来的二次群信号码流先要变换为 NRZ 码，分接器的定时系统从 NRZ 码流中提取主时钟，然后检出帧同步码进行控制，公务码检出电路检出告警码等。在实现帧同步后，将二次群的总信码流按比特进行分接。分接后的 4 个复接支路信号分别送到 4 个缓冲存储器进行码速恢复。缓冲存储器的写入时钟是由定时系统产生的 4 个相位不同的 2.112MHz 的时钟脉冲，这个时钟信号是扣除了帧同步码、公务码及该支路插入标志码和插入的无信息脉冲 V 码后得到的不均匀的缺齿时钟 f_m'，用这个写时钟写入的信息码是不均匀的。

为了恢复原来的支路基群速率，缓冲存储器的读出时钟应为基群时钟，这个基群时钟由 f_m 经锁相环得到。以第一个复接支路为例，CKW_1 以 f_m' 将第一个复接支路的信息码写入弹性存储器，另一方面 CKW_1 又作为时钟恢复锁相环的输入，控制锁相环产生一个均匀的 2.048MHz 读出时钟，从缓冲存储器读出信息码，即为所要恢复的码流。恢复的码流经码型变换后输出。

4.2.5 复接抖动

采用正码速调整的异步复接系统，在复接分接过程中会产生一种定时时钟脉冲间隔不均匀的现象，这种现象被称为插入定时抖动，简称插入抖动。插入抖动是由于在正码速调整过程中，插入了复接帧同步码、告警码、插入标志码和用于调整码速的无信息脉冲等。在接收端进行分接时，要把这些插入码扣除掉，这样，分接器中缓冲存储器的写入时钟就形成了一种缺齿的脉冲 f_m'。读出时钟应该是时间间隔均匀的基群时钟，但它是由缺齿的脉冲 f_m' 脉冲恢复产生。基群时钟的产生通常由锁相环来实现，但锁相环本身是以误差来调整误差的系统，所以经过锁相后的读出时钟仍有一定的抖动。

由前述图 4-13 可知，PCM30/32 路基群支路信号经码速调整后在 100.38μs 的复接帧周期内共有 212bit，其中第 1bit、第 2bit、第 3bit、第 54bit、第 107bit 和 160bit 是固定插入脉冲的位置。在接收端分接器提取基群时钟时，这 6 个码位的脉冲全部被扣除。第 161bit 是用于码速调整的插入无信息脉冲 V 的码位，若在复接时此码位插入的是无信息脉冲 V，则在分接器提取基群时钟时也应将此码位的脉冲扣除；若该码位传送的是信息码，则不扣除。扣除插入码后的缺齿时钟脉冲序列如图 4-16 所示。

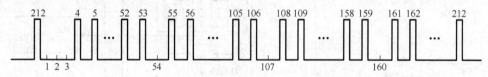

图 4-16 扣除插入脉冲后的时钟脉冲序列

分接器中通常采用锁相环作为码速恢复用的基群时钟提取电路。锁相环组成方框图如图 4-17 所示。图 4-16 所示为有缺齿的时钟脉冲序列（即写入时钟脉冲）作为锁相环的输入信号，压控振荡器 VCO 产生的是 2.048Mbit/s 的方波时钟信号。输入信号与 VCO 输出信号在鉴相器中进行相位比较，其输出的误差电压含有多种频率成分。

（1）扣除复接帧同步码、告警码等产生的抖动。由于每一帧扣除一次，即每帧抖动一次，每一次扣除 3 位码，故抖动分量较大。因为帧周期约为 100μs，所以此抖动频率为 10kHz。

（2）由于扣除插入标志码而产生的抖动成分。每一帧有 3 个插入标志码要扣除，再考虑扣除第 1 位帧码的影响，相当于每一帧有 4 次扣除抖动，故其抖动频率为 40kHz。

（3）扣除用于码速调整而插入的无信息脉冲 V 码产生的抖动成分，即指扣除第 161 位 V 脉冲所产生的抖动。V 脉冲不是每一帧都插入的，不插入时第 161 位用来传送信息。由于平均 2.36 帧扣除一个 V 码，故其产生的抖动频率约为 4kHz。

此外，还有脉冲插入等候时间抖动。在正码速调整过程中，当缓冲存储器的写入时钟与读出时钟的相位差小到一定值时，插入控制电路将发出插入指令，并在允许的位置上插入一个无信息码。由于在一个复接帧内，只设置了一个插入码位，并且位置固定，只能在这个固定位置上插入，其他位置不能插入。这样在两个允许插入的位置之间，有一定的时间间隔，而插入请求却可能随时发生。

因此，当插入指令发出后，插入脉冲的动作通常不能立即进行，而要等到下一帧的插入码位才能进行。所以在插入请求和插入动作之间通常有一段等候时间，即有相位积累的问题。由于存在这段等候时间，在 3 种基本插入抖动之外，又增加了一个新的抖动成分，这个抖动称为等候抖动。

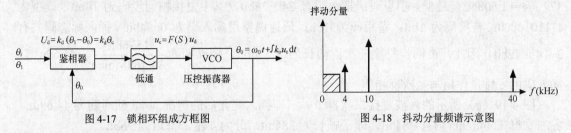

图 4-17　锁相环组成方框图　　　　　　　　　图 4-18　抖动分量频谱示意图

抖动分量频谱如图 4-18 所示。其中对于 10kHz 以上的高频抖动分量，很容易被锁相环的低通滤波器所滤除；对于 4kHz 以下的抖动分量，特别是接近零频的等候抖动是无法完全滤除的，这就是复接设备输出抖动的主要成分。实际中，只要缓冲存储器的容量足够大，就可以将抖动限制在所要求的范围内。

4.3　PCM 高次群

随着集成技术的发展和传输介质的光纤化，PCM 高次群在数字传输中得到广泛应用。前面介绍的数字复接基本概念、基本原理，主要是以二次群为例分析的，高次群的复接原理与二次群相似。本节简要介绍异步复接的三次群、四次群和五次群的帧结构。

4.3.1　PCM 三次群帧结构

PCM 三次群的帧结构如图 4-19 所示。根据 ITU-T G.751 建议，PCM 三次群复接速率为

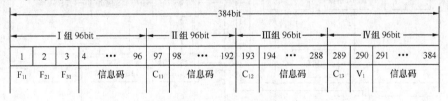

（a）二次群支路子帧码位安排示意图

帧同步码						告警	备用	信息码		插入标志码		信息码		插入标志码		信息码	
1	2	3	4	···	9	10	11	12	13 ··· 384	385	386	387	388	389 ··· 768	769	770	771	772	773···1152
F_{11}	F_{21}	F_{31}	···		F_{13}	F_{23}	F_{33}	F_{43}	94×4=372	C_{11}	C_{21}	C_{31}	C_{41}	95×4=380	C_{12}	C_{22}	C_{32}	C_{42}	95×4=380

插入标志码				码速调整用插入码或信息码				信息码	
1153	1154	1155	1156	1157	1158	1159	1160	1161 ··· 1536	
C_{13}	C_{23}	C_{33}	C_{43}	V_1	V_2	V_3	V_4	94×4=376	

（b）三次群结构

图 4-19　异步复接三次群帧结构

34.368Mbit/s，有 480 个话路，它是由 4 个支路速率为（8.448±30 × 10^{-6}）Mbit/s 的二次群分别进行码速调整，将其速率统一调整成 8.592Mbit/s，然后按位复接成三次群的。

异步复接三次群中，每一个被复接支路的原信息码为 377bit，4 个支路共有 377 × 4 = 1 508bit（最少）信息码。插入码有 24～28bit，其中复接帧同步码为 10bit，码型为 1111010000；告警码为 1bit；备用码为 1bit；码速调整用插入码为 0～4bit；插入标志码共有 3 × 4 = 12bit。因此，准同步复接三次群帧长为 1 536bit，帧周期为 $\dfrac{1536bit}{34.368Mbit/s} \approx 44.69\mu s$。插入码的安排及作用与二次群相似。

图 4-19（a）所示的为被复接二次群子帧（即插入码元后的情况）。其帧周期为 44.69μs，各二次群在 44.69μs 内有 384bit，即子帧长为 384bit，分为 4 组，每组为 96bit。

实现 PCM 三次群异步复接设备的方框图如图 4-20 所示。

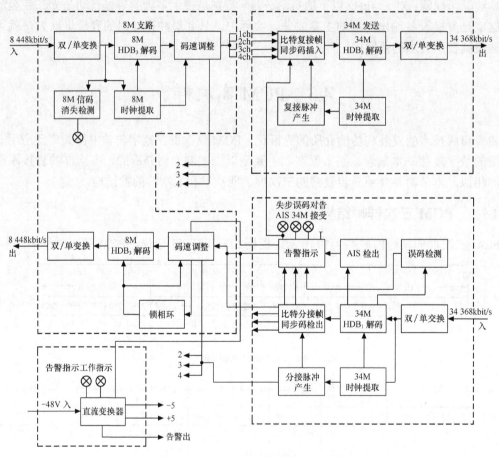

图 4-20 PCM 三次群异步复接设备方框图

4.3.2 PCM 四次群帧结构

PCM 四次群的帧结构如图 4-21 所示。根据 ITU-T G.751 建议，PCM 四次群复接速率为 139.264Mbit/s，有 1920 个话路，它是由 4 个支路速率为（34.368 ± 20 × 10^{-6}）Mbit/s 的三次群分别进行码速调整，将其速率统一调整成 34.816Mbit/s，然后按位复接成四次群的。

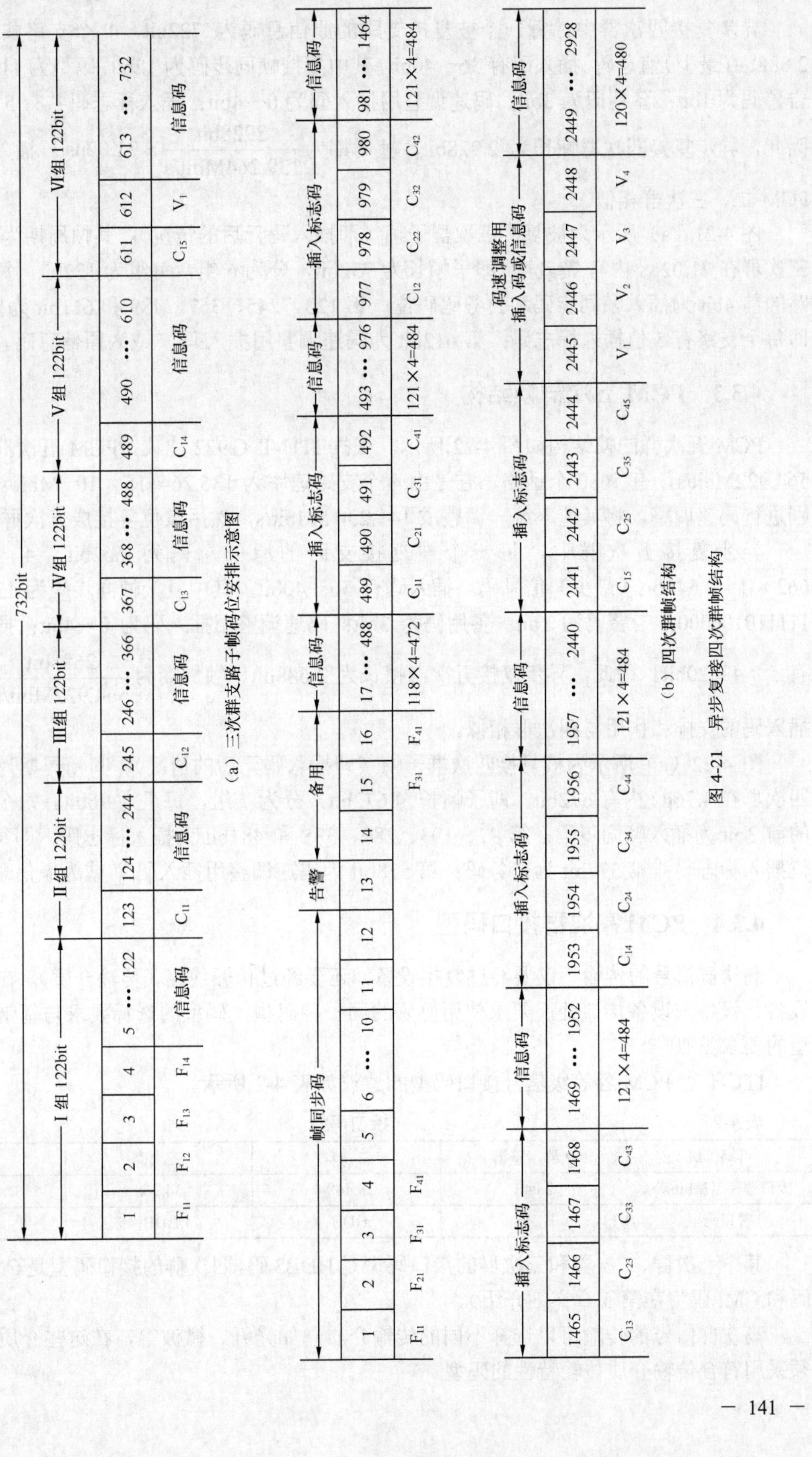

（a）三次群支路子帧码位安排示意图

（b）四次群帧结构

图 4-21　异步复接四次群帧结构

异步复接四次群中，每一个被复接支路的原信息码为 722bit，4 个支路共有 $722 \times 4 = 2\,888\text{bit}$（最少）信息码。插入码有 36～40bit，其中复接帧同步码为 12bit，码型为 111110100000；告警码为 1bit；备用码为 3bit；码速调整用插入码为 0～4bit；插入标志码共有 $5 \times 4 = 20\text{bit}$。因此，异步复接四次群帧长为 2 928bit，帧周期为 $\dfrac{2928\text{bit}}{139.264\text{Mbit/s}} \approx 21.02\mu s$。插入码的作用与 PCM 二、三次群相似。

图 4-21（a）所示为被复接三次群子帧（即插入码元后的情况）。其帧周期为 21.02μs，各三次群在 21.02μs 内有 732bit，即子帧长为 732bit，分为 6 组，每组为 122bit。每个三次群支路的前 4bit 为插入帧同步码和公务码码位；第 123、245、367、489 和 611bit 为插入标志码，即每个支路有 5 位插入标志码；第 612bit 为码速调整用插入码 V 或为原信息码。

4.3.3　PCM 五次群帧结构

PCM 五次群的帧结构如图 4-22 所示。根据 ITU-T G.922 建议，PCM 五次群复接速率为 564.922Mbit/s，有 7680 个话路，它是由 4 个支路速率为 $136.264 \pm 15 \times 10^{-6}\text{Mbit/s}$ 的四次群分别进行码速调整，将其速率统一调整成 141.230 5Mbit/s，然后按位复接成五次群的。

异步复接五次群中，每一个被复接支路的原信息码为 662bit，4 个支路共有 $662 \times 4 = 2\,648\text{bit}$（最少）信息码。插入码有 36～40bit，其中复接帧同步码为 12bit，码型为 111110100000；告警码为 1bit；备用码为 3bit；码速调整用插入码为 0～4bit；插入标志码共有 $5 \times 4 = 20\text{bit}$。因此，异步复接五次群帧长为 2 688bit，帧周期为 $\dfrac{2688\text{bit}}{564.922\text{Mbit/s}} \approx 4.76\mu s$。插入码的安排和作用与四次群相似。

图 4-22（a）所示为被复接四次群子帧（即插入码元后的情况）。其帧周期为 4.76μs，各四次群在 4.76μs 内有 672bit，即子帧长为 672bit，分为 7 组，每组为 96bit。每个四次群支路的前 3bit 为插入帧同步码；第 97、193、289、385 和 481bit 为插入标志码，即每个支路有 5 位插入标志码；第 577bit 为公务码；第 578bit 为码速调整用插入码 V 或为原信息码。

4.3.4　PCM 高次群接口码型

高次群信号的传输不仅要经过复接设备，还要经过传输线路（传输介质）。在线路与复接设备、设备与设备接口处，要求使用协议的同一种码型，码型的选择要求与基带传输时对码型的要求类似。

ITU-T 对 PCM 各等级信号接口码型的建议如表 4-2 所示。

表 4-2　　　　　　　　　　　　　　　　接口码型

群路等级	一次群（基群）	二次群	三次群	四次群
接口速率（Mbit/s）	2.048	8.448	34.368	139.264
接口码型	HDB$_3$	HDB$_3$	HDB$_3$	CMI

其中一次群、二次群和三次群的接口码型是 HDB3 码，四次群的接口码型是 CMI 码（HDB3 码和 CMI 码将在第 5 章详细介绍）。

高次群信号的传输可以选择不同的传输介质，如光纤、微波等，在这些介质中传输，必须采用符合传输介质传输特性的码型。

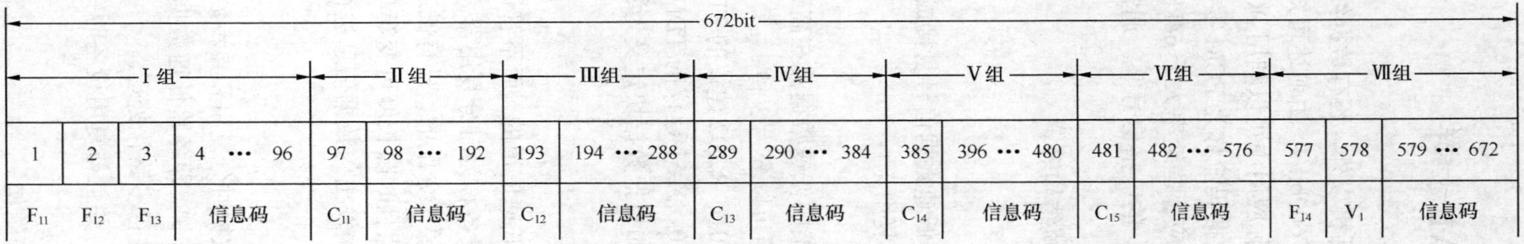

（a）四次群支路子帧码位安排示意图

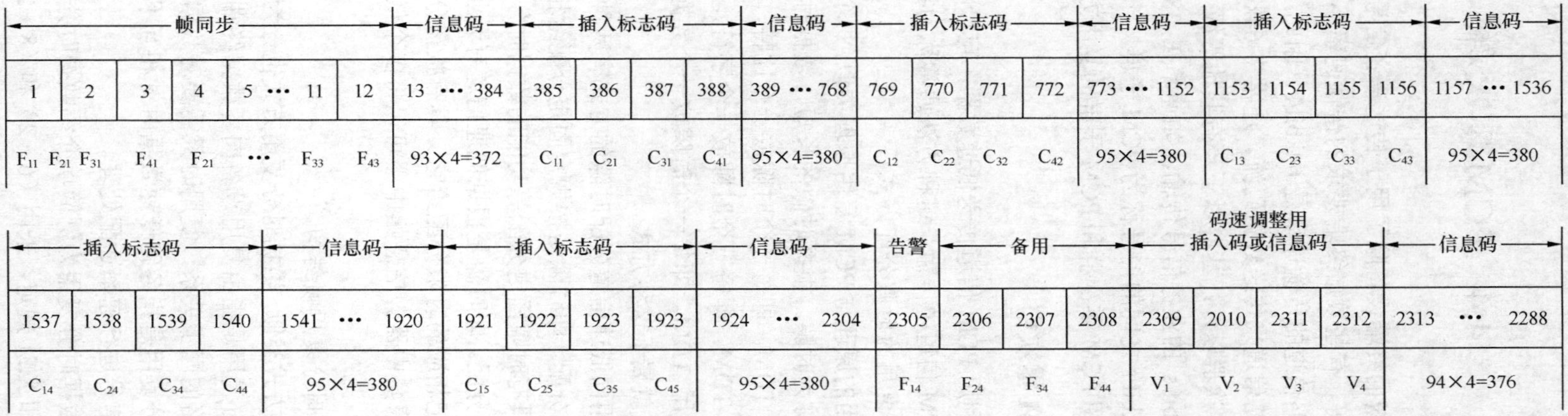

（b）五次群帧结构

图 4-22　异步复接五次群帧结构

4.4 PCM 零次群、PCM 子群

数字通信系统的终端设备除了用于传送语音信号的电话机以外，还有数据终端，如电报、传真机、计算机等，有些数据终端要求的传输速率不高于 9 600bit/s。由前述可知，PCM30/32 路系统每一个话路信道的传输速率是 64kbit/s，因此，在实际应用中可以利用 PCM30/32 路系统的任意一个话路信道来传送数据码流。通常将 64kbit/s 数据码流称为 PCM 零次群。

除了 PCM 零次群以外，基群以下还有其他等级，以适应那些速率大于 64kbit/s 而又小于基群速率 2 048kbit/s 的业务信号传输，如速率在 384kbit/s 的广播信号等。通常将速率介于 64kbit/s 和 2 048kbit/s 之间的信号称为 PCM 子群。

本节主要介绍 PCM 零次群和 PCM 子群的复用方式、帧结构等。

4.4.1 PCM 零次群

为了有效地利用 PCM 信道传送低速数据，可以将多个低速数据信号复接成一个 64kbit/s 的话路通道在 PCM 信道中传输，这种方法通常称为零次群复用。

1. 数据时分复用的时隙分配方式

数据时分复用的原理与 PCM 复用原理类似，每个被复接的低速数据流在高速数码流结构中占用的时间段称为时隙。根据时隙的长短，数据时分复用可以分为 3 种。

① 比特复用 TDM。即每一个时隙放一个比特，如 R.101、R.102 建议的 TDM。

② 字符复用 TDM。即每一个时隙放一个字符，如 X.50、X.51 建议的 TDM。

③ 数据块复用 TDM。即每一个时隙放一个数据块，如果把数据块定义为数据分组，则 X.25J 建议的方式就属于这种方式。

数据时分复用向低速信道分配时隙的方式有两种。

① 时隙固定分配。即时隙是按规定固定分配给相应的低速信道的，而不管该低速信道是否有业务需求。具有时隙固定分配等功能的数据时分复用设备称为时分复用器。

② 时隙按需分配。即时隙是根据低速信道有无业务需要来分配的，只有低速信道有信息需要传送时，才把相应的时隙分配给它。具有按需分配时隙且时隙长度可变等功能的数据时分复用器称为信息集中器。信息集中器可以将多个低速终端发出的数据信息进行汇集处理后传输。

2. 同步数据时分复用帧结构

与 PCM 复用方式类似，数据时分复用方式也分为同步数据时分复用和异步数据时分复用。

同步数据时分复用是指由复用设备向各数据终端提供时钟，即各路低速数据时钟与 TDM 设备时钟保持严格的同步关系，复用时只需要对数据信号进行多路化处理。

异步数据时分复用是指各路低速数据时钟相互不同步，并且与复用设备时钟不同步，复用时需要对数据信号进行速率适配处理。

下面以同步数据时分复用为例简单介绍数据时分复用帧结构。

ITU-T X.50 和 X.51 规定，采用（6＋2）和（8＋2）包封格式将同步的用户数据流复用成 64kbit/s 的零次群信号。（6＋2）和（8＋2）包封格式如图 4-23 所示。

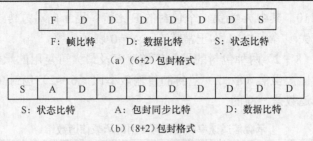

F	D	D	D	D	D	D	S

F：帧比特　　　　D：数据比特　　　　S：状态比特

（a）（6+2）包封格式

S	A	D	D	D	D	D	D	D	D

S：状态比特　　　A：包封同步比特　　　D：数据比特

（b）（8+2）包封格式

图 4-23　两种包封格式

采用（6+2）包封，每一个包封由 8bit 构成，其中含 6 个数据（D）比特，1 个帧（F）比特，1 个状态（S）比特。帧（F）比特用于复用时构成同步序列；状态（S）比特用来表示 6 个数据比特的内容，S = 1 表示 D 为数据信息，S = 0 表示 D 为控制信息。为了使（6+2）包封能更有效地传送 8bit 字符，X.50 建议中规定，用 4 个（6+2）包封组成包封组来传送 3 个 8bit 字符，包封组构成如表 4-3 所示。

表中 A_i、B_i 和 C_i 为 3 个 8bit 字符，S_1 为 A_i 字符的状态比特，S_2 为 B_i 字符的状态比特，S_3 为 C_i 字符的状态比特，S_4 是供给 4×8bit 包封组同步用。

采用（8+2）包封时，每一个包封由 10kbit/s 构成，其中含 8 个数据比特，1 个状态比特和 1 个包封同步（A）比特，A 比特用于包封本身的同步调整。

表 4-3　　　　　　　　　　　　　　　（6+2）包封组构成

F_1	A_1	A_2	A_3	A_4	A_5	A_6	S_1
F_2	A_7	A_8	B_1	B_2	B_3	B_4	S_2
F_3	B_5	B_6	B_7	B_8	C_1	C_2	S_3
F_4	C_3	C_4	C_5	C_6	C_7	C_8	S_4

两种包封格式相比较，（6+2）包封格式一个包封只含有 6 个数据比特，一个字符 8bit 需要安排在两个包封中传输，因此这种格式没有（8+2）包封方便。但是在 PCM 系统信道中，信号都是以 8bit 组为传输单位，因此（6+2）包封格式形成的复用帧容易与 PCM 通信系统相一致，所以被广泛采用。

ITU-T X.50 建议规定，一个完整的 64kbit/s 帧由 20 个（6+2）包封比特码组组成，其结构如图 4-24 所示。

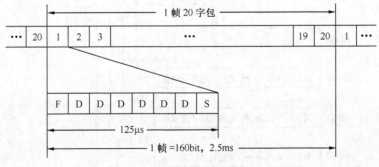

图 4-24　64kbit/s 复用帧结构

64kbit/s 复用帧每帧长 2.5ms，共 160bit。每个（6+2）包封称为一个数据包。每一个包封的第一比特 F 组成复用帧同步码，所以一个完整的帧同步码组为 20bit，码型为

A1101001000010101110。其中 A 为第一个包封的 F 比特，用于向对方传送本地的告警信号，如输入信号中断、帧失步等。A＝1 为正常状态，A＝0 表示告警。

传送（6＋2）和（8＋2）两种包封的承载信道速率及最大可复用的承载信道数目如表 4-4 所示。从表中可以看出，虽然（8＋2）包封的传输效率比（6＋2）包封高一些，但数字信道最大可复用的承载信道数是一样的。

表 4-4　　　　　　　　　承载信道速率及最大可复用的承载信道数

用户数据速率（kbit/s）		9.6	4.8	2.4
承载信道速率（kbit/s）	（6＋2）包封	12.8	6.4	3.2
	（8＋2）包封	12	6	3
最大可复用的承载信道数		5	10	20

低速用户数据时分复用时通常有两种情况：各低速数据通道的速率完全一致，即均匀速率通道复用和各低速数据通道速率允许不同的混合速率复用。在均匀速率通道复用时，一个速率为 3.2kbit/s 的数据通道就对应于每一个 64kbit/s 帧中的一个 8bit 数据包时隙，即最大可复用 20 个承载信道速率为 3.2kbit/s 的信道数。在混合速率通道复用时，每个 12.8kbit/s 速率通道要占用 4 个 8bit 数据包时隙，6.4kbit/s 速率通道要占用两个 8bit 数据包时隙。

数据信号通过数字信道传输即零次群复用方框图如图 4-25 所示。零次群数据复用设备是数据用户终端的接口设备。它用于在专用线上把带有 RS-232C 接口的同步型或异步型的各型计算机、III 类传真机等接入零次群复用设备，复用成 64kbit/s 的数据流可以直接进入 PCM 数字复用设备的一个数据通道，以便在更高速率的数字信道上传输，如光纤传输系统、数字微波传输系统等。

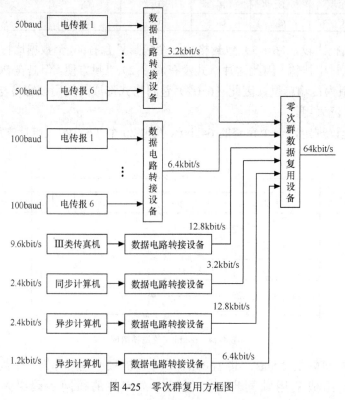

图 4-25　零次群复用方框图

4.4.2　PCM 子群

由前述可知，PCM 子群速率介于 64kbit/s 和 2 048kbit/s 之间，各国根据本国的情况选择自己的子群速率。子群速率的选择主要考虑以下几个因素。

① 复接速率与其他等级相配合并有一定的规则性。

② 与某些业务种类相匹配，如速率在 384kbit/s 左右的广播信号。

③ 与某些传输媒介相匹配，如普通电缆、无线电台在经济应用的情况下，只适合传输500kbit/s 以下的信号。

ITU-T 推荐了两种子群速率，即用于广播节目的 384kbit/s 和用于用户环路双向数字传输的 160kbit/s。在我国，为适应农村电话通信，有关部门推荐以 704kbit/s（PCM10）作为一级子群速率，其帧结构如图 4-26 所示。

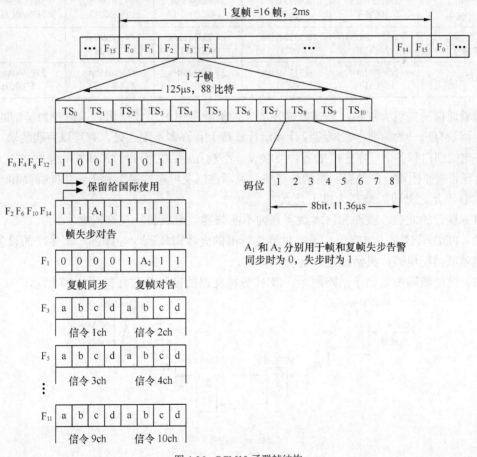

图 4-26　PCM10 子群帧结构

每复帧有 16 帧（$F_0 \sim F_{15}$），每帧有 11 时隙（$TS_0 \sim TS_{10}$），其中 $TS_1 \sim TS_{10}$ 传送 10 个话路，TS_0 传送帧同步、复帧同步和信令码。帧周期为 125μs，每帧共 88bit，总数码率为（$704 \pm 50 \times 10^{-6}$）kbit/s。该子帧复接成一次群需要解帧同步复用。

4.5 SDH 概述

4.5.1 准同步数字体系的不足

准同步数字体系（PDH）是一种基于数字语音信号的时分多路组群方案。PDH 分为 3 种系列速率等级标准（见表 4-5），ITU-T 规定在两种系列对接时向欧洲标准靠拢。

表 4-5　　　　　　　　　　　准同步数字体系的组群方案

国家	数字体系等级				
	一次群	二次群	三次群	四次群	五次群
欧洲 中国	2.048Mbit/s （30CH）	8.448Mbit/s （120CH）	34.368Mbit/s （480CH）	139.264Mbit/s （1920CH）	564.992Mbit/s （7680CH）
美国 加拿大	1.544Mbit/s （24CH）	6.312Mbit/s （96CH）	44.736Mbit/s （672CH）	274.176Mbit/s （4032CH）	
日本	1.544Mbit/s （24CH）	6.312Mbit/s （96CH）	32.064Mbit/s （480CH）	97.728Mbit/s （1440CH）	397.200Mbit/s （5760CH）

随着通信网向着大规模、高速方向发展，通信业务也更加多样化。以语音为基础的 PDH 系列全网没有统一的标准，在网络设计和运行管理上有许多不便之处，有难以克服的缺点。例如，各电信部门和各个厂家生产的各种终端设备不能互连，它们的制式和性能差别也较大，从而给管理带来了困难，并使得网络的经济性、灵活性以及可靠性得不到进一步的提高和改善。

PDH 不足之处可以概括为以下几点。

（1）现行的北美、欧洲和日本数字系列不能兼容，造成国际互连困难。

（2）PDH 只建立了电接口。没有世界性标准的光接口规范，导致各厂家生产的设备无法互通和难以调配电路，灵活性差，运营成本高。

（3）通信线路中途上下话路困难，PDH 分插支路的信号的过程如图 4-27 所示。

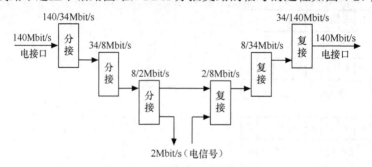

图 4-27　PDH 中分插支路信号的过程

（4）复用方式大多采用按位复接，虽然节省了复接所需的缓冲存储器容量，但不利于以字为单位的现代信息交换。

（5）准同步复用结构缺乏灵活性，使数字通信设备的利用率低。

（6）复用信号的结构中用于网络运行、管理、维护（OAM）的开销量少，使维护和管理能力得不到提高，从而使光线路系统的可靠性不能得到进一步的改善。

为了克服 PDH 固有的缺点，满足人们对通信日益增长的各种要求，ITU-T 在 1988 年正式接受并命名为同步数字体系（SDH）作为国际新的标准。SDH 由 G.707、G.708 和 G.709 三个标准组成，它明确规定了信息结构等级、帧结构、光接口标准、设备功能、传输网结构等重要内容。SDH 主要应用于同步光纤网，也用于数字微波和数字卫星通信。SDH 具有信息传输的高度灵活性、可靠性及可实现性的特点。

4.5.2　同步数字体系的概念

同步数字体系（Synchronous Digital Hierarchy，SDH）是一种传输体制。

SDH 传输网由 SDH 网络单元组成。在光纤或其他传输介质上，SDH 传输网可以完成同步信息的传输、复用和交叉连接。SDH 的基础模块被称为 STM-1，更高等级的模块有 STM-4、STM-16 和 STM-64。

4.5.3　同步数字传输网的特点

新型的 SDH 传输网克服了 PDH 传输网的不足，与 PDH 传输网相比，它有以下主要特点。

（1）采用全世界统一的传输体系及网络节点接口（NNI），即 STM-1 中既可复用 2Mbit/s 系列信号，又可复用 1.5Mbit/s 系列信号，使两大 PDH 系列在 STM-1 中得到统一，便于实现国际互通，也便于顺利地从 PDH 向 SDH 过渡，体现了后向兼容性。

（2）SDH 网有标准的光接口规范，允许不同厂家的设备在光路上互通，实现横向兼容。

（3）灵活的分插功能。SDH 以 155Mbit/s 基本模块，采用指针调整技术和同步复用（字节间插复用）方式，简化了数字复接分接过程，可直接从 STM-N 中灵活地上下支路信号，无需通过逐级复用实现分插功能，减少了设备的数量，简化了网络结构，节省了成本。

（4）强大的网管能力。SDH 帧结构中安排了足够的开销比特（约占信号的 5%），包括段开销（SOH）和通道开销（POH），可用于监控设备的告警和性能，进行网络配置、倒换、公务联络等。

（5）SDH 采用指针调整技术，有效地避免了采用同步传输时，因网络节点之间时针差异所产生的"滑码"现象，避免了因帧调整过程所产生的信号时延。

（6）SDH 具有强大的自愈能力和强大的网络生存性。SDH 交叉连接设备的引入，加上智能检测装置，便于根据需要选择带宽，动态配置网络容量，实现全网的故障定位和网络自愈能力。

（7）SDH 能支持异步转移模式（ATM）、窄带和宽带的综合业务数字网。

SDH 特点中最核心的有 3 点，即同步复用、标准光接口和强大的网络管理能力。

4.6　SDH 的速率和帧结构

4.6.1　网络节点接口

一个电信传输网原则上由两种基本的设备构成，即传输设备和网络节点设备。传输设备有光缆线路系统、微波接力系统和卫星通信系统。

网络节点有多种，简单的节点仅有复用功能，复杂的网络节点可实现终结、复用、交叉连接和交换功能。网络节点接口（NNI）从概念上是网络节点之间的接口，从具体实现上看就是传输设备和网络节点之间的接口。

图 4-28 所示为 SDH 网络节点接口安排，包括 SDH 复用设备（SM）和其他 SDH 网络设备。有线/无线传输系统接口点称网络节点接口（NM），而复用设备和外部接入设备（EA）另一接口端的接口信号称为支路信号（TR）。

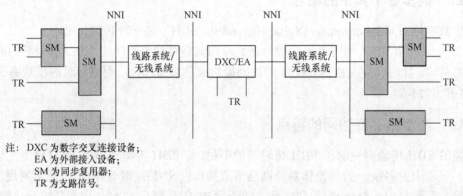

注： DXC 为数字交叉连接设备；
　　EA 为外部接入设备；
　　SM 为同步复用器；
　　TR 为支路信号。

图 4-28　SDH 网络节点接口安排

在电信网中，规范一个统一的 NNI 的先决条件是要有一个统一规范了的接口速率和信号的帧结构。SDH 网具备了这个条件，从而能对 SDH 网的 NNI 给出统一的国际化规范。

4.6.2　同步数字体系的速率

SDH 具有统一规范的速率。SDH 信号以同步传送模块（STM）的形式传输。STM 是一种用以支持 SDH 内的段层连接的信息结构，它由信息净负荷、段开销（SOH）和 AU 指针构成，组织成块状帧结构，其周期为 125μs。

SDH 信号最基本的同步传送模块是 STM-1，其网络节点接口速率 155 520kbit/s，更高等级的 STM-N 信号是将基本模块信号 STM-1 以字节交错间插同步复用的结果，其中 N = 1，4，16，64。表 4-6 所示为 ITU-T G.707 建议规范的 SDH 标准速率值。

表 4-6　　　　　　　　　　　　　　　SDH 信号标准模块速率

SDH 等级	速率（bit/s）	SDH 等级	速率（kbit/s）
STM-1	155 520	STM-16	2 488 320
STM-4	622 080	STM-64	9 953 280

4.6.3　SDH 帧结构

帧结构的安排应该尽可能使支路信号在一帧内均匀地、有规律地分布，以便实现支路的同步复用、交叉连接（DXC）、接入/取出（上/下—Add/Drop）和交换。为此，ITU-T 采纳了一种以字节结构为基础的矩形块状帧结构，其结构安排如图 4-29 所示。

STM-1 帧长度为 2 430(270 × 9)字节，相当于 19 440(2 430 × 8)比特；一帧的周期为 125μs，信号比特速率为 155.520(270 × 9 × 8/125)Mbit/s，帧频 8kHz(155 520kbit/s ÷ 19 440bit)，即每秒

传送 8 000 帧。

STM-N 由 270 × N 列 9 行组成，帧长度为 2 430 × N 字节，相当于 19 440 × N bit；信号比特速率为 N × 155 520kbit/s；帧频 8kHz，即每秒传送 8 000 帧；一帧的周期为 125μs。

由图 4-29 可知，帧结构中的字节是从左到右、自上而下按顺序传送的，整个帧结构分成段开销（SOH）、管理单元指针（AU-PTR）和信息净负荷（payload）3 个区域。

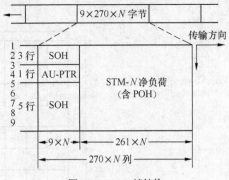

图 4-29　SDH 帧结构

1. 段开销区域

段开销（Section Overhead，SOH）是指 STM 帧结构中为了保证信息净负荷正确灵活地传送所必须附加的供网络运行、管理和维护（OAM）使用的字节。段开销进一步被分为再生段开销（RSOH）和复用段开销（MSOH）。

RSOH 位于 STM-1 帧结构中 1～9 列的 1～3 行和 STM-N 帧结构中(1～9) × N 列的 1～3 行，MSOH 位于 STM-1 帧结构中 1～9 列的 5～9 行和 STM-N 帧结构中 1～9 × N 行的 5～9 行。对于 STM-1 信息，每帧有 72 字节（576bit）用于段开销，占一帧数据量的 3%，即有 4.068Mbit/s 用于网络运行、管理和维护目的。因此，丰富的段开销是 SDH 传输网的一个重要特点。

2. 信息净负荷区域

信息净负荷（Payload）区域是帧结构中存放各种用户信息码块的地方，也存放少量用于通道性能的监视、管理和控制的通道开销（POH）字节。通常 POH 作为净负荷的一部分与信息码块一起在网络中传送。图 4-29 中横向第 10 × N～第 270 × N，纵向第 1～第 9 行的 2 349 × N 字节都属于净负荷区域。

3. 管理单元指针区域

管理单元指针（AU-PTR）区域存放指针字节，主要用来指示信息净负荷的第一个字节在 STM-N 帧内的准确位置，使接收端正确地进行信息分解。同时利用指针调整技术，也可以解决网络节点的时钟偏差。

图 4-29 中横向(1～9) × N 列，纵向第 4 行的 9 × N 字节是 AU-PTR 区域。

4.6.4　开销的类型和功能

SDH 帧结构中安排有两个类型不同的开销，即段开销（SOH）和通道开销（POH），它们分别用于段层和通道层的维护。

1. 段开销

（1）段开销安排

段开销（SOH）中包含有定帧信息、用于维护和性能监视的信息以及其他操作功能。段开销又分为再生段（中继段）开销（RSOH）和复用段开销（MSOH）。

再生段是指线路的一端或两端不包含 SDH 复用设备的区间，复用段指两端均没有复用设备的区间。RSOH 用于再生端终端间操作、管理、维护和配置（OAMP）数据的传输通道，MSOH 用于复用段终端即复用设备间的 OAMP 数据通道。每经过一个再生段更换一次 RSOH，每经过一个复用段更换一次 MSOH。

高等级 STM-N 的帧结构由低等级 STM-M（$M<N$）帧结构按字交错间插排列而成。各种不同 SOH 字节在 STM-1、STM-4、STM-16 和 STM-64 帧内的安排分别如图 4-30～图 4-33 所示。

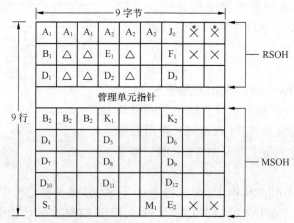

注：△ 为与传输介质有关的特征字节；
　　× 为国内使用的保留字节；
　　* 为不扰码字节；
　　所有未标记字节为将来国际标准确定（与传输介质有关的应用，
　　附加国内使用和其他使用）。

图 4-30　STM-1 SOH 字节安排

注：× 为国内使用保留字节；
　　* 为不扰码字节；
　　所有未标记字节将由国际标准确定（与传输介质有关的应用，附加国内使用和其他用途），
　　Z_0 为备用字节待将来国际标准确定；C_1 为老版本（老设备）；J_0 为新版本（新设备）。

图 4-31　　STM-4 SOH 字节安排

将图 4-30～图 4-33 对照比较即可明白字节交错间插复用的方法。以字节交错间插方法构成高阶 STM-N（$N>1$）段开销时，第一个 STM-1 的段开销被完整保留，其余 $N-1$ 个 STM-1 的段开销仅保留帧定位字节 A_1、A_2 和比特间插奇偶校验 24 位码字节 B_2，其他已安排的字节（B_1，E_1，E_2，F_1，K_1，K_2 和 D_1～D_{12}）均略去。

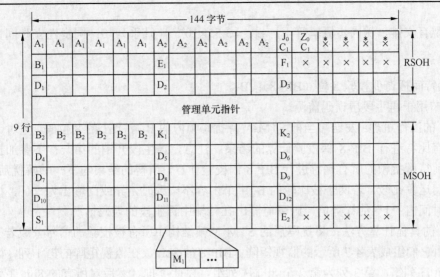

注：×为国内使用保留字节；
　　*为不扰码字节；
　　所有未标记字节待将来国际标准确定（与传输介质有关的应用，附加国内使用和其他用途），
　　Z_0待将来国际标准确定。

图 4-32　STM-16 SOH 字节安排

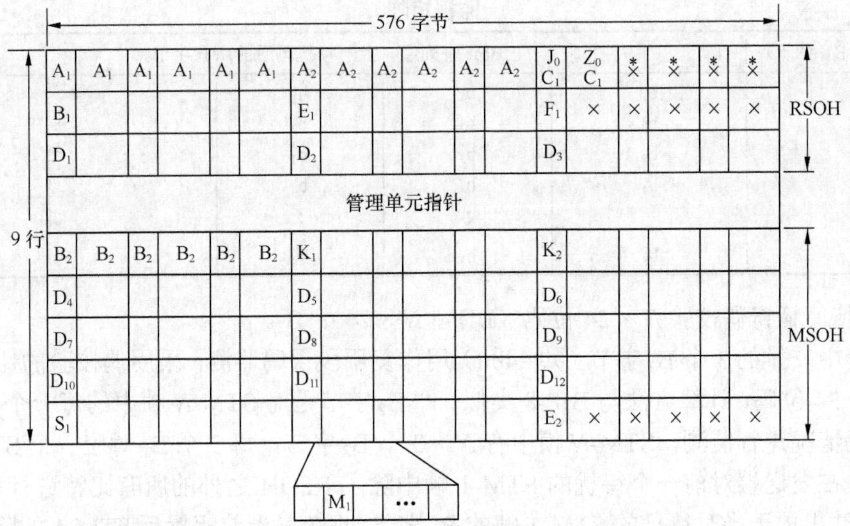

576 字节

9 行

管理单元指针

RSOH

MSOH

注：×为国内使用保留字节；
　　*为不扰码字节；
　　所有未标记字节待将来国际标准确定（与传输介质有关的应用，附加国内使用和其他用途），
　　Z_0待将来国际标准确定。

图 4-33　STM-64 SOH 字节安排

（2）段开销（SOH）字节的功能

① 帧定位字节：A_1，A_2。

SOH 中 A_1 和 A_2（$A_1 = 11110110$，$A_2 = 00101000$）字节用来识别帧的起始位置。STM-1 每帧集中安排有 6 字节，占帧长的约为 0.25%。选择这种帧定位长度是综合考虑了各种因素的结果，特别是伪同步概率和同步建立时间两方面。

根据现有安排，伪同步概率等于 $\left(\dfrac{1}{2}\right)^{48}=3.55\times10^{-15}$，几乎为 0；同步建立时间也可以大大缩短。

② 比特间插奇偶校验 8 位（BIP-8）：B_1。

B_1 字节用于再生段层误码监测。

BIP-8 的工作机理：发送端当前 STM-N 待扰码帧内的 B_1 字节上的 8 位码，是对上一帧扰码后的所有比特进行 BIP-8 偶校验计算的结果。注意，再生段开销的第一行不参加扰码。接收端将当前待解扰帧的所有比特进行 BIP-8 偶校验计算，所得的结果与下一帧解扰后的 B_1 字节经异或门运算比较，若两个被比较的 B_1 字节内容不一致时，异或门输出为"1"，根据在给定的观测时间内"1"的计数值，则可监测出在传输中再生段的误码情况。

BIP-8 的具体计算方法：将扰码后的 STM-N 帧结构中所有被校验的信号分成若干个 8bit 序列组，由它们组成表 4-7 所示的监视矩阵。BIP-8 的 8bit 放在监视矩阵的第 1 列，第 2 列为第 1 个 8bit 序列组，第 3 列为第 2 个 8bit 序列组，以此类推。然后对所有的 8bit 序列组进行计算，如矩阵的第 1 行（所有的第 1 个 bit）进行计算，若计算结果为偶数个"1"时，将 B_1 字节的第 1bit 置 0，若计算结果为奇数个"1"时，将 B_1 字节的第 1 个 bit 置"1"。同样方法对所有 8bit 序列组进行计算，将计算结果填入 B_1 字节相应的位置。

表 4-7   监视矩阵

BIP-8（本帧 B1 字节）	8bit 序列组（上一帧扰码后的所有字节）				
1	b_1	b_1	b_1	$\cdots$	b_1
2	b_2	b_2	b_2	$\cdots$	b_2
3	b_3	b_3	b_3	$\cdots$	b_3
4	b_4	b_4	b_4	$\cdots$	b_4
$\vdots$	$\vdots$	$\vdots$	$\vdots$		$\vdots$
8	b_8	b_8	b_8	$\cdots$	b_8

③ 比特间插奇偶校验 $N\times24$ 位码（BIP $-N\times24$）：B_2。

段开销中安排的 3 个 B_2 字节（共 24bit）用作复用段误码监测，采用偶校验的比特间插奇偶校验 $N\times24$ 位码，计算方法与 BIP-8 类似。即 B_2 字节是对 STM-N 帧中的每一个 STM-1 帧的传输误码情况进行监测，STM-N 帧中有 $N\times3$ 个 B_2 字节，每 3 个 B_2 对应一个 STM-1 帧。检测机理是在发送端对前一个待扰的 STM-1 帧中除了 RSOH 之外的所有比特进行 BIP-24 计算，计算的结果放于当时待扰的 STM-1 帧的 B_2 字节。收端对当前解扰后 STM-1 的除了 RSOH 的所有比特进行 BIP-24 校验，其结果与下一 STM-1 帧解扰后的 B_2 字节相异或，根据异或出现 1 的个数来判断该 STM-1 在传输过程中出现了多少个误码块。可检测出的最大误码块个数是 24 个。

④ 数据通信信道（DCC）：$D_1\sim D_{12}$。

SDH 的一大特点就是 OAM 功能的自动化程度很高，可通过网管终端对网元进行命令的下发、数据的查询，完成 PDH 系统所无法完成的业务实时调配、告警故障定位以及性能在线测试等功能。那么这些用于 OAM 的数据是放在哪儿传输的呢？是放在 STM-N 帧的 $D_1\sim D_{12}$ 字节内传输的。

DCC 用来构成 SDH 管理网（SMN）的传送信道，在网元之间传送操作、管理和维护（OAM）

信息。

D_1、D_2 和 D_3 字节为再生段 DCC，速率为 192kbit/s(3×64kbit/s)，用于再生段终端之间传送 OAM 信息。

$D_4 \sim D_{12}$ 字节为复用段 DCC，速率为 576kbit/s(9×64kbit/s)，用于复用段终端之间传送 OAM 信息。

⑤　公务联络字节：E_1，E_2。

E_1 和 E_2 这两个字节用来提供 64kbit/s 的公务通信信道，即语音信息放于这两个字节中传输。E_1 属于 RSOH，可以在再生器接入，用于再生段公务联络。E_2 属于 MSOH，可以在复用段终端接入，用于终端间直达公务联络。

⑥　使用者通路字节：F_1。

F_1 字节提供速率为 64kbit/s 的数据/语音通路，保留给使用者（通常指网络提供者）专用，用于特定维护目的的临时公务联络。

⑦　再生段踪迹字节：J_9。

J_9 字节用来重复地发送段接入点识别符，使段接收机以此确认其与指定的发送机连续地连接。

在一个国内网络或单个营运者管区内，段接入点识别符既可采用一个字节（包含 $0 \sim 255$ 个码），也可采用 ITU-T 建议 G.831 第 3 节规定的接入点识别符格式。在国际边界或不同营运者的网络间的边界，除非经提供传送服务的营运者们互相协商，否则仍采用 ITU-T 建议 G.831 第 3 节规定的格式。

ITU-T 建议 G.707 规定了一种 16 字节帧来传输符合 ITU-T 建议 G.831 第 3 节规范的段接入点识别符，16 字节帧的结构如表 4-8 所示。16 字节帧的第 1 字节是帧起始标记，且包含对前一帧进行 CRC-7 计算的结果，随后的 15 字节用于传送段接入点识别要求的 15 个 ITU-T 建议 T-50 中定义的字符（国际参考版）。

表 4-8　　　　　　　　　　　路径接入点识别符的 16 字节帧的结构

字节#	8bit（1，…8）的值						
1	1	C_1	C_2	C_3	C_4	C_5	C_6	C_7
2	0	×	×	×	×	×	×	×
3	0	×	×	×	×	×	×	×
⋮	⋮	⋮	⋮	⋮	⋮	⋮	⋮	⋮
16	0	×	×	×	×	×	×	×

注　1：C_1、C_2、C_3、C_4、C_5、C_6 和 C_7 是对前一帧作 CRC-7 计算的结果，C_1 是最有效比特（MSB）；
　　2：0×××××××表示一个 T-50 字符。

对于采用 STM 识别符 C_1 字节是用来认别每个 STM-1 信号在 STM-N 复用信号中的位置，即表示复列数和间插层数，可以用来帮助进行帧定位，实现正确分路老设备与采用再生段跟踪功能（J_0 字节）的新设备互连时，老设备将把 J_0 中"0000001"图案视为"非专用再生段跟踪"。

⑧　自动保护倒换（APS）信道字节：K_1，K_2（$b_1 \sim b_5$）。

K_1 和 K_2 字节用作复用段保护的 APS 信令。这两个字节的比特分配和面向比特的协议在

ITU-T 建议 G.783 的附件 A 中给出。

⑨ 复用段远端失效指示（MS-RDI）：K_2（$b_6 \sim b_8$）。

MS-RDI 用来向发送端回送指示信号，以表示接收端检测到输入失效或正在接收复用段告警指示信号（MS-AIS）。MS-RDI 的产生是在扰码前将 K_2 字节的 $b_6 \sim b_8$ 插入 "110" 码。

⑩ 同步状态字节：S_1（$b_5 \sim b_8$）。

S_1 字节的 $b_5 \sim b_8$ 比特用于表示同步状态信息。不同的比特图案表示 ITU-T 规定的不同时钟质量级别，使设备能据此判定接收的时钟信号的质量，以此决定是否切换时钟源，即切换到较高质量的时钟源上。

S_1（$b_5 \sim b_8$）同步状态消息码如表 4-9 所示。

⑪ 复用段远端误码指示（MS-REI）：M_1。

M_1 字节用作复用段远端误码指示。对于 STM-N 等级，该字节用来传送由 BIP-24 $\times N$（B_2）检出的误码块数。

⑫ 与传输媒介有关的字节：△

△仅在 STM-1 帧内安排了 6 字节，用于与具体传输媒介有关的特殊需要，例如用单根光纤做双向传输时，可用此字节来实现辨明信号方向的功能。

⑬ 备用字节：Z_0

Z_0 字节的功能尚未定义。

图 4-30～图 4-33 中所示的所有未标记的字节，是保留给将来国际标准使用的字节。对备用字节特别说明如下。

• 再生中继器不使用这些备用字节。

• 为了便于从线路码流中提取定时时钟，STM-N 信号要经扰码后传输，以减少连续同码的概率，但是为了不破坏 A_1、A_2 构成的帧定位图案，所以 STM-N 信号中 KSOH 第 1 行 9 $\times N$ 个开销字节不参加扰码处理，因此带有 "*" 号的备用字节内容应予以精心安排，通常可在这些字节上送 "0"、"1" 交替码。

• 接收设备对备用开销字节的内容不予解读。

2. 通道开销

通道开销（POH）分为低阶通道开销和高阶通道开销。通道开销提供与各类虚容器相关的通道的管理与维护，收端通过对 POH 的解读，可以了解容器中的数据是否得到正确的传输，双向道通对端（发端）的收信误码情况、工作状态。这里仅介绍我国的 SDH 传输网中应用最广泛的 VC-4 和 VC-12 的通道开销。

表 4-9	同步状态消息编码
Z1（$b_5 \sim b_8$）	SDH 同步质量等级描述
0000	同步质量不知道（现存同步网）
0001	保留
0010	G.811 时钟信号
0011	保留
0100	G.812 转接局时钟信号
0101	保留

续表

Z1（$b_5 \sim b_8$）	SDH 同步质量等级描述
0 1 1 1	保留
1 0 0 0	G.812 本志局时钟信号
1 0 0 1	保留
1 0 1 0	保留
1 0 1 1	同步设备定时源（SETS）信号
1 1 0 0	保留
1 1 0 1	保留
1 1 1 0	保留
1 1 1 1	不应用同步

（1）高阶通道开销：HPOH

高阶通道开销（HPOH）的位置在 VC-4 帧中的第 1 列，共 9 字节，如图 4-34 所示。

高阶 VC POH 主要功能如下。

① 通道追踪字节：J_1。

J_1 是 VC-4 的第 1 个字节，其位置由 AU-4 指针（AU-PTR）指示。该字节的作用与 J_0 字节类似，用来重复地发送高阶通道接入点识别符，使通道接收终端据此确认与指定的发送机连续不断地连接着，从而实现对 VC-4 虚容器路由的跟踪。

在国内网或单个运营者范围内，通道接入点识别符可使用 64 字节无格式码串或 ITU-T 建议 G.831 规定的 16

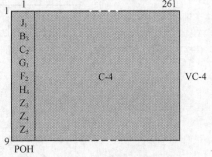

图 4-34　VC-4 的 POH

字节的接入点识别符格式。在国际网边界或不同的运营者的网络边界，除非由提供传输服务的运营者们对接入点识别符作了一致的协商，否则通道接入点识别符应使用 ITU-T 建议 G.831 规定的格式。

② 通道 BIP-8 字节：B_3

B_3 字节具有高阶通道误码监测功能。用法与 B_1 类似，在当前 VC-4 帧中，B_3 字节 8 比特的值是对扰码前上一 VC-4 帧所有字节进行比特间插 BIP-8 偶校验计算的结果。以此实现比特通道传输，即收、发信间的误码检测。

③ 信号标记字节：C_2

C_2 用来指示 VC 帧的复接结构和信息净负荷的性质。例如，表示 VC-4 通道是否装载，所载业务种类和它们的映射方式。关于 C_2 字节的 8 比特编码定义的含义如表 4-10 所示。

表 4-10　　　　　　　　　　　　　　C_2 字节编码规则

C_2 字节 1 2 3 4 5 6 7 8	十六进制码子	含义
0 0 0 0 0 0 0 0	0 0	通信未装载信号
0 0 0 0 0 0 0 1	0 1	通道装载非特定净负荷
0 0 0 0 0 0 1 0	0 2	TUG 结构
0 0 0 0 0 0 1 1	0 3	锁定的 TU

C_2 字节 1 2 3 4 5 6 7 8	十六进制码子	含义
0 0 0 0 0 1 0 0	0 4	34.368Mbit/s 和 44 736Mbit/s 信号异步映射 C-3 容器
0 0 0 1 0 0 1 0	1 2	139.264Mbit/s 信号异步映射 C-4 容器
0 0 0 1 0 0 1 1	1 3	异步转移横块信号 ATM
0 0 0 1 0 1 0 0	1 4	城域网（MAN）信号（分布式排队总成 DQDB）
0 0 0 1 0 1 0 1	1 5	光纤分布式数据接口（FDDI）信号

④ 通道状态指示字节：G_1

G_1 字节用来将通道终端的状态和性能情况回送给通道源端设备。运用此字节可在通道的任一端或通道中任意点上对整个双向通道的状态和性能进行监测。G_1 字节的 8 比特功能安排如图 4-35 所示。

图 4-35　VC 通道状态字（G_1）

● 远端误块指示

早期的书中将远端误块指示（REI）记为 FEBE。G_1 的第 1～第 4 比特用于传送由 BIP-8 码（B_3）检出的 VC-4 通道的有误码的比特块数。

● 远端失效指示

早期的书中将远端失效指示（RDI）记为 FERF。G_1 的第 5～第 7 比特表示远端失效指示 RDI，（通道 AIS 信号失效条件或通道追踪失效都会产生通道 RDI）它有两个版本。表 4-11 所示为增强型新版本，第 8 比特备用。

⑤ 通道用户字节：F_2，F_3。

F_2 和 F_3 两个字节供通道单元之间进行公务通信联络，与净负荷有关。

⑥ TU 位置指示字节：H_4。

该字节指示有效负荷的复帧类别和净负荷的位置。例如，作为 TU-12 复帧指示字节或 ATM 净负荷进入一个 VC-4 时的信元边界指示器。

表 4-11　　　　　　　　　　　　通道状态字节 G_1 编码和解释

REI				RDI					备用
b_1	b_2	b_3	b_4	b_5	b_6	b_7	含义	触发器	b_8
				0	0	0	无远端失效	无远端失效	
				0	0	1	无远端失效	无远端失效	

续表

REI				RDI					备用
b_1	b_2	b_3	b_4	b_5	b_6	b_7	含义	触发器	b_8
				0	1	1	无远端失效	无远端失效	
				0	1	0	远端净负荷失效	LCD（注 1）	
				1	0	0	远端失效	AIS，LOP，TIM，UNEQ（或 PLM，LCD）	
				1	1	1	远端失效	AIS，LOP，TIM，UNEQ（或 PLM，LCD）	
				1	0	1	远端服务失效	AIS，LOP	
				1	1	0	远端连接性失效	TIM，UNEQ	

注 1：LCP 通常仅定义为负荷换效，且仅用于 ATM 设备；

注 2：LOP-指针丢失，PLM-净负荷换配，TIM-踪迹识别失配，UNEQ-未装载。

⑦ 自动保护倒换（APS）通路字节：$K_3(b_1 \sim b_3)$。

$K_3(b_1 \sim b_4)$用于高阶通道级保护的 APS 指令。$K_3(b_5 \sim b_8)$留作将来应用，没有规定位。要求接收端忽略该字节的值。

⑧ 网络操作字节：N_1。

N_1 字节用于高阶通道串联连接监控。

（2）低阶通道开销

低阶通道开销（LPOH）这里指的是 VC-12 中的 POH，它由 V_5、J_2、N_2 和 K_4 字节组成，用于监控 VC-12 通道级别的传输性能，即 2Mbit/s PDH 信号在 STM-N 帧中传输的情况。LPOH的位置如图 4-36（b）所示。

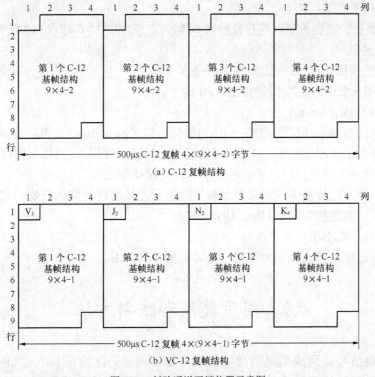

图 4-36　低阶通道开销位置示意图

① 通道状态和信号标记字节：V_5

V_5 字节是复帧的第 1 个字节，为 VC-12 提供误码检测、信号标记和 VC-12 通道的状态指示等功能。V_5 字节的 8 比特安排如表 4-12 所示。

表 4-12　　　　　　　　　　　　　　VC-12 POH（V5）的结构

误码监测 （BIP-2）		远端误块指示 （RE1）	远端故障指示（RF1）	信号标记 （Signal Lable）			远端接收失效指示（RDI）
1	2	3	4	5	6	7	8
传送比特间插奇偶校验码 BIP-2： 第 1 个比特的设置应使上一 VC-1 帧内所有字节的全部奇数比特的奇偶校验为偶数。 第 2 比特的设置应使全部偶数比特的奇偶校验为偶数		RE1（从前叫作 FEBE）： BIP-2 检测到误码块就向 VC 通道源发 1，无误码则发 0	有故障发 1 无故障发 0	表示净负荷装载情况和映射方式，3 比特共 8 个二进制值： 000　未装备 VC 通道 001　已装备 VC 通道，但未规定有效负载 010　异步浮动映射 011　比特同步浮动 100　字节同步浮动 101　保留 110　O.181 测试信号 111　VC-AIS			RDI（从前 FERF）： 接收失效则发 1，成功则发 0

② 通道踪迹字节：J_2。

J_2 被用来重复发送由收发两端商定的低阶通道接入点识别符，使通道终端的接收机能据此确认与指定的发送机处于持续连接着。通道接入点识别符采用 ITU-T 建议 G.831 第 3 节规定的 16 字节帧结构格式。该 16 字节帧结构格式与 J_0 字节的 16 字节帧结构格式相同。

③ 网络操作者字节：N_2。

N_2 字节提供低阶通道的串联连接监控（TCM）功能。ITIU-T 建议 G.707 规定了 N_2 字节的结构和 TCM 协议。

④ 自动保护倒换（APS）通道：$K_4(b_1 \sim b_4)$。

$K_4(b_1 \sim b_4)$ 用于低阶通道级保护传送 APS 信令。

⑤ 保留比特：$K_4(b_5 \sim b_7)$

保留比特功能与高阶通道的 $G_1(b_5 \sim b_7)$ 相类似，但 $K_4(b_5 \sim b_7)$ 用于低阶通道，留作任选的增强型远端失效指示（RDI）用。如果不是使用任选的而是使用 V_5 的第 8 比特为 DRI 时，这些比特应设置"000"或"111"，接收机可不管这些比特的内容。

K_4 的第 5～第 7 比特提供的增强型远端失效指示能区别远端负载失效（LCD）、服务失效（AIS、LOP）和远端连接失效（TIM、UN、EQ）。

⑥ 备用比特：$K_4(b_8)$。

b_8 比特无确定值，接收机不用管它。该比特留作将来用。

4.7　同步复用和映射方法

将低速支路信号复用成高速信号的传统方法有两种：比特塞入法（又叫码速调整法）和固定位置映射法。这两种方法均有缺陷：不能满足既能异步或同步复用，又能灵活方便地接入/取出支路；不能满足不造成较大时延和滑动损伤的要求（比特塞入法不能直接上/下支路；固定位置映射法虽然可以较方便接入/取出支路，但会导致信号延时和滑动损伤。）。

SDH 采用的复用结构如图 4-37 所示，它是由一些基本复用单元组成的有若干中间复用步骤的复用结构。各种业务信号复用进 STM-N 帧的过程都要经历映射、定位和复用 3 个步骤。其中采用指针调整定位技术取代 125μs 缓存来校正支路频差和实现相位对准是复用技术的一项重大革新。

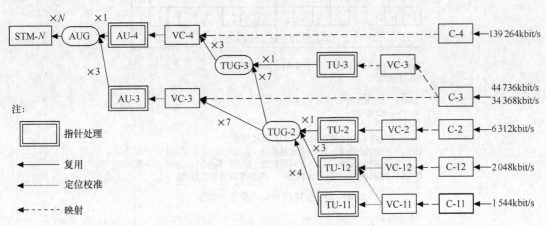

图 4-37　G.709 建议的 SDH 复用结构

4.7.1　复用单元

复用单元有容器（C-n）、虚容器（VC-n）、支路单元（TU-n）、支路单元组（TUG-n）及管理单元（AU）和管理单元组（AUG-n），n 为单元等级序号。下面分别介绍我国 SDH 复用结构中常用到的复用单元。

1. 容器

容器（C）是一种用来装载各种速率业务信号的信息结构，主要完成适配功能（如速率调整），以便让那些最常使用的准同步数字体系的信号能够进入有限数目的标准容器。IUT-T 建议 G.707 规定了 5 种标准容器，我国常用的有 C-12、C-3 和 C-4 三种。

C-12 的标准输入比特率为 2 048kbit/s。C-12 的子帧结构如图 4-38 所示，由 4 列×9 行−2 字节（即 34 字节）组成的块状结构，子帧频率 8kHz，周期为 125μs。4 个子帧组成一个复帧，复帧结构便是由 4×（4 列×9 行−2 字节）组成的块状结构（136 字节），1 088bit(136 × 8bit)，复帧周期为 500μs(4 × 125μs)，复帧频率为 2kHz。故 C-12 的信号速率为 2 176kbit/s（1 088bit × 2kHz）。

C-3 的标准输入比特率为 34 368kbit/s，帧结构由 84 列和 9 行（84×9）组成的块状结构（见图 4-39（a）），即 756 字节，相当于 6 048bit（756 × 8bit。C-3 的帧频为 8kHz，一帧的周期为 125μs。故 C-3 的信号速率为 48 384kbit/s(6 048bit × 8kHz)。

C-4 的标准输入比特率为 139 264kbit/s，帧结构为 260 列和 9 行（260×9）组成的块状结构（见图 4-39（b）），即一帧内包含 2340 字节，相当于 18 720bit(2 340 × 8bit)。C-4 的帧频为 8kHz，一帧的周期为 125μs，故 C-4 的信号速率为 149 760kbit/s(18 720kbit × 8kHz)。

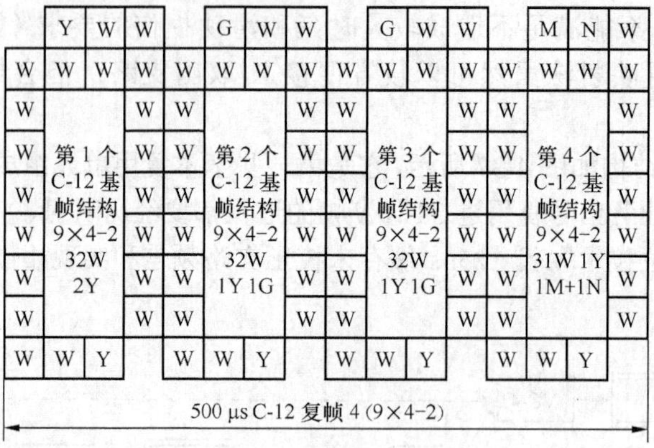

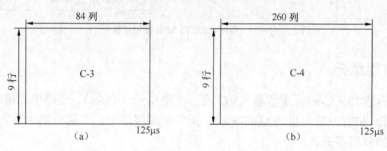

Y W W	G W W	G W W	M N W

图中文字：

| 第1个 C-12 基 帧结构 9×4−2 32W 2Y | 第2个 C-12 基 帧结构 9×4−2 32W 1Y 1G | 第3个 C-12 基 帧结构 9×4−2 32W 1Y 1G | 第4个 C-12 基 帧结构 9×4−2 31W 1Y 1M+1N |

500 µs C-12 复帧 4 (9×4−2)

每格为一个字节 (8bit)，各字节的比特类别如下。

W=IIIIIIII
Y=RRRRRRRR
G=C₁C₂OOOORR
M=C₂IIIIIII
N=S₂IIIIIII

I：信息比特　　R：塞入比特　　O：开销比特
C₁：负调整控制比特　S₁：负调整位置　C₁=0 S₁=I；　C₁=1 S₁=R
C₂：正调整控制比特　S₂：正调整位置　C₂=0 S₂=I；　C₂=1 S₂=R
R*表示调整比特，在收端去调整时，应忽略调整比特的值。

图 4-38　C-12 复帧结构和字节安排

84 列	260 列
C-3 (9 行, 125µs) (a)	C-4 (9 行, 125µs) (b)

图 4-39　C-3 和 C-4 帧结构

需要经 SDH 复用的各种速率的业务信号都应首先通过码速调整等适配技术装进一个恰当的标准容器。已装载的标准容器作为虚容器的信息净负荷。

2. 虚容器

虚容器（VC）是用来支持 SDH 的通道（通路）层连接的信息结构，它是由信息净负荷（容器）和通道开销（POH）组成的块状帧结构，重复周期为25µs或500µs。即

$$VC-n = C-n + VC-nPOH$$

虚容器分为低阶虚容器和高阶虚容器两类。

（1）低阶虚容器有 VC-12 和 VC-3

VC-12 的子帧结构是由 C-12 加 1 字节 VC-12 通常开销（POH）组成的块状结构，即 4 列×9 行−1 字节，共 35 字节，如图 4-36（b）所示。复帧周期为 500µs(4 × 125µs)，帧频为 2kHz。VC-12 信号速率为 2 240kbit/s(4 × 35 × 8bit × 2kHz = 2 240kbit/s)。

VC-3 由 C-3 加 VC-3POH 组成，帧结构为 85 列和 9 行（85×9）的块状结构（如图 4-40 所示），即一帧内有 765 字节，相当于 6 120bit(765 × 8bit)。VC-3 的帧频为 8kHz，周期为 125µs(1/8kHz)。故 VC-3 的信号速率为 48 960kbit/s(6 120bit × 8kHz)。

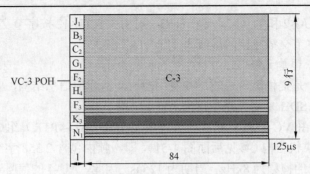

注：VC-3POH 各字节的名称和功能与 VC-4POH 相同。

图 4-40　VC-3 帧结构示意图

需要特别说明的是：AU-3 中的 VC-3 为高阶虚容器，通过 TU-3 把 VC-3 复用进 VC-4 中的 VC-3 为低阶虚容器。我国的 SDH 复用线路中用到的 VC-3 为低阶虚容器。

（2）高阶虚容器 VC-4

VC-4 是由 C-4 加 9 字节的 VC-4POH 组成，帧结构为 261 列和 9 行（261×9）的块状结构（参见后面图 4-43 所示），即一帧内有 2 349 字节，相当于 18 792bit(2 349 字节×8bit)。VC-4 的帧频为 8kHz，帧周期为 125μs(1/8kHz)。故 VC-4 的信号速率为 150 336kbit/s(18 792bit×8kHz)。VC 的输出将作为其后接基本单元（TU 或 AU）的信息净负荷。

（3）VC 的包封速率与 SDH 网络同步

因此，不同的 VC 是互相同步的，而 VC 内部允许装载来自不同容器的异步净负荷。

VC 在 SDH 传输网中传输时总是保持完整不变，作为一个独立实体可以进行多次同步复用和路由转换，可称为群路交换或交叉连接。VC 在 SDH 传输网中传输的路径称为通道，它具有一对收、发信端，在收信端利用 POH 检查容器信息在通道中的传输质量、两端的连接工作状态等。

3．支路单元和支路单元组

支路单元（TU）是在低阶通道层和高阶通道层之间提供适配的信息结构，它由信息净负荷（低阶虚容器）和支路单元指针组成，即

$$TU-n = VC-n + TU-nPTR$$

支路单元指针用来指示 $VC-n$ 净负荷起点相对于高阶 VC 帧起点间的偏移（即 $VC-n$ 净负荷起点在 TU 帧内的位置）。

支路单元有 TU-12 和 TU-3。TU-12 子帧由 VC-12 加 1 字节支路单元指针组成，即由 4 列×9 行组成的块结构，共 36 字节。子帧频率为 8kHz，周期为 125μs。4 个子帧构成一个复帧，复帧结构便为 4×（4 列×9 行）的块状结构，即 144 字节，相当于 1 552bit(144×8bit)。TU-12 的复帧周期为 500μs(4×125μs)，复帧频率为 2kHz。故 TU-12 的信号速率为 2 304kbit/s(1 152bit×2kHz)。

TU-3 由 VC-3 加 3 字节支路单元指针组成，其帧结构为 85 列×9 行+3 字节的块状结构（见图 4-48），即一帧内有 768 字节，相当 6 144bit(768×8bit)。TU-3 的帧频为 8kHz，周期为 125μs。故 TU-3 的信号速率为 49 152kbit/s(6 144kbit/s×8kHz)。

支路单元组（TUG）是指在高阶 VC 净负荷中占据固定位置的一个或多个支路单元的集合，或者说是将若干个支路单元（TU）按字节间插复用后的信息结构。

支路单元组有 TUG-2 和 TUG-3。一个 TUG-2 可由 3 个 TU-12 按字节交插复接组成，TUG-3 可由 7 个 TUG-2 按字节交插复接组成或由 1 个 TU-3 组成。

4．管理单元和管理单元组

管理单元（AU）是提供高阶通道层和复用段层间适配的信息结构，它有 AU-3 和 AU-4 两种管理单元，我国 SDH 复用线路中仅用 AU-4 结构。

管理单元 AU-4 由 VC-4 加 9 个字节管理单元指针（AU-4PTR）组成，其帧结构为 261 列×9 行＋9 字节的块状结构（参见后面图 4-51），即一帧内包含 2 358 字节，相当于 1 8864bit（2 358×8bit）。AU-4 的帧频为 8kHz，周期为 125μs。因此，AU-4 的信号速率为 150 912kbit/s（18 864×8kHz）。

$$AU-4 = VC-4 + AU-4PTR$$

AU-4PTR 指示 VC-4 净负荷起点相对复用段帧起点的偏移（即 VC-4 净负荷起点在 AU 帧内的位置）。

在 STM-N 的净负荷中占有固定位置的一个或多个 AU 的集合被称为管理单元组（AUG）。一个 AUG 由一个 AU-4 组成。

需要特别强调的是在 AU 和 TU 中要进行速率调整，因而低一级数字流在高一级数字流中的起点是浮动的。为了准确地确定起点的位置，设置两种指针（AU-PTR 和 TU-PTR）分别对高阶 VC 在相应 AU 帧内的位置以及 VC-12 和 VC-3 在相应 TU 帧内的位置进行灵活动态的定位。

另外，在 N 个 AUG 的基础上再加上段开销（SOH），便可形成最终的 STM-N 帧结构。

4.7.2 我国的 SDH 复用路线

由图 4-37 可见，在 G.709 建议的复用结构中，从一个有效负荷到 STM-N 的复用路线不是唯一的。但对于一个国家或地区则必须使复用路线唯一化。

我国的光同步传输网技术体制规定以 2Mbit/s 为基础的 PDH 系列作为 SDH 的有效负荷，并选用 AU-4 复用路线，其基本复用映射结构如图 4-41 所示。

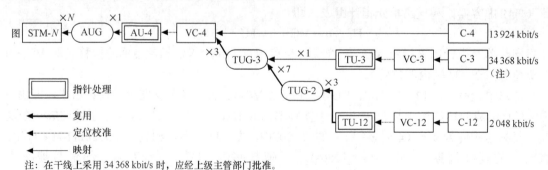

注：在干线上采用 34 368 kbit/s 时，应经上级主管部门批准。

图 4-41 我国的 SDH 基本复用映射结构

从图 4-41 中可以看到我国的 SDH 复用映射结构规范有 3 个支路信号输入口。一个 139.264Mbit/s 可被复用成一个 STM-1(155.520Mbit/s)；63 个 2.048Mbit/s 可被复用成一个 STM-1；3 个 34.368Mbit/s 被复用成一个 STM-1，因信道利用率太低，所以在规范中加了"注"，应尽量少采用。

4.7.3　映射

映射是一种在 SDH 边界使支路信号适配进虚容器的过程，即各种速率的 G.70 信号分别经过码速调整装入相应的标准容器，再加进低阶通道开销或高阶通道开销形成虚容器的过程。

1.　映射方式的分类和选择

为了适应各种不同的网络应用情况，映射有异步、比特同步和字节同步 3 种方法，有浮动 VC 和锁定 TU 两种工作模式。

（1）3 种映射方法

① 异步映射。异步映射是一种对映射信号的结构无任何限制（信号有无帧结构均可），映射信号也无需与网同步，仅利用正码速调整将信号适配装入 VC 的映射方法。它具有 50×10^{-6} 内的正码速调配整能力和定时透明性。

② 比特同步映射。比特同步映射是一种对映射信号结构无任何限制，但要求其与网同步，从而无需码速调整即可使信号适配装入 VC 的映射方法，因此可认为是异步映射的特例或子集。

③ 字节同步映射。字节同步映射是一种要求映射信号具有块状帧结构（例如 PDH 基群帧结构），并与网同步，无需任何速率调整即可将信息字节装入 VC 内规定位置的映射方法。它特别适用于在 VC-1X（$X = 1$，2）内无需组帧和解帧地直接接入和取出 64kbit/s 或 $N \times 64$kbit/s 信号。

（2）两种工作模式

① 浮动 VC 模式。浮动 VC 模式是指 VC 净负荷在 TU 内的位置不固定，并由 TU-PTR 指示其起点位置的一种工作模式。它采用 TU-PTR 和 AU-PTR 两层指针处理容纳 VC 净负荷与 STM-N 帧的频差和相差，从而不需滑动缓存器即可实现同步，且引入的信号延时最小（约 10μs）。

浮动 VC 模式时，VC 帧内安排有 VC POH，因此可进行通道性能的端到端监测。

3 种映射方法都能以浮动模式工作。

② 锁定 TU 模式。锁定 TU 模式是一种信息净负荷与网同步并处于 TU 帧内固定位置，因而无需 TU-PTR 的工作模式。PDH 一次群信号的比特同步和字节同步两种映射可采用锁定模式工作。

锁定 TU 模式省去了 TU-PTR，在 VC 内不能安排 VC POH，因此要用 125μs（一帧容量）的滑动缓存器来容纳 VC 净负荷与 STM-N 帧的频差和相差，引入较大的（约 150μs）信号延时，且不能进行通道性能的端到端监测。

（3）映射方式的选择

综上所述，3 种映射方法和两种工作模式最多可组合成 5 种映射方式，如表 4-13 所示。

异步映射仅有浮动模式，最适合异步/准同步信号映射，包括将 POH 通道映射进 SDH 通道的应用，能直接接入和取出各次 PDH 群信号，但不能直接接入和取出其中的 64kbit/s 信号。异步映射的接口最简单，引入的映射延时最小，可适应各种结构和特性的数字信号，是一种最通用的映射方式，也是 PDH 向 SDH 过渡期内必不可少的一种映射方式。

比特同步映射与传统的 PDH 相比并无明显优越性，不适合国际互联应用，目前国内网也未用。

浮动的字节同步映射适合按 G.704 规范组帧的一次群信号，其净负荷既可以具有字节结构形式（64kbit/s 和 $N \times 64$kbit/s），也可以具有非字节结构形式，虽然接口复杂但能直接接入和取出 64kbit/s 和 $N \times 64$kbit/s 信号，同时允许对 VC-1X 通道进行独立交叉连接，主要用于不需要一次群接口的数字交换机互连和两个需要直接处理 64kbit/s 和 $N \times 64$kbit/s 业务的节点间的 SDH 连接。

表 4-13　　　　　　　　　　　PDH 信号进入 SDH 的映射方式

H-n	VC-n	映射方式		
		异步映射	比特同步映射	字节同步映射
H-4	VC-4	浮动模式	无	无
H-31	VC-3	浮动模式	浮动模式	浮动模式
H-12	VC-12	浮动模式	浮动/锁定	浮动/锁定

锁定的字节同步映射可认为是浮动的字节同步映射的特例，只适合有字节结构的净负荷，主要用于大批 64kbit/s 和 $N \times 64$kbit/s 信号的传送和交叉连接，也适用于高阶 VC 的交叉连接。

下面以我国常用的支路信号映射为例，介绍映射过程。

2. 具体映射实例

【例 4-1】139.264Mbit/s 信号（H-4）步映射进 VC-4 的过程。

139.264Mbit/s 支路信号（H-4）的映射一般采用异步映射，浮动模式。

第一步：H-4 异步装入 C-4

H-4 信号是经过正码速调整装入 C-4 的。进行码速调整，将 C-4 基帧结构分成 9 行 20 列，每列由 13 个字节块组成，即 C-4 为每行 20 个 13 字节块。如图 4-42 所示。

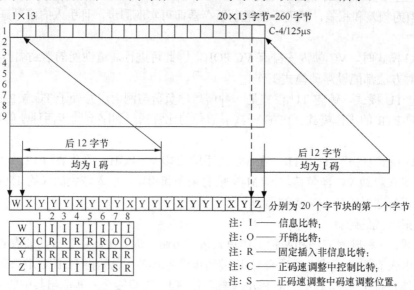

图 4-42　C-4 的子帧结构

图 4-42 所示具体结构如下。

① 每块的第 1 个字节依次为 W，X，Y，Y，Y，X，Y，Y，Y，X，Y，Y，Y，X，Y，Y，Y，X，Y，Z，各字节内容如下。

W 字节：信息比特（I）8bit。

X 字节：调整控制比特（C）1bit，开销比特（O）2bit，固定塞入比特（R）5bit。

Y 字节：固定塞入比特（R）8bit。

Z 字节：信息比特（I）6bit，调整机会比特（S）1bit，固定塞入比特（R）1bit。

② 每块的后 12 字节由信息比特（I）组成。

③ 每一行 C-4 帧总计有 $8 \times 260 = 2\ 080$ bit，其分配如下。

信息比特（I）：1 934bit

固定塞入比特（R）：130bit($8 \times 13 + 5 \times 5 + 1$)

开销比特（O）：10bit(2×5)

调整控制比特（C）：5bit

调整机会比特（S）：1bit

分别令 S 全为 I 或全为 R，可计算出 C-4 能容纳的信息速率 IC = (1 934I + S)的上限和下限：

$$IC_{max} = (1\ 934 + 1) \times 9 \times 8 = 139.320 \text{Mbit/s}$$
$$IC_{min} = (1\ 934 + 0) \times 9 \times 8 = 139.248 \text{Mbit/s}$$

H-4 支路信号的速率范围是 $139.264 \times (1 \pm 5.5 \times 10^{-5}) = (139.261 \sim 139.266)$Mbit/s，正处于 C-4 能容纳的负荷速率范围内，能适配地装入 C-4。

如何进行正码速调整的呢？由图 4-42 可知，C-4 固定加入了（$18 \times 8 + 1$）$\times 9 = 1\ 305$bit，这时的速率为 139 264kbit/s + (1 305 × 8kbit) = 149 704kbit/s，仍低于 C-4 的标准速率 149 760kbit/s，故需进行正码速调整。但是，若每帧进行调整，即 S 位置均塞入伪信息，则速率为 139 264kbit/s + (1 305 + 9) × 8kbit/s = 149 776kbit/s，高于 C-4 的标称速率。因此，约 3 帧进行一次正码速调整，可将 149 704kbit/s 调整成 149 760kbit/s。

发信端和收信端如何正确实现正码速调整呢？

每行中的调整机会比特（S）用来实现正码速调整，5 个调整控制比特（C）来控制相应的调整机会比特（S），当需要码速调整时，发送设备将 CCCCC 置为 1 1111，以指示 S 比特是调整比特，此时，S 的取值不确定，接收端应忽略其值；当不需要码速调整时，发送设备将 CCCCC 置为 00000，以指示 S 比特是数据比特，接收端应读出其值。

为什么用 5 个 C 比特与一个 S 比特配合使用呢？这是因为在收信端解同步器中，为了防范 C 码中发生单比特和双比特误码影响时，仍能正确码速还原，接收端采用择多判决准则。

当接收设备检测到 5 个 C 中 1 的数目大于或等于 3，判 S 比特是调整比特，忽略其值；当接收设备检测到 5 个 C 中 0 的数目大于或等于 3，判 S 比特是数据比特，其值应读出。

第二步：C-4 装入 VC-4

将 VC-4 通道开销字节 J_1、B_3、C_2、G_1、F_2、H_4、F_3、K_3 和 N_1 依次插入 C-4 的每一行之前（见图 4-43），构成了 9 行和 261 列 VC-4 块状帧结构，其速率为 149 760kbit/s + (9 × 8bit) × 8kHz = 150 336kbit/s。到此便完成了 139 264kbit/s 异步映射进 VC-4 的全过程。

【例 4-2】2 048kbit/s 支路信号（H-12）的映射。

① 2 048kbit/s 信号异步装入容器 C-12。2 048kbit/s 信号异步映射进 VC-12 的第一步是经正/0/负码速调整将 2 048kbit/s 信号异步装入 C-12。

C-12 基帧的结构是 9 行 × 4 列-2 字节，4 个基帧组成一个复帧，复帧周期为 500μs，复帧结构如图 4-36（a）所示，现改为如图 4-44 所示。

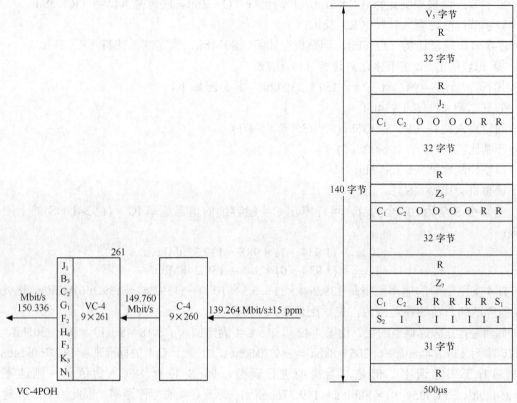

图 4-43　139.264Mbit/s 信号映射 VC-4 示意图

图 4-44　2 048kbit/s 支路信号的异步
映射成 VC-12（复帧）

由图 4-44 可知，C-12 含有 1 023（$32 \times 3 \times 8 + 31 \times 8 + 7$）个信息比特（I），6 个调整控制比特（$C_1$、$C_2$），两个调整机会比特（$S_1$、$S_2$），8 个开销通信通路比特（O）以及 4 个固定塞入比特（R）。

两套 C_1 和 C_2 可以分别控制两个调整机会比特 S_1（负调整机会）和 S_2（正调整机会）进行码速调整。当 $C_1 C_1 C_1$ 为 000 时表示 S_1 是信息比特，$C_1 C_1 C_1$ 为 111 时表示 S_1 为调整比特。C_2 以同样的方式控制 S_2，在分解器中采用了比特多数判决决定调整与否。S_1 和 S_2 作为调整比特时其值未作规定，接收机不用理睬 S_1 和 S_2 的内容。

② 2.048Mbit/s 支路信号的比特同步映射进 VC-12。比特同步映射的有效净负荷应已与 SDH 网同步，不需要进行码速调整，正好每个基帧装 256I（32W）。但仍用复帧结构，取零调整，即图 4-44 中的 $C_1 = 1$，$S_1 = R$；$C_2 = O$，$S_2 = I$ 或 $C_1 = 0$，$S_1 = I$，$C_2 = O$，$S_2 = R$，故每复帧中信息比特总数为 1 024。

- 浮动模式。在浮动模式下仍需在 C-12 复帧中加入 VC-12POH，即 V_5 字节，形成 VC-12。
- 锁定模式。在锁定模式下没有 VC-12POH，即 V_5 字节位置以 Y 字节（8 个固定塞入比特 R）代替，因而失去通道的端到端监视的功能。

③ 2.048Mbit/s 支路信号字节同步映射进 VC-12。2.048Mbit/s 支路信号的字节同步映射进

VC-12，如图 4-45 所示。

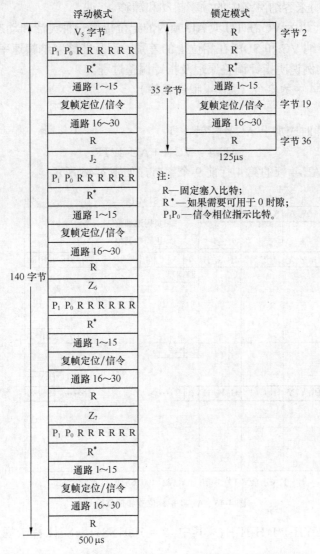

图 4-45 使用随路信令的 2.048Mbit/s 支路信号的字节同步映射

采用字节同步映射时净负荷与 SDH 网同步，故不需要进行码速调整。

4.7.4 定位

定位是一种将帧偏移信息收进支路单元或管理单元的过程，即以附加于 VC 上的支路单元指针（或管理单元指针）指示和确定低阶 VC 帧的起点在 TU 净荷中（或高阶 VC 帧的起点在 AU 净荷中）的位置，在发生相对帧相位偏差使 VC 帧起点浮动时，指针值亦随之调整，从而始终保证指针值准确指示 VC 帧的起点的过程。

SDH 中指针的作用可归结为以下 3 条。

① 当网络处于同步工作状态时，指针用来进行同步信号间的相位校准。

② 当网络失去同步时，指针用作频率和相位校准；当网络处于异步工作时，指针用作

频率跟踪校准。

③ 指针还可以用来容纳网络中的频率抖动和漂移。

TU 或 AU 指针可以为 VC 在 TU 或 AU 帧内的定位提供一种灵活和动态的方法。因为 TU 或 AU 指针不仅能容纳 VC 和 SDH 在相位上的差别，而且能够容纳帧速率上的差别。

下面以具体的实例说明指针调整原理及指针调整过程。

1. VC-4 在 AU-4 中的定位（AU-4 指针调整）

（1）AU-4 指针

VC-4 进入 AU-4 时应加上 AU-4 指针，即

$$AU\text{-}4 = VC\text{-}4 + AU\text{-}4PTR$$

AU-4PTR 占用 AU-4 帧的第 4 行前 9 个字节，如图 4-46 所示。

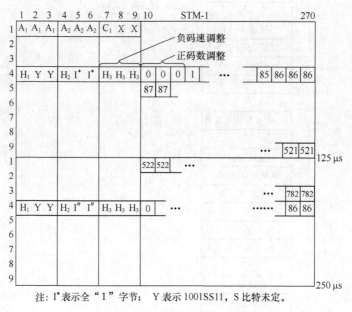

注：I*表示全"1"字节；　Y 表示 1001SS11，S 比特未定。

图 4-46　AU-4 指针位置和偏移编号

AU-4PTR = $H_1YYH_2I^*I^*H_3H_3H_3$，其中 Y = 1001SS11（S 比特未规定），I*为全"1"比特。

AU-4 指针共有 9 个字节，但用来表示指针并确定 VC-4 在 AU 帧内位置的，只有 H_1 和 H_2 两个字节。H_1 和 H_2 两字节组成一个 16 比特指针码字图案，如图 4-47 所示，其中 H_1 字节中的第 1～4 比特为新数据标识（NDF），H_1 字节的第 5、6 比特为指针类型，H_1、H_2 的后 10 比特能供 1 024 个指针值。表 4-14 所示为 AU 指针调整说明。

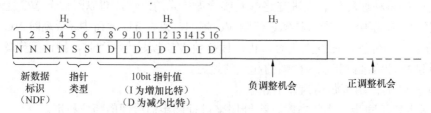

图 4-47　AU-4/TU-3 指针字图案

表 4-14		AU-4 指针调整说明

N N N N	S S	I D I D I D I D I D
新数据标帧（NDF）表示所载净负荷容量有变化 净负荷无变化时 NNNN 为正常值"0110" 在净负荷有变化的那一帧，NNNN 反转为"1001"此即NDF。NDF 出现的那一帧指针值随之改变为指示 VC 新位置的新值称为新数据。若净负荷不再变化，下一帧NDF 又 返 回 到 正 常 值"0110"，并至少在 3 帧内不作指针值增减操作	AU 类别 对于 AU-4 SS = 10	10 比特指针值 AU-4 指针值为 0～782 指针值指示了 VC 帧的首字节 J_1 与 AU 指针中最后一个 H_3 字节间的偏移量。 指针调整规则 （1）在正常工作时，指针值确定了 VC-4 帧在 AU-4 帧内的起始位置，NDF 设置为"0110"。 （2）若 VC 帧速率比 AU 帧速率低，5 个 I 比特反转表示要作帧频调整，该 VC 帧的起始点后移，下帧中的指针值是先前指针值加一 （3）若 VC 帧速率比 AU 帧速率高，5 个 D 比特反转表示要作负帧频调整，负调整位置 H_3 用 VC 的实际信息数据重写，该 VC 帧的起始点前移，下一帧中的指针值是先前指针值减 1 （4）当 NDF 出现更新值 1001，表示净负荷容量有变，指针值也要作相应地增减，然后 NDF 回归正常值 0110 （5）指针值完成一次调整后，至少停 3 帧方可有新的调整。 （6）收端对指针解码时，除仅对连续 3 次以上收到的前后一致的指针进行解读外，将忽略任何指针的变化

10 个比特的指针值如何指示 VC-4 的 2 349（9 行 × 261 列 = 2 349 字节）个字节位置呢？

为了解决用 10 比特的指针（2^{10} = 1 024）指示 2 349 字节，在 AU-4 净负荷中，从紧邻 H_3 的字节起，以 3 字节为一个正调整单位（2 349÷3 = 783），依次按其相对于最后一个 H_3 的偏移量给予偏移编号，共计有 0～782 个偏移编号（见图 4-46）。

10 比特指针值的奇数比特表示为 I 比特（增加比特），偶数比特表示为 D 比特（减少比特）。进行正调整时 5 个 I 比特全部反转，进行负调整时 5 个 D 比特全部反转。接收端使用择多判决准则，根据 5 个 I 比特或 5 个 D 比特中多数比特反转来区别指针值是否应增加或减少。

（2）指针调整原理（频率偏移引起的指针调整）

如果 VC-4 帧速率与 AU-4 速率间有频率偏移，则 AU-4 指针值将按需要增减，同时伴随着相应的正或负调整字节的出现。当频率偏移较大，需要连续多次指针调整时，相邻两次指针调整操作之间必须至少 3 帧，即若从指针反转那一帧算起（作为第 1 帧），至少在第 5 帧才能进行指针调整操作，两次指针调整操作之间的指针值应保持不变。

① 正调整。为了便于说明问题，先假定本帧 VC-4 的前 3 个字节在图 4-46 的最后一个 H_3 之后的"222"位置，即指针值为 2。表 4-15 所示为稳定帧的指针值。

表 4-15			指针调整过程中各比特状态（假设稳定帧的指针值为 2）	
序号	N N N N	SS	I D I D I D I D I D	说明
1	0110	10	0000000010	稳定帧
2	1001	10	1010101001	调整帧（125μs），正调整"I"比特反转
3	0110	10	0000000011	经过 125μs 的调整后，稳定状态下的各比特状态
4	1001	10	0101010111	调整帧（125μs），负调整"D"比特反转
5	0110	10	0000000001	经过 125μs 调整后，稳定状态下的各比特状态

若下一帧的 VC-4 速率比 AU-4 速率低时，就应该进行正调整提高 VC-4 的速率，以便

使其与网络同步，即在 VC-4 帧的起始字节（J_1）前插入 3 个填充伪信息字节，使 VC-4 帧的定位在时间上向后推移 3 字节（向右推移一个调整字节），于是指针值加 1 变为 32，即 VC-4 的前三个字节右移至"333"位置，这样，就对 VC-4 进行了正调整。我们把此帧叫做调整帧，在调整帧的 125μs 中，指针字节 H_1 和 H_2 中的 5 个 I 比特相对前一帧反转，接收端使用 5 比特择多判决准则（5 个 I 比特中多数比特反转）来决定是否进行正调整解码。指针的 NDF 由"0110"变为"1001"，指针各比特状态如表 4-15 第 2 行所示。经 125μs 的调整帧，在下一帧便确定了新的指针值，即重新获得了稳定状态，此时指针比特状态如表 4-15 第 3 行所示。

应该注意的是 AU-4 指针值 $782 + 1 = 0$。

② 负调整。仍以本帧 VC-4 的前 3 个字节位于图 4-46 的"222"位置，当下帧的 VC-4 速率比 AU-4 的速率高，就应该进行负调整，降低 VC-4 的速率，以便使其与网络同步，即将 VC-4 前 3 个字节要向前移（左移一个调整字节，并且指针值减 1 变为 1，即 VC-4 的前 3 个字节位置"222"变为"111"，这样就对 VC-4 速率进行了负调整。指针字节 H_1 和 H_2 中的 5 个 D 比特相对前一帧反转，接收端使用 5 比特择多判决准则（5 个 D 比特中多数比特反转）来决定是否进行负调整解码。指针的 NDF 由"0110"变为"1001"，指针各比特状态，如表 4-15 第 4 行所示。

经过 125μs 的调整帧，在下一帧便确定了新的指针值，即重新获得了稳定状态，此时指针各比特状态如表 4-15 第 5 行所示。

应该注意的是 AU-4 指针值 $0-1 = 782$。

2. VC-3 在 TU-3 中的定位（TU-3 指针调整）

TU-3 指针

VC-3 进入 TU-3 时，应加上 TU-3 指针，即

$$TU\text{-}3 = VC\text{-}3 + TU\text{-}3PTR$$

TU-3PTR 由在 TU-3 中的第 1 列 3 个字节 H_1、H_2 和 H_3 组成。其中 H_1 和 H_2 指针码字图案如图 4-47 所示，H_3 字节用于负调整机会。

TU-3 是以一个字节为单位进行调整的，因此 TU-3 指针值的范围是 $0\sim764(85 \times 9)$，它们表示指针与 VC-3 的第一个字节之间的偏移量。TU-3 指针调整原理与 AU-4 类似，如图 4-48 所示。图 4-49 所示为 3 个 TUG-3 复用成一个 VC-4 后的 TU-3 指针位置和偏移编号。

3. VC-12 在 TU-12 中的定位（TU-12 指针调整）

（1）TU-12 指针

VC-12 进入 TU-12 中时，应加上 TU-12 指针，即

$$TU\text{-}12 = VC\text{-}12 + TU\text{-}12PTR$$

TU-12PTR 可以指出 VC-12 在 TU-12 复帧内的位置，为净负荷 VC-12 在 TU-12 复帧内的灵活动态定位提供了一种方法。TU-12PTR 在 TU-12 中的位置如图 4-50 所示。TU-12PTR 由 V_1、V_2、V_3 和 V_4 4 字节组成，其中 V_1、V_2 为

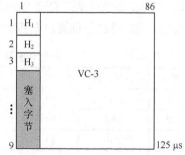

图 4-48　TU-3 指针位置

指针字节，V_3 字节为负调整位置，其后的那个字节为正调整字节，V_4 字节为保留字节。V_1、V_2 字节各比特安排如表 4-16 所示。

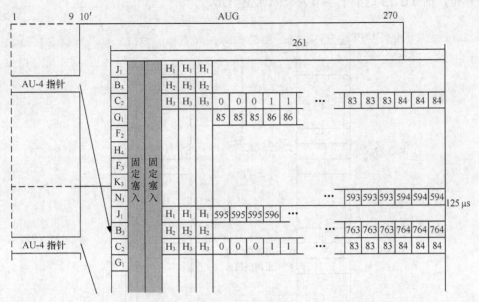

图 4-49 3 个 TUG-3 复用成一个 VC-4 后的 TU-3 指针位置和偏移编号

表 4-16　　　　　　　　　TU-12 帧的 V_1，V_2 字节 16bit 指针安排

			V_1								V_2				
N	N	N	N	S	S	I	D	I	D	I	D	I	D	I	D

新数据标识（NDF）	TU 类别	10 比特指针值
表示所载净负荷容量有变化。 净负荷无变化时 NNNN 为正常值"0110" 在净负荷有变化的那一帧，NNNN 反转为"1001"此即 NDF。NDF 出现的那一帧指针值随之改变为指示 VC 新位置的新值称为新数据。若净负荷不再变化，下一帧 NDF 又返回到正常值"0110"，并至少在 3 帧内不作指针值增减操作	对于 TU-12 SS = 10	AU-12 指针值为 0～139。 指针值指示了 V_5 与 V_2 字节间的偏移量 指针调整规则 （1）在正常工作时，指针值确定了 VC-12 帧在 TU-12 帧内的起始位置，NDF 设置为"0110"。 （2）若 VC-12 帧速率比 TU-12 帧速率低，5 个 1 比特反转表示要作正帧频调整，该 VC 帧的起始点后移，下一帧中的指针值是先前指针值加 1。注：在 TU-12 指针调整中 139＋1＝0 （3）若 VC-12 帧速率比 TU-12 帧速率高，5 个 D 比特反转表示要作负帧频调整，负调整位置 V_3 用 VC 的实际信息数据重写，该 VC 帧的起始点前移，下帧中的指针值是先前指针值减 1。注：在 TU-12 指针调整中 0-1＝139 （4）当 NDF 出现更新值 1001，表示净负荷容量有变，指针值也要作相应地增减，然后 NDF 回归正常值 0110 （5）指针值完成一次调整后，至少停 3 帧方可有新的调整 （6）收端对指针解码时，除仅对连续 3 次以上收到的前后一致的指针进行解读外，将忽略任何指针的变化

　　在 TU-12 净荷中，从紧邻 V_2 的字节起，以 1 个字节为一个正调整单位，依次按其相对于 V_2 的偏移量给予偏移编号总共有 0～139 个［4×（4×9-1）］偏移编号。VC-12 帧的首字节 V_5 位于 105 偏移号位置，该编号对应的二进制值即为 TU-12 指针值。TU-12 指针位置和偏移编号如图 4-50 所示。

（2）TU-12 指针调整原理

TU-12 指针调整原理与 AU-4 指针调整原理基本相同，唯一区别的是 AU-4 是 3 字节为一

个调整单位，而 TU-12 是 1 个字节为一个调整单元。

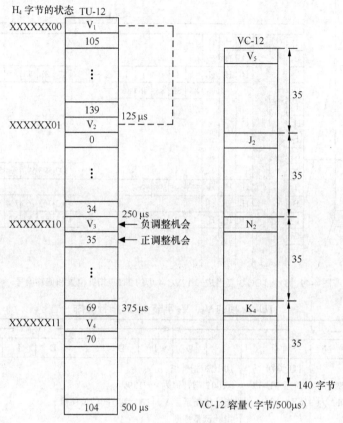

图 4-50　TU—12 的复帧结构

4.7.5　复用

复用是一种使多个低阶通道层的信号适配进高阶通道或者把多个高阶通道层信号适配进复用层的过程，即以字节交错间插方式把 TU 组织进高阶 VC 或把 TU 组织进 STM-N 的过程。由于经 TU 和 AU 指针处理后的各 VC 支路已相位同步，此复用过程为同步复用。

1. 管理单元（AU）复用 STM-N

（1）AU-4 复用进 AUG

单个 AU-4 复用进 AUG 的安排如图 4-51 所示。AU-4 是 VC-4 净负荷加上 AU-4PTR 组成，AU-4PTR 占用 AU-4 帧的第 4 行前 9 字节，但 VC-4 的相位相对于 AU-4 并不固定，VC-4 第 1 字节相对于 AU-4 指针的位置由指针值给出。AU-4 直接放入 AUG 中。

（2）N 个 AUG 复用进 STM-N 帧

N 个 AUG 复用进 STM-N 帧的安排如图 4-52 所示。N 个 AUG 复用进 STM-N 帧是通过字节间插复用方式完成的，再加上段开销（SOH）形成 STM-N 帧，且 AUG 相对于 STM + V 帧具有固定的相位关系。

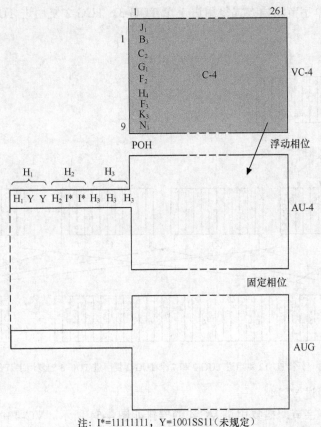

注：I*=11111111，Y=1001SS11（未规定）

图 4-51　AU-4 复用进 AUG

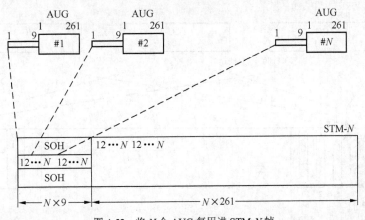

图 4-52　将 N 个 AUG 复用进 STM-N 帧

2. 支路单元（TU）复用进 VC-4

（1）TU-12 复用进 TUG-2

3 个 TU-12 按单字节间插方式复用进 1 个 TUG-2。TU-12 复用进 TUG-2 的字节安排如图 4-53 所示。

（2）TUG-2 复用进 TUG-3

7 个 TUG-2 按单字节间插方式复用进 1 个 TUG-3。TUG-2 复用进 TUG-3 的字节安排，如图 4-53 所示。

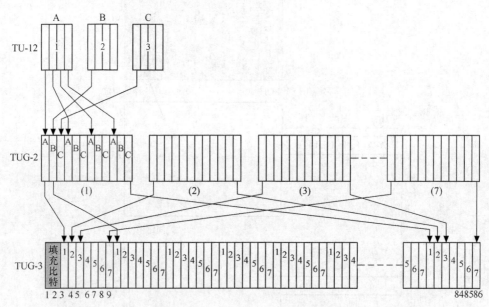

图 4-53　3 个 TU-12 复用进 TUG-2 和 7 个 TUG-2 复用进 TUG-3 的复用字节安排

（3）TUG-3 复用进 VC-4

3 个 TUG-3 按复字节间插复用进 VC-4 的安排如图 4-54 所示。VC-4 由一列 VC-4POH 和两列填空比特及 258 列净负荷构成。TUG-3 与 VC-4 具有固定的相位关系。

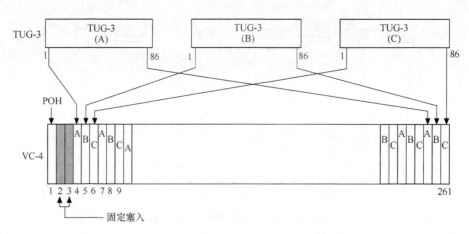

图 4-54　3 个 TUG-3 复用进 VC-4

图 4-55 和图 4-56 分别给出了 2.048Mbit/s 和 139.264Mbit/s 支路信号经映射、定位、复用成 STM-N 帧的过程（请读者结合所学知识分析归纳总结）。

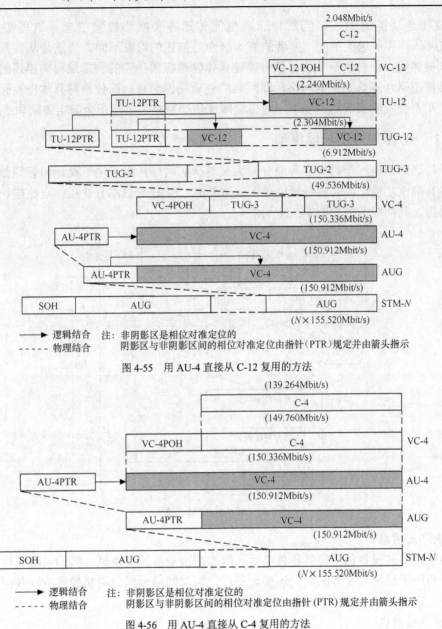

图 4-55　用 AU-4 直接从 C-12 复用的方法

图 4-56　用 AU-4 直接从 C-4 复用的方法

4.8　SDH 传送网结构

4.8.1　传送网的概念

　　电信网是十分复杂的网络，它泛指提供通信服务的所有实体（设备、装备和设施）及逻辑配置。它有两大基本功能群，一类是传送（Transport）功能群，可将任何通信信息从一个点传递到另一些点；另一类是控制功能群，可以实现各种辅助服务和操作维护功能。传送网就是完成传送功能的手段，当然传送网也能传递各种网络控制信息。这里需区别传输（Transmission）和传送的不同。两者的基本区别是描述的对象不同，传送是从信息传递的功能过程来描述的，而传输是从信息信号通过具体物理媒质传输的物理过程来描述的。因而传送网主要指逻辑功能意义上的网络，即网络的逻辑功能集合；而传输网具体指实际设备组成的网络。在不会发生误解的情况下，则传输网或传送网也可以泛指全部实体网和逻辑网。

4.8.2 SDH 传送网分层模型

由于传送网络是一个具有各种成分又大又复杂的网络，为了便于设计和管理传递网，建立一个具有确定功能实体的网络模型是十分重要的。SDH 传送网分 3 层：电路层、通道层和传输介质层，其网络关系如图 4-57 所示。

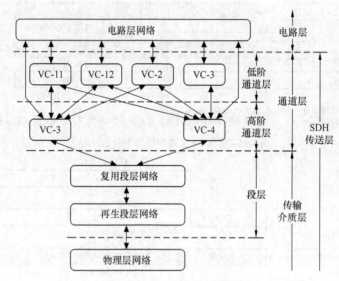

图 4-57 SDH 传送网分层模型

1. 电路层网络

电路层网络的设备包括提供各种电话、数据交换业务的交换机（例如电路交换机或分组交换机）和用于租用线业务的交叉连接设备。电路层网络面向公用交换业务，并向用户提供通信业务。它们的输出为速率固定的数据流。

2. 通道层网络

通道层又分为高阶通道层和低阶通道层。通道层的数据速率和结构由虚容器 $VC\text{-}nX$ 决定，其中 $N = 1$，2，3，4，$x = 1$，2。通道层网络支持一个或多个电路层，并为电路层数据提供"透明"的传输通道服务。电路层和通道层的连接由数字交叉连接设备（DXC）负责。相对于电路层交换接续时间而言，通道层提供较长的接续时间。

3. 传输介质层网络

传输介质层网络与传输介质（光缆或无线）有关，它支持一个或多个通道层网络，为通道层网络节点（如 DXC）供合适的通道容量，如 STM-C 就是传输介质层网络的标准传送容量。该层主要面向跨越线路系统的点到点传送。

传输介质层网络可以进一步划分为段层网络和物理介质层网络（简称物理层），段层网络还可以进一步细分为复用段层网络和再生段层网络，其中复用段层网络涉及复用段终端之间的端到端信息传递，诸如为通道层提供同步和复用功能，并完成有关复用段开销的处理和传递等。而再生段层网络涉及再生器之间或再生器与复用段终端之间的信息传递，诸如定帧、扰码、再生段误码监视以及再生段开销的处理和传递等。物理层网络主要完成光电脉冲形式的比特传送任务，与开销无关。

4.8.3　SDH 传输网及网络单元

1. SDH 传输网

SDH 传输网由 SDH 网络单元组成。在光纤线路或其他传输介质上，SDH 传输网可以完成同步信息的传输、复用和交叉连接。

由 SDH 网络单元组成的 SDH 传输网有多形式，图 4-58 所示为 4 种常用的 SDH 网络结构。

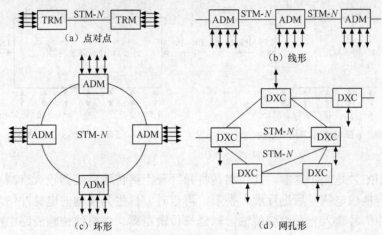

图 4-58　常见的 SDH 网结构

2. SDH 网络单元

SDH 网络单元主要有同步光缆线路系统、终端复用器（TM）、分插复用器（ADM）和同步数字交叉连接设备（SDXC）。TM、ADM 和 SDXC 组成的实际系统如图 4-59 所示。

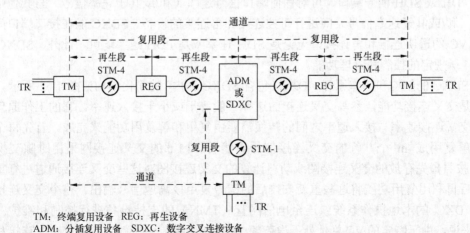

TM：终端复用设备　REG：再生设备
ADM：分插复用设备　SDXC：数字交叉连接设备

图 4-59　实际系统组成中的再生段、复用段和通道

（1）支路信号

支路信号（TR）是要传输的信息数据流，它们的速率可以是 PDH 的一至四次群信号，也可以是 SDH 低次群信号。

（2）终端复用器

终端复用器（TM）的主要任务是将低速支路电信号和 155Mbit/s 电信号纳入 STM-1 帧结构，并经电/光转换为 STM 光线路信号，其逆过程正好相反。TM 的功能如图 4-60 所示。

（3）分插复用器

分插复用器（ADM）是一种新型的网络单元，它综合同步复用和数字交叉连接功能于一体，用于中间站需上、下的 TR 信号的复接和分接，因而具有灵活地分插任意支路信号的能力，使网络设计有很大的灵活性。ADM 的功能如图 4-61 所示。

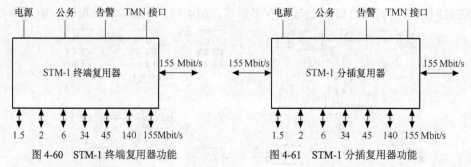

图 4-60　STM-1 终端复用器功能　　　　　图 4-61　STM-1 分插复用器功能

（4）再生器

再生器（REG）是光中继器，其作用是将光纤长距离传输后受到较大衰减及色数畸变的光脉冲信号，转换成电信号后进行放大整形、再定时、再生为规划的电脉冲信号，再调制光源变换为光脉冲信号送入光纤继续传输，以延长传输距离。在微波传输线路中可由中继站中的中继设备代替。

（5）数字交叉连接设备

① 数字交叉连接设备（SDXC）的概念。SDXC 是 SDH 网的重要网络单元，是进行传输网有效管理、实现可靠的网络保护/恢复以及自动化配线和监控的重要手段。SDXC 具有 1 个或多个 PDH 或 SDH 信号端口，可对任何端口信号速率（和/或其子速率信号）与其他端口信号速率（和/或其子速率信号）间进行可控连接和再连接的设备。SDXC 能在接口端口间提供可控的 VC 的透明连接和再连接，无论是 SDH 速率或是 PDH 速率均可。此外，SDXC 还支持 G.784 所规定的控制和管理功能。

② SDXC 的结构和工作原理。DXC（包含 SDXC 在内）的简化结构如图 4-62 所示。DXC 的核心是交叉连接功能，参与交叉连接的速率一般等于或小于接入速率。它的工作原理是这样的，交叉连接速率与接入速率之间的转换需要由复用和解复用功能来完成。首先每个输入信号被解复用成 m 个并行的交叉连接信号。然后，内部的交叉连接网采用时隙交换技术（TSI），按照预先存放的交叉连接图或动态计算的交叉连接图对这些交叉连接通道进行重新安排，最后再利用复用功能将这些重新安排后的信号复用成高速信号输出。整个交叉连接过程由连至 DXC 的本地操作系统或连至电信网管（TMN）的支持设备进行控制和维护。对于 SDXC 来说，由于特定的 VC 总是处于净荷帧中的特定列数，因而对 VC 实施交叉连接相当于只需对特定的列进行交换即可。因此 SDXC 实际上是一种列交换机，利用外部编程命令即可

实现交叉连接功能。

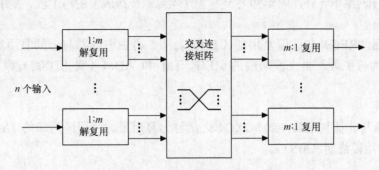

图 4-62　DXC 的简化结构

③ SDXC 的配置类型。

依据端口速率和交叉连接速率的不同，DXC 可有各种配置形式。通常用 DXC *X/Y* 来表示一个 DXC 的配置类型，其中 *X* 表示接入端口数据流的最高等级，Y 表示参与交叉连接的最低级别。数字 0 表示 64kbit/s 电路速率。数字 1、2、3、4 分别表示 PDH 体制中的一～四次群速率，其中 4 也代表 SDH 体制中的 STM-1 等级。数字 5 和 6 分别代表 SDH 体制中的 STM-4 和 STM-16 等级。例如 DXC1/0 表示接入端口的最高速率为一次群信号，而交叉连接速率则为 64kbit/s。DXC4/1 表示接入端口的最高速率为 140Mbit/s 或 155Mbit/s，而交叉连接的最低速率为一次群信号。DXC4/1 设备允许所有一～四次群信号和 STM-1 信号接入和进行交叉连接。

目前，电信网应用最多的 SDXC 主要有 3 种基本配置类型：类型 1（SDXC4/4）仅提供高阶虚容器 VC-4 的交叉连接；类型 2（SDXC4/1）仅提供低阶虚容器 VC-12 的交叉连接；类型 3（DXC4/4/1），该类型既提供高阶虚容器 VC-4 的交叉连接，又提供低阶虚容器 VC-12 的交叉连接。另外，还有一种对 2Mbit/s 信号在 64kbit/s 速率等级上进行交叉连接的设备，称为电路 DXC1/0，主要为 PDH 网提供快速、经济和可靠的 64kbit/s 电路的数字交叉连接功能，DXC1/0 不属于 SDH 网。

④ SDXC 的主要功能。SDXC 和相应的网络系统配合，可以支持下列功能。

• 复用功能：将若干个 2Mbit/s 信号复用至 155Mbit/s 或从 155Mbit/s 和（或）140Mbit/s 中分出 2Mbit/s 信号。

• 网络管理：可对网络的性能进行分析、统计，并进行网络的配置以及网络故障的管理等。

• 业务汇集：将不同传输方向上传送的业务填充入同一传输方向的通道中，最大限度利用传输通道资源。

• 业务疏导：将不同的业务加以分类，归入不同的传输通道中。

• 网络恢复：网络发生故障后，在网络范围内迅速找到替代路由，恢复传送的业务。

• 传输设备管理：对传输设备的试运转、维护、运行和性能进行监视，并进行业务量的疏导和集中等。

• 保护倒换：对复用段进行 1 + 1、1：*N* 和 *M*：*N* 保护倒换。

• 通道监视：利用高阶通道开销（HPOH）功能，采用非介入方式对通道进行监视，进行故障定位。

• 测试接入：测试设备可通过 SDXC 的空余端口对连接到网络上的待测设备进行监

视。测试接入有两种类型，中断业务测试和不中断业务测试。

除上述 SDH 网络单元外，图 4-59 中还标出了实际系统组成中的再生段、复用段和通道。

（6）再生段

再生中继器（REG）与终端复用器（TM）之间、再生中继器与分插复用器（ADM）或 SDXC 之间称为再生段。再生段两端的 REG、TM 和 ADM（或 SDXC）称为再生段终端（RST）。

（7）复用段

终端复用器与分插复用器（或 SDXC）之间称为复用段。复用段两端的 TM 和 ADM（或 SDXC）称为复用段终端（MST）。

（8）通道

终端复用器之间称为通道。通道两端的 TM 称道终端（PT）。

4.8.4　SDH 的自愈网

为了提高网络的安全性，要求网络有较高的生存能力，从而产生了自愈网的概念。自愈网是指无需人为干预，网络就能在极短时间内从失效故障中自动恢复所携带的业务，使用户感觉不到网络已出了故障。自愈网基本原理就是使网络具备自我诊断自动恢复通信的能力。需要提醒的是自愈的概念只涉及重新确立通信，而不管具体失效元部件的修复与更换，而后者仍需人工干预才能完成。实现自愈网的方法很多，主要有线路保护倒换、环形网保护、DXC 保护和混合保护几种。

1. 线路保护倒换

线路保护倒换是最简单的自愈形式，其基本原理是当出现故障时，由工作通道（主用）倒换到保护通道（备用），用户业务得以继续传送。

（1）线路保护倒换方式

线路保护倒换有以下两种方式。

① 1+1 方式。1+1 方式采用并发优收，即工作段和保护段在发送端永久地连在一起（桥接），信号同时发往工作段和保护段，在接收端择优选择接收性能良好的信号。

② 1:n 方式。1:n 方式是保护段由 n 个工作段共用，当其中任意一个出现故障时，均可倒至保护段。1:1 方式是 1:n 方式的一个特例。

（2）线路保护倒换的特点

归纳起来，线路保护倒换的主要特点如下。

① 业务恢复时间很快，可短于 50ms。

② 若工作段和保护段属同缆复用（即主用和备用光纤在同一缆心内），则有可能导致工作段（主用）和保护段（备用）同时因意外故障而被切断，此时保护方式就失去作用了。解决的办法是采用地理上的路由备用，当主用光缆被切断时，备用路由上的光缆不受影响，仍能将信号安全地传输到对端。但该方案至少需要双份的光缆和设备，成本较高。

2. 环形网保护

当把网络节点连成一个环形时，可以进一步改善网络的生存性和降低成本，环形网是 SDH 网的一种典型拓扑方式。环形网的节点一般用 ADM，也可以用 DXC。利用 ADM 的分插能力和智能构成自愈环是 SDH 的特色之一。

　　自愈环结构可以划分为两大类，即通道倒换环和复用段倒换环。从进入环的支路信号与由该支路信号分路节点返回的支路信号方向划分为两大类，即单向环和双向环。单向环中所有业务信号按同一方向在环中传输（顺时针或逆时针）；而双向环中进入环的支路信号按一个方向传输，而由该支路信号分路节点返回的支路信号按相反方向传输。若按照一对节点间所用光纤的最小数量来区分，还可以划分为二纤环和四纤环。但通常情况下，通道倒换环只工作在单向二纤方式，而复用段倒换环既可以工作在单向方式又可工作在双向方式，既可工作在二纤方式又可工作在双四纤方式。

　　（1）二纤单向复用段倒换环

　　二纤单向复用段倒换环的工作原理如图 4-63（a）所示，它的每一个节点在支路信号分插功能前的每一高速线路上都有一保护倒换。正常情况下，信号仅仅在 S_1 光纤中传输，而 P_1 光纤是空闲的。

　　BC 节点间光缆被切断时，如图 4-63（b）所示，则 B、C 两个与光缆切断点相连的两个节点执行环回功能。此时，从 A 到 C 的信号 AC 则先经 S_1 到 B，再经 P_1 过 A、D 到达 C。而信号 CA 则仍经 S_1 传输。这种环回倒换功能保证在故障情况下，仍能维持环的连续性，使传输的业务信号不会中断。故障排除后，倒换开关再返回原来的位置。

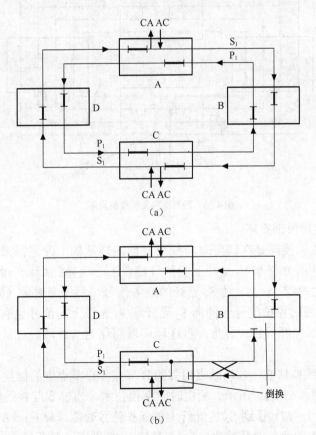

图 4-63　二纤单向复用段倒换环

　　例如，从 A 到 C 信号经 S_1 过 B 到 C，而从 C 到 A 的信号 CA 也经 S_1 过 D 到达 A。

（2）四纤双向复用段倒换环

四纤双向复用段倒换环的工作原理如图 4-64（a）所示。

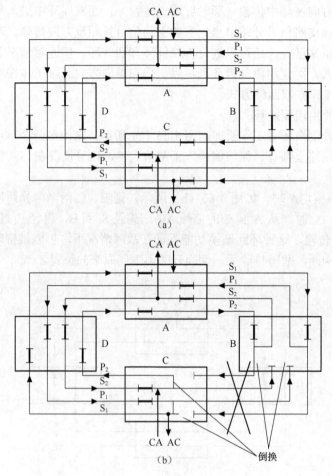

图 4-64　四纤双向复用段倒换环

（3）二纤双向复用段倒换环

二纤双向复用段倒换环是在四纤双向复用段倒换环基础上改进得来的。它采用了时隙交换（TSI）技术，使 S_1 光纤和 P_2 光纤上的信号都置于一根光纤（称 S_1/P_2 光纤），利用 S_1/P_2 光纤的一半时隙（如时隙 $1\sim M$）传 S_1 光纤的业务信号，另一半时隙（时隙 $M+1\sim N$，其中 $M\leq N/2$）传 P_2 光纤的保护信号。同样 S_2 光纤和 P_1 光纤上的信号也利用时隙交换技术置于一根光纤（称 S_2/P_1 光纤）上。由此，四纤环可以简化为二纤环。二纤双向复用段倒换环如图 4-65（a）所示。

当 BC 节点间光缆被切断，与切断点相邻的 B 节点和 C 节点中的倒换开关将 S_1/P_2 光纤与 S_2/P_1 光纤沟通，如图 4-65（b）所示。利用时隙交换技术，通过节点 B 的倒换，将 S_1/P_2 光纤上的业务信号时隙（$1\sim M$）移到 S_2/P_1 光纤上的保护信号时隙（$M+1\sim N$）；通过节点 C 的倒换，将 S_2/P_1 光纤上的业务信号时隙（$1\sim M$）移到 S_1/P_2 光纤上的保护信号时隙（$M+1\sim N$）。当故障排除后，倒换开关将返回到原来的位置。

由于一根光纤同时支持业务信号和保护信号，所以二纤双向复用段倒换环的容量仅为四纤双向复用段倒换环的一半。

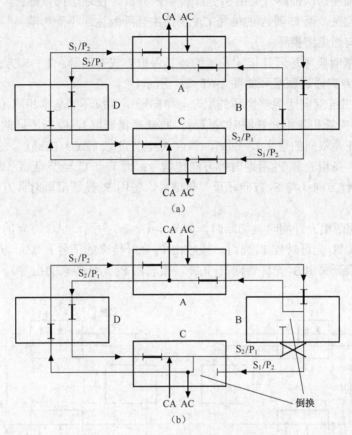

图 4-65　二纤双向复用段倒换环

（4）二纤单向通道倒换环

二纤单向通道倒换环如图 4-66（a）所示，它采用"首端桥接，末端倒换"的结构。由 A 节点进入环到 C 的信 AC 同时由两路路径到达 C 节点，一路是经 S_1 过 B 到达 C 节点，一路是经 P_1 过 D 到达节点 C。由 C 节点按照分路通道信号的优劣决定选哪一路作为分路信号。正常工作情况下，S_1 为主光纤，其信号也为主信号。由 C 节点进入环到节点 A 的信号分析和上面一样。

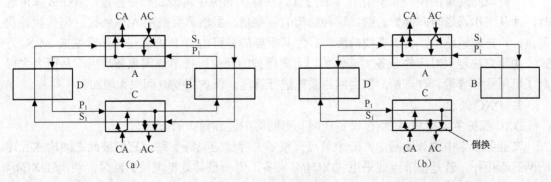

图 4-66　二纤单向通道倒换环

如图 4-66（b）所示，当 BC 段光缆被切断时，在节点 C，由于 S_1 光纤传输的信号 AC 丢失，则按通道选优准则，倒换开关由 S_1 光纤转至 P_1 光纤，使通信得以维护。一旦排除故障，开关再返回原来位置，而 C 到 A 的信号 CA 仍经主光纤到达，不受影响。

（5）二纤双向通道倒换环

二纤双向通道倒换环是近几年才发展的。其保护方式有两种：1＋1 方式和 1:1 方式。1＋1 方式的二纤双向通道倒换环如图 4-67（a）所示。

1＋1 方式的二纤双向通道倒换环的原理与单向通道倒换环的基本相同（也是采用"并发优收"，即往主用光纤和备用光纤同时发信号，收端择优选取），唯一不同的是返回信号沿相反方向传输（这正是双向的含义）。例如，节点 A 至节点 C（AC）的通信，主用光纤 S_1 沿顺时针方向传信号，备用光纤 P_1 沿逆时针方向传信号；而节点 C 至节点 A（CA）的通信，主用 S_2 光纤沿逆时针方向（与 S_1 方向相反）传信号，备用 P_2 光纤沿顺时针方向传信号（与 P_1 方向相反）。

当 BC 节点间两根光纤同时被切断时，如图 4-67（b）所示。AC 方向的信号在节点 C 倒换（即倒换开关由 S_1 光纤转向 P_1 光纤，接收由 P_1 光纤传来的信号），CA 方向的信号在节点 A 也倒换（即倒换开关由 S_2 光纤转向 P_2 光纤，接收由 P_2 光纤传来的信号）。

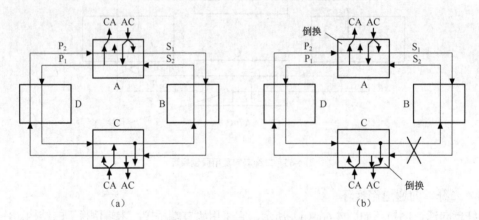

图 4-67 二纤双向通道倒换环

这种 1＋1 方式的双向通道倒换环主要优点是可以利用相关设备在无保护环或线性应用场合下具有通道再利用的功能，从而使总的分插业务量增加。

二纤双向通道倒换环如果采用 1:1 方式，在保护通道中可传额外业务量，只在故障出现时，才从工作通道转向保护通道。这种结构的特点是：虽然需要采用 APS 协议，但传额外业务量，可选较短路由，易于查找故障等。尤其重要的是可由 1:1 方式进一步演变成 M:N 方式，由用户决定只对哪些业务实施保护，无需保护的通道可在节点间重新启用，从而大大提高了可用业务容量。缺点是，需由网络系统进行管理，保护恢复时间大大增加。

3. DXC 保护

DXC 保护主要指利用 DXC 设备在网孔形网络中进行保护的方式。

在业务量集中的长途网中，一个节点有很多大容量的光纤支路，它们彼此之间构成互连的网孔形拓扑。若是在节点处采用 DXC4/4 设备，则一旦某处光缆被切断时，利用 DXC4/4 的快速交叉连接特性，可以很快地找出替代路由，并且恢复通信。于是产生了 DXC 保护方式，如图 4-68 所示。

例如，假设从 A 到 D 节点，本有 12 个单位的业务量（不妨设为 12 × 140/155Mbit/s），当 AD 间的光缆被切断后，DXC 可以从网络中发现图中所示的 3 条替代路由来共同承担这几个单位的业务量。从 A 经 E 到 D 分担 6 个单位，从 A 到 B 和 E 到 D 为 2 个单位，从 A 经 B、C 和 F 到 D 为 4 个单位。

4. 混合保护

混合保护是采用环形网保护和 DXC 保护相结合，这样可以取长补短，大大增加网络的保护能力。混合保护结构如图 4-69 所示。

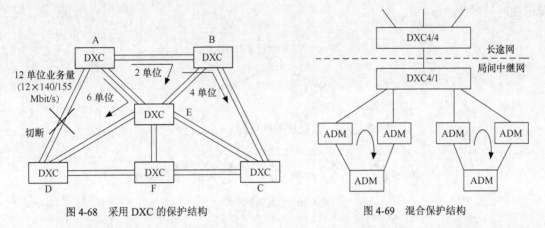

图 4-68　采用 DXC 的保护结构　　　　　图 4-69　混合保护结构

5. 各种自愈网的比较

① 线路保护倒换方式（采用路由备用线路）配置容易，网络管理简单，而且恢复时间很短（50ms 以内），但缺点是成本较高，主要适用于两点间有稳定的大业务量的点到点应用场合。

② 环形网保护结构具有很高的生存性，故障后网络的恢复时间很短（一般小于 50ms），具有良好的业务量疏导能力，在简单网络拓扑条件下，环形网保护成本要比 DXC 保护低很多，环形网保护主要适用于用户接入网和局间中继网。其主要缺点是网络规划较困难，开始时很难准确预计将来的发展，因此在开始时需要规划较大的容量。

③ DXC 保护同样具有很高的生存性，但在同样的网络生存性条件下所需附加的空闲容量远小于环形网。通常，对于能容纳 15%～50%增长率的网络，其附加的空闲容量足以支持 DXC 保护的自愈网。DXC 保护最适于高度互连的网孔形拓扑。例如用于长途网中更显出 DXC 保护的经济性和灵活性，DXC 保护也适用于作为多个环形网的汇接点。DXC 保护的一个主要缺点是网络恢复时间长，通常需要数十秒到数分钟。

④ 混合保护的可靠性和灵活性较高，而且可以减小对 DXC 保护的容量要求，降低 DXC 失效的影响，改善了网络的生存性，另外环的总容量由所有的交换局共享。

4.8.5　网同步、SDH 网同步结构和同步方式

1. 网同步基本概念

网同步是使网中各交换节点的时钟频率和相位都控制在预先确定的容差范围内，以便使网内各交换节点的全部数字流实现正确有效的交换。否则会在数字交换机的缓存器中产生信息比特的溢出和取空，导致数字流的滑动损伤，造成数据出错。故所有的数字网都要同步。

2. 同步方式

目前，各国公用网中交换节点时钟的同步有两种基本方式，即主从同步方式和相互同步方式。

（1）主从同步方式

主从同步方式是使用一系列分级的时钟，每一级时钟都与其上一级时钟同步，在网中的最高一级时钟称为基准主时钟或基准时钟，基准时钟是一个高精度和高稳定度的时钟，该时钟经同步分配网（定时基准分配网）分配给下面各级时钟。

通常同步分配网采用树形结构（见图 4-70），将定时基准信号送至网内各交换节点，然后通过锁相环使本地时钟的相位锁定到收到的定时基准上，从而使网内各交换节点的时钟都与基准主时钟同步。

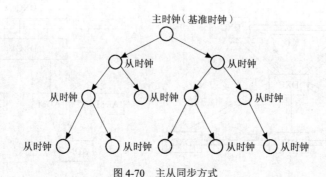

图 4-70　主从同步方式

ITU-T 将各级时针划分为 4 级。

一级时钟——基准主时钟，由 G.811 建议规范。

二级时钟——转接局从时钟，由 G.812 建议规范。

三级时钟——端局从时钟，由 G.812 建议规范。

四级时钟——SDH 网络单元，远端模块数字小交换机（PBX）时钟，由 G.815 建议规范。

主从同步方式的主要优点是网络稳定性较好，组网灵活，适于树形结构和星形结构，对从节点时钟的频率精度要求较低，控制简单，网络的滑动性能也较好。主要缺点是对基准主时钟和同步分配链路的故障很敏感，一旦基准主时钟发生故障会造成全网的问题。为此，基准主时钟应采用多重备份以提高可靠性。同步分配链路也尽可能有备用。采用分级的主从同步方式不仅与交换分级网相匹配，也有利于改进全网的可靠性。

（2）相互同步方式

相互同步方式在网中不设主时钟，由网内各交换节点的时钟相互控制，最后都调整到一个稳定的、统一的系统频率上，从而实现全网的同步工作。网频率为各交换节点时钟频率加权平均值，由于各个时钟频率的变化可能相互抵消，因此网频率的稳定性比网内各交换节点时钟的稳定性更高。这种同步方式对同步分配链路的失效不甚敏感，适于网孔形结构，对节点时钟要求较低，设备便宜。但是相互同步方式的网络稳定性不如主从方式，系统稳态频率不确定且易受外界因素影响。相互同步方式如图 4-71 所示。

（3）从时钟工作模式

在主从同步方式中，节点从时钟有 3 种工作模式。

① 正常工作模式。正常工作模式指在实际业务条件下的工作，此时，时钟同步于输入

的基准时钟信号。影响时钟精度的主要因素有基准时钟信号的固有相位噪声和从时钟锁相环的相位噪声。

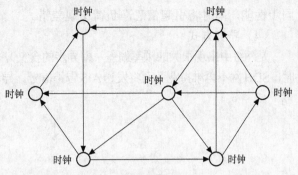

图 4-71　相互同步方式

②　保持模式。当所有定时基准丢失后，从时钟可以进入保持模式。此时，从时钟利用定时基准信号丢失之前所存储的频率信息（定时基准记忆）作为其定时基准而工作。这种模式。

③　自由运行模式。当从时钟不仅丢失所有外部定时基准，而且也失去了定时基准记忆或者根本没有保持模式，从时钟内部振荡器工作于自由振荡方式，这种方式称为自由运行模式。

3.　SDH 网同步结构

SDH 网同步结构通常采用主从同步方式，要求所有网络单元时钟的定时都能最终跟踪至全网的基准主时钟。

（1）局间应用

局间同步时钟分配采用树形结构，使 SDH 网内所有节点都能同步。需要注意的是低等级的时钟只能接收更高等级或同一等级时钟的定时，这样做的目的是避免形成定时环路（基准时钟的传输形成一个首尾相连的环路），造成同步不稳定。

（2）局内应用

局内同步分配通常采用逻辑上的星形拓扑，即所有网络单元时钟都直接从本局内最高质量的时钟（BITS）获取定时，只有 BITS 是从来自别的交换节点的同步分配链路中提取定时，并能一直跟踪至全网的基准主时钟。该节点时钟一般至少为三级或二级时钟。

4.　SDH 网同步方式

从工作原理上划分，SDH 网络同步可以有 4 种不同的方式。

（1）同步方式

指在网中的所有时钟都能最终跟踪到同一个网络的基准主时钟，在同步分配过程中，如果由于噪声使得同步信号间产生相位差，由指针调整进行相位校准。同步方式是单一网络范围内的正常工作方式。

（2）伪同步方式

指在网中有几个都遵守 G.811 建议要求的基准主时钟，它们具有相同的标称频率，但实际频率仍略有差别。这样，网中的从时钟可能跟踪于不同的基准主时钟，形成几个不同的同步网。由于各个基准主时钟的频率之间有微小的差异，所以在不同的同步网边界的网元中会出现频率或相位差异，这种差异仍由指针调整来校准。伪同步方式是在不同网络边界以及国际网接口处的正常工作方式。

（3）准同步方式

是同步网中有一个或多个时钟的同步路径或替代路径出现故障时，失去所有同步链路的节点时钟，进入保持模式或自由运行模式工作。该节点时钟频率和相位与基准主时钟的差异由指针调整校准。但指针调整会引起定时抖动，一次指针调整引起的抖动可能不会超出规定的指标。可在准同步方式时，持续的指针调整可能会使抖动累积到超过规定的指标，而恶化同步性能，同时将引起信息净负荷出现差错。

（4）异步方式

是网络中出现很大的频率偏差（即异步的含义），当时钟精度达不到 ITU-TG81S 所规定的数值时，SDH 网不再维持业务而将发送 AIS 告警信号。异步方式工作时，指针调整用于频率跟踪校准。

小　　结

1. 准同步数字体系（PDH）主要的应用有 PCM 一次群、二次群、三次群、四次群和五次群，它们的速率分别为 2.048Mbit/s、8.448Mbit/s、34.368Mbit/s、139.264Mbit/s 和 564.992Mbit/s（PCM30/32 系列）。

2. 在数字复接中首先要解决的问题是同步，即要使复接的各低次群数码率相同，然后才能复接。数字复接方式有 3 种：按位复接、按字复接和按帧复接。PDH 通常采用按位复接。数字复接系统同步方式有两种：同步复接和异步复接，PDH 大多采用异步复接。

3. 同步复接是指被复接的各低次群支路的时钟由同一时钟源供给，各支路数码率相同。但在高次群帧结构中需要插入一些供系统保持收发同步用的帧同步码、公务码等，所以要进行码速变换。码速变换的过程是先在各支路帧结构平均时间间隔的固定位置留出空位，复接合成时再插入附加码。接收端在相应的位置取出附加码，将各支路数码率恢复为原低次群的数码率。

4. 异步复接是指被复接的各支路使用各自的时钟源，它们的标称数码率相同，但瞬时数码率不完全相同。因此需要先进行码速调整，使各支路数码率完全同步再复接。码速调整原理是将各支路信号以码速调整前的速率写入缓冲存储器，然后以码速调整后的速率读出（即码速调整电路的特点是慢写快读），并在固定安排的位置插入附加码和用于调整码速的插入脉冲。接收端分接后进行码速恢复以还原各低次群支路速率。码速恢复过程是先用扣除了附加码和插入脉冲的时钟，将分接后的支路信号写入缓冲存储器，再用原低次群支路速率将信号从缓冲存储器中读出。码速恢复电路的缓冲存储器的特点是快写慢读，其读出时钟是由扣除了附加码和插入脉冲的缺齿写入时钟，经过锁相环电路对相位进行平滑后得到的。

5. 异步复接二次群帧周期为 100.38μs，帧长度为 848bit。帧结构中信息码为 820bit（最少），插入码为 24bit～28bit，其中二次群复接帧同步码为 10bit，告警码 1bit，备用码 1bit，码速调整用的插入码为 0～4bit，插入标志码为 12bit。插入标志码的作用是通知接收端本支路该帧有无 V 脉冲插入，以便接收端正确消插。每个支路采用 3 位插入标志码，并且使用大数判决，从而使由于信道误码引起接收端错误判决的概率大大降低。

6. 在正码速调整的准同步复接系统，会产生一种定时时钟脉冲间隔不均匀的插入定时抖动，简称插入抖动。插入抖动是由于在正码速调整过程中，复接器中插入了复接帧同步码、告警码、插入标志码和用于调整码速的无信息脉冲等。在接收端进行分接时，分接器中缓冲存储器的写入时钟是缺齿的脉冲 f_m，读出时钟则由缺齿的 f_m 脉冲恢复产生。基群时钟的产生通常由锁相环来实现，但锁相环本身是以误差来调整误差的系统，所以经过锁相后的读出时钟仍有一定的抖动。

另外，由于插入脉冲的位置固定，使系统有插入请求时不能立即进行插入操作，要等到插入脉冲位置到达时才能进行插入操作，使系统产生等候抖动。

7. PCM 高次群信号有三次群、四次群和五次群信号，它们都是由相邻低次群信号采用异步复接的方法形成的。三次群的帧周期为 44.96μs，帧长度为 1 536bit，各支路使用 3 位插入标志码；四次群的帧周期为 21.02μs，帧长度为 2 928bit，各支路使用 5 位插入标志码；五次群的帧周期为 4.76μs，帧长度为 2 688bit，各支路的插入标志码也是 5 位。三、四、五次群的帧结构与二次群相似。PCM 一～三次群的接口码型都是 HDB3 码，四次群的接口码型是 CMI 码。

8. PCM 零次群是指速率为 64kbit/s 的复接数字信号，主要用于低速数据信号的复接传输。数据时分复用可以分为 3 种：比特复用 TDM、字符复用 TDM 和数据块复用 TDM。数据时分复用向低速信道分配时隙的方式有两种：时隙固定分配和按需分配时隙。

9. 数据时分复用方式分为同步数据时分复用和异步数据时分复用。同步数据时分复用通常采用（6＋2）或（8＋2）包封格式将同步的用户数据流复用成 64kbit/s 的零次群信号。一个完整的 64kbit/s 帧可以由 20 个（6＋2）包封比特码组组成，64kbit/s 复用帧每帧长 2.5ms，共 160bit。采用（6＋2）包封和采用（8＋2）包封，数字信道最大可复用的承载信道数是相同的。

10. PCM 子群是指速率介于 64kbit/s 和 2 048kbit/s 之间的数字复接群路信号，ITU-T 推荐的子群速率有用于广播节目的 384kbit/s 和用于用户环路双向数字传输的 160kbit/s。我国有关部门推荐以 704kbit/s（PCM10）作为一级子群速率。

11. 传统的准同步数字体系（PDH）由于没有世界性的统一标准，上下业务困难、缺少供网络运行、管理、维护(OAM)用的开销比特等，为了适应现代电信网和传输的新要求，发展了同步数字体系（SDH）。SDH 网是由一些 SDH 的网络单元组成的，在光纤上进行同步信息传输、复用和交叉连接的网络，SDH 有一套标准化的信息结构等级（即同步传递模块），全世界有统一的速率，其帧结构块状（页面式）的。SDH 最主要的特点是：同步复用、标准的光接口和强大的网络管理能力。而且 SDH 和 PDH 完全兼容。

12. 网络节点接口（NNI）是连接各网络节点的接口，是传输设备与其他网络单元之间的接口。只有统一标准才能方便各种设备的接入，才能适应网络的演变和发展。

13. SDH 同步传递模块有 STM-1、STM-4、STM-16 和 STM-64，其速率是 155.520Mbit/s、622.080Mbit/s、2 488.320Mbit/s 和 9 953.280Mbit/s。STM-4 可以由 4 个 STM-1 同步复用、按字节间插形成，依此类推。

14. SDH 的帧周期为 125μs，帧长度为（$9 \times 270 \times N \times 8$bit）。帧结构块状（页面式）的，有 9 行，$270 \times N$ 列。它由三部分组成段开销（SOH）、信息净负荷（payload）和管理单元指针（AU-PTR）。段开销区域用于存放 OAM 字节；信息净负荷区域存放各种信息负载；管理单元指针用来指示信息净负荷的第一字节在 STM 帧中的准确位置，以便在接收端能够正确的分接。

（1）开销在 SDH 中提供定帧信息（同步码）、维护、性能监视、告警等功能。SDH 的开销分为段开销 SOH 和通道开销 POH。段开销 SOH 分为再生段开销（RSOH）和复用段开销（MSOH）。通道开销 POH 分为高阶通道开销（H-POH）和底阶通道开销（L-POH）。

（2）SOH 字节主要包括：帧定位字节 A_1 和 A_2、再生段踪迹字节 J_0、数据通信通路 DCC、公务字节 E_1 和 E_2、使用者通路 F_1、比特间插奇偶校验 8 位码 B_1 和比特间插奇偶校验 24 位码 B_2 等。

15. G.709 建议的 SDH 复用结构显示了将 PDH 各支路信号通过复用单元复用进 STM-N 帧结构的过程，我国主要采用的是将 2.048Mbit/s、34.368Mbit/s（用得较少）及 139.264Mbit/s PDH 支路信号复用进 STM-N帧结构。SDH 基本复用单元包括标准容器 C、虚容器 VC、支路单元 TU、支路单元组 TUG、管理单元 AU、管理单元组 AUG。

　　将 PDH 支路信号复用进 STM-N 帧的过程要经历映射、定位和复用 3 个步骤。映射是一种在 SDH 边界处使各支路信号适配进虚容器的过程。定位是一种将帧偏移信息收进支路单元或管理单元的过程，即以附加于 VC 上的 TU-PTR 指示或 AU-PTR 指示和确定低阶 VC 帧的起点在 TU 净负荷中的位置，或高阶 VC 帧的起点在 AU 净负荷中的位置。在发生相对帧相位偏移差，使 VC 帧起点浮动时，指针值也随之调整，从而始终保证指针值准确指示 VC 帧的起点位置。复用是以字节交错间插方式把 TU 组织进高阶 VC 或把 AU 组织进 STM-N 帧的过程。

　　16．传送网是完成传送功能的手段，主要指逻辑功能意义上的网络。

　　17．构成 SDH 网的基本网络单元有：终端复用器（TM）、分插复用器（ADM）、再生中继器（REG）及数字交叉连接设备（SDXC）。其中 TM 的主要功能是复用；ADM 的主要功能是分插（即上、下支路）、复用；REG 主要用于对经线路传输后的失真信号整形、再生；SDXC 则是对各种支路信号进行可控连接和再连接的设备，兼有复用、自动化配线、网络保护辕恢复、监控和网管等功能。

　　18．自愈网是无需人为干预，网络就能在极短的时间内，从失效故障中自动恢复所携带的业务，使用户感觉不到网络已出了故障。

　　SDH 自愈网的实现手段主要有：线路保护倒换、环形网保护、DXC 保护及混合保护等。采用环形网实现自愈的方式称为自愈环，SDH 自愈环分为以下几种：二纤单向通道倒换环、二纤双向通道倒换环、四纤双向复用段倒换环及二纤双向复用段倒换环。

　　19．我国的 SDH 网络结构分为 4 个层面：长途一级干线、二级干线、中继网和用户接入网。网同步是全网各交换节点的时钟频率和相位保持一致。SDH 网的网元与基准主时钟保持同步，SDH 网同步采用主从同步方式。SDH 网同步有 4 种工作方式，即同步方式、伪同步方式、准同步方式和异步方式。

思考题与练习题

4-1　高次群的形成采用什么方法？为什么？

4-2　画出数字复接系统方框图，并说明各部分作用。

4-3　按位复接和按字复接各有什么优缺点？

4-4　数字复接同步的含义是什么？为什么复接前首先要解决同步问题？

4-5　数字复接系统的同步有那几种？PDH 采用哪一种？

4-6　什么是同步复接和异步复接？

4-7　为什么同步复接要进行码速变换？简述同步复接中码速变换与恢复过程。

4-8　异步复接中的码速调整与同步复接中的码速变换有什么不同？

4-9　正码速调整的含义是什么？

4-10　高次群帧结构中，插入标志码和插入脉冲的作用是什么？

4-11　高次群帧结构中加入了哪些附加码，它们各有何作用？

4-12　简述二次群异步复接器是怎样实现码速调整的。

4-13　码速恢复电路与码速调整电路有何不同？码速恢复的读出时钟从何而来？

4-14　异步复接二次群帧结构中有多少位插入码？各有何作用？

4-15 异步复接二次群帧周期是多少？帧长是多少？

4-16 已知 PCM 异步复接二次群复接前每支路一个帧周期内的信息码平均为 205.576bit，试计算 PCM 异步复接三次群和四次群复接前一个帧周期内各支路信息码的平均比特数。

4-17 PCM 异步复接四次群复接前每支路一个帧周期内安排了 5 位插入标志码，试计算接收端正确判断的概率。（设信道误码率 $P_e = 10^{-3}$）

4-18 已知正码速调整异步复接 PCM 四次群速率为 139.264Mbit/s，它是由 4 个数码率为 34.368Mbit/s 的三次群支路复接而成。已知四次群帧长为 2 928bit，试计算：

（1）最大码速调整率 f_{smax}；

（2）标称码速调整率 f_s；

（3）标称速率下平均每支路塞入几个调整码位？

4-19 正码速调整异步复接二次群复接到三次群，复接前要将二次群支路速率从标称值 8.448Mbit/s 提高到 8.592Mbit/s。已知二次群支路子帧长为 384bit，每帧安排一个塞入位，试求：

（1）二次群支路数码率调整范围；

（2）设某支路在调整后每 4 帧塞入一个脉冲 V，求原支路速率为多少？

4-20 比较异步复接二次群、三次群、四次群和五次群帧结构的异同点。

4-21 PCM 一～四次群的接口码型分别是什么？

4-22 什么是零次群复接？

4-23 试比较（6 + 2）包封和（8 + 2）包封的异同点，说明为什么多数国家采用（6 + 2）包封格式？

4-24 什么是 PCM 子群？

4-25 SDH 的特点有哪些？

4-26 SDH 帧结构有几个区域？各自的作用是什么？

4-27 什么是容器、虚容器、支路单元和支路单元组、管理单元和管理单元组？

4-28 计算 STM-1 帧的速率？SOH 的速率？AU-PTR 的速率？

4-29 在 STM-1 帧结构中，C-4 和 VC-4 的容量分别占百分之多少？

4-30 画出我国 SDH 复用路线。

4-31 画出从 139.264Mbit/s 支路信号进入 STM-4 的复用结构图，并计算相应各复用单元的速率。

4-32 画出从 2.048Mbit/s 支路信号进入 STM-N 的复用结构图，并计算相应各复用单元的速率。

4-33 为什么 PCM 三次群（速率为 34.368Mbit/s）不宜直接映射到 SDH 中？

4-34 映射、定位和复用的概念是什么？

4-35 简述指针调整的作用。

4-36 分插复用器的功能有哪些？

4-37 再生中继器的功能有哪些？

4-38 简述同步数字交叉连接器设备的功能。

4-39 SDH 有哪几种自愈环？

4-40 网同步的概念是什么？

4-41 SDH 网同步有哪几种工作方式？

第5章 数字信号传输

本章内容

- 数字信号基带传输的基本知识。
- 数字信号基带传输的线路码型。
- 数字信号基带传输特性、码间干扰。
- 数字信号基带传输的再生中继。
- 数字信号的频带传输基本知识。

本章重点

- 数字信号基带传输特性、码间干扰。
- 数字信号基带传输的再生中继。

本章难点

- 数字信号基带传输特性、码间干扰。

本章学时数

- 16 学时。

学习本章目的和要求

- 了解数字信号序列的几种基本形式及功率谱的特点。
- 掌握奈氏第一准则（无码间干扰的时域和频域条件）。
- 掌握数字信号基带传输的线路码型的特点和码型变换的原则。
- 熟悉再生中继系统的结构及再生中继的目的，掌握再生中继器 3 大部分的作用及工作原理，掌握常用均衡波的特点及形成。

5.1 数字信号基带传输的基本知识

一个完整的数字通信系统的模型如图 5-1 所示，从消息传输角度看，该系统包括了两个变换：①消息（离散的或连续的）和数字脉冲信号（基带信号）之间的变换；②数字脉冲信号（基带信号）和信道信号（已调信号）之间的变换。通常，前一个变换由发终端设备来完成，它把无论是离散的还是连续的消息转成数字的基带信号，而后一变换则由调制和解调器完成。

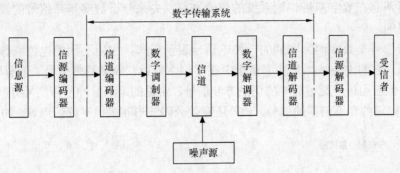

图 5-1　数字通信系统

在数字通信系统中，并不是所有的场合都需要完成上述两种变换，例如短距离利用电传机直接进行电报通信，或者利用中继方式在长距离直接传输 PCM 信号等，就不需进行信号调制。因此，在数字通信系统中按照是否采用调制分为数字基带传输系统和数字频带传输系统，信号分为基带信号和频带信号。数字基带传输系统传输的是数字基带信号。数字基带信号是指未经调制的数字信号，其频谱的带宽基本上是从 0 到某一频率，因此基带传输系统是一个低通限带系统。数字频带传输系统传输数字频带信号，数字频带信号是指已调制的信号（或未解调前的信号）。

5.1.1　基带传输系统的构成

数字基带传输系统基本结构如图 5-2 所示，主要由信道信号形成器、信道、接收滤波器和抽样判决器等组成。

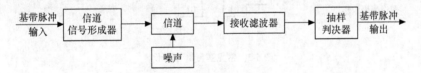

图 5-2　数字基带传输系统基本结构

在图 5-2 中，信道信号形成器一般是由波形变换器、发送滤波器构成的，用来产生适合信道传输的基带信号；信道是基带信号的传输媒质（例如对称电缆、同轴电缆等）；接收滤波器一般由匹配滤波器、均衡器构成，用来接收信号和尽可能排除信道噪声和其他干扰；抽样判决器则是在噪声背景下来判定与再生基带信号。

目前，在实际使用的数字通信系统中基带传输不如频带传输那样广泛，为什么还要研究基带传输系统呢？这是因为：第一，即使在频带传输制里也同样存在基带传输问题，也就是说，基带传输系统的许多问题也是频带传输系统必须考虑的。第二，随着数字技术的发展，目前基带传输越来越广泛地被采用，它不仅用于低速数据传输，而且还用于高速数据传输。第三，理论上已证明，任何一个采用线性调制的频带传输系统，总是可以由一个等效的基带传输系统所代替，即在调制系统中，对已调信号可以采用等效的基带信号来处理和分析，这样给已调信号的分析处理带来简化和方便。

5.1.2　数字基带信号的波形

为了分析消息在数字基带传输系统的传输过程，先来分析数字基带信号的波形和频谱特性是十分必要的。

数字基带信号是数字消息序列的一种电信号表示形式，它用不同的电位或脉冲来表示相应的数字消息，它的主要特点是功率谱集中在零频率附近。数字基带信号（下面称基带信号）的类型很多，但应用最广泛最简单的仍是方波信号。常见的矩形脉冲基带信号有单极性信号、双极性信号、归零的和不归零的信号，此外还有差分码波形和多电平码波形等，如图 5-3 所示。

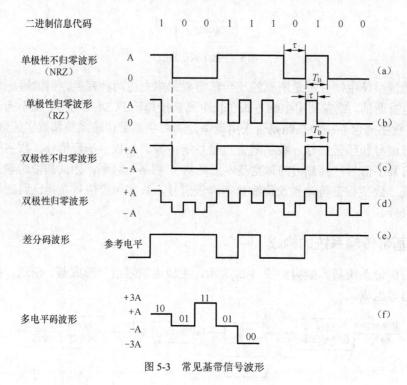

图 5-3　常见基带信号波形

1.　单极性不归零波形

消息代码由二进制符号 0 和 1 组成，单极性不归零波形如图 5-3（a）所示，零电位及正电位分别与 0 和 1 一一对应。这种信号在一个码元时间内，不是有电压（或电流）就是无电压（或电流），电脉冲之间无间隔，极性单一，用于近距离传输（如在印制板内或相近印制板之间传输时采用）。

2.　单极性归零波形

单极性归零波形如图 5-3（b）所示，归零是指在一个码元期间 1 码只在一段时间持续为高电平（或低电平），其余时间为 0 电平。高电平（或低电平）持续时间（τ）占码元宽度 T_B 的百分比叫占空比（D）。单极性归零码的占空比为 50%，常在近距离内实行波形变换时使用。

3.　双极性不归零波形

双极性不归零波形如图 5-3（c）所示，消息代码 0 和 1 分别与正负相对应，它的电脉冲之间也无间隔，但由于是双极性波形，故当 0、1 符号等概率出现时，将无直流成分。常在 ITU-T

的 V 系列接口标准 RS-232C 接口标准中使用。

4. 双极性归零波形

双极性归零波形如图 5-3（d）所示，对于双极性归零波形来说，实际上出现了 3 个电平：±A 和 0，但它对应的是二进制信号，所以这种信号又称作伪三进制信号。

5. 差分码波形

差分码波形如图 5-3（e）所示，差分码波形是一种把信息符号 0 和 1 反映在相邻码元的相对变化上的波形。比如，以相邻码元的电位改变表示符号 1，而以电位不改变表示符号 0，当然这种规定也可以反过来，常用于相位调制系统的码变换器中。

6. 多元码波形（多电平码波形）

多元码波形（多电平码波形）如图 5-3（f）所示，多元码波形多用于一个二进制符号对应一个脉冲码元的波形。在图 5-3（f）中，00 对应-3A，01 对应-A，10 对应 +A，11 对应 +3A，则所得波形为 4 元码波形或 4 电平码波形。多电平码常用在高数据速率传输系统中。

5.1.3 数字基带信号的频谱特性

为了更好地了解数字基带信号频率特性，先来研究一下单个矩形脉冲的频谱，单个矩形脉冲波形如图 5-4（a）所示，其函数表示式为

$$g(t) = \begin{cases} A & |t| \leqslant \dfrac{\tau}{2} \\ 0 & |t| > \dfrac{\tau}{2} \end{cases} \tag{5-1}$$

利用傅氏变换可以求相对应的频谱函数 $G(\omega)$ 为

$$G(\omega) = \int_{-\infty}^{\infty} g(t) \cdot e^{-j\omega t} dt = \tau \int_{-\frac{\tau}{2}}^{\frac{\tau}{2}} A \cdot e^{-j\omega t} dt = A\tau \cdot \frac{\sin \dfrac{\omega \tau}{2}}{\dfrac{\omega \tau}{2}} \tag{5-2}$$

按式（5-2）画出 $G(\omega)$ 的波形如图 5-4（b）所示。该频谱波形说明，矩形脉冲信号的频谱函数分布于整个频率轴上，而其主要能量集中在直流和低频段。

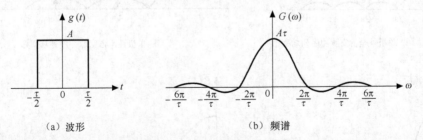

（a）波形 （b）频谱

图 5-4 单个矩形脉冲及频谱

对于已知信号波形可用傅氏变换方法求得信号的频谱，未知的随机信号则无法用傅氏变换求其频谱。由于信源的信息代码通常都是随机序列，因而数字基带信号也是一个随机过程，是非已知信号，它们的频谱函数无法用确定的函数表示，也无法用傅氏变换求得。而实际系统中，常常需要了解基带信号在通频带内的功率分布情况，需要知道其中是否存在

位定时信息以及其功率的大小等。因此只能使用统计的方法研究基带信号的功率谱密度（简称功率谱）。

对于任意的二进制随机信号，可以把 1 码用 $g_1(t)$ 表示，0 码用 $g_2(t)$ 表示，码序列为 a_n，那么基带信号的一般表达式可表示为

$$s(t) = \sum_{n=-\infty}^{\infty} a_n g(t - nT_B) \tag{5-3}$$

$$g(t - nT_B) = \begin{cases} g_1(t - nT_B) & \text{（出现符号 "1" 时）} \\ g_2(t - nT_B) & \text{（出现符号 "0" 时）} \end{cases}$$

式（5-3）中 a_n 代表二进制代码的取值，即

$$a_n = \begin{cases} 1 & \text{"1" 码} \\ 0 & \text{"0" 码} \end{cases}$$

设 1 码概率取值为 P，0 码概率为 $1-P$，基带信号 $S(t)$ 的功率谱密度函数 $P_s(f)$ 可表示为

$$P_S(f) = f_B P(1-P) \left| G_1(f) - G_2(f) \right|^2$$

$$+ f_B^2 \sum_{n=-\infty}^{\infty} \left| P G_1(mf_B) + (1-P) G_2(mf_B) \right|^2 \delta(f - mf_B) \tag{5-4}$$

式（5-4）中前一部分是连续功率谱，后一部分是离散功率谱。在离散谱中，$m = 0$ 的值是信号的直流分量，$m = \pm 1$ 的分量是 $f_B = 1/T_B$，是位时钟频率。$G_1(f)$ 和 $G_2(f)$ 分别是 $g_1(t)$ 和 $g_2(t)$ 的频谱函数。

图 5-5 所示的是几种随机二进制数字信号的功率谱曲线（假设 "0" 码和 "1" 码出现的概率均为 1/2）。

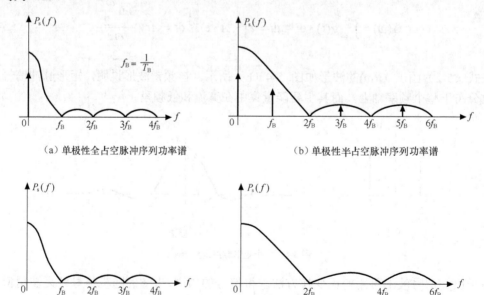

（a）单极性全占空脉冲序列功率谱 （b）单极性半占空脉冲序列功率谱

（c）双极性全占空脉冲序列功率谱 （d）双极性半占空脉冲序列功率谱

图 5-5 二进制数字信号序列的功率谱曲线

经分析得出，随机脉冲信号序列的功率谱包括连续谱和离散谱两个部分（图中箭头表示离散谱分量，连续曲线表示连续谱分量）。连续谱由非周期性单个脉冲形成，它的频谱与单个矩形脉冲的频谱有一定的比例关系。连续谱部分总是存在的，反映的是数字基带信号中交变的部分。离散谱部分则与信号码元出现的概率和信号码元的宽度有关，它包含直流、数码率 f_B 以及 f_B 的谐波成分。离散谱反映的是数字基带信号中的周期信号成分，在某些情况下可能没有离散谱分量。

5.2 数字信号基带传输的线路码型

由终端机产生的数字基带信号，一般来说是"1"和"0"的代码序列，由上一节的分析可知，不同形式的基带数字信号具有不同的频谱结构，也就是说在实际基带传输系统中，并非所有原始基带数字信号都能在信道中传输。例如，有的信号含有丰富的直流和低频成分，不便于提取同步信号；有的信号易于形成码间干扰等。因此，基带传输系统首先面临的问题是选择什么样的信号形式，即传输码型的选择和基带脉冲波形的选择。为了在传输信道中获得优良的传输特性，一般要将信码信号变化为适合于信道传输特性的传输码（又叫线路码），即进行适当的码型变换。

5.2.1 数字信号基带传输码型的要求

一个实用的数字传输系统，对传输信码流中"0"和"1"出现的概率应无任何限制，即允许出现全"0"、全"1"或任何组合，称这样的传输系统是透明的。要做到这点并考虑到其他要求（如数字基带信号通常是在电缆线中传输，为了克服传输耗损，每隔一段距离需设立一个中继站，通常采用的是自定时再生式中继器），这样对传输码型就有一定的要求，其要求如下。

1. 易于从线路码中提取时钟分量（位定时信息）

线路码型频谱中应包含有定时时钟信息或经过简单变换就有定时时钟分量，以便再生中继器或接收端能提取判决再生所需的时钟信息（这种时钟同步方法称为自定时法），保证数字通信时钟同步的要求。

2. 线路码型频谱中不含直流分量及小的低频分量

线路码型频谱中直流分量应为零（对光纤传输直流分量漂移要小），同时低频成分应尽量小。

这是由于实际传输信道一般是交流信道，即传输线路中有变量器，故要求线路码型频谱中不应含有直流成分，同时低频成分应尽量少，以减少数字信号的失真。

3. 线路码流中高频分量应尽量少

一条电缆内包含有许多线对，线对间由于电磁辐射的串话是随频率的升高而加剧，因此要求线路码型频谱中高频分量应尽量少，以免限制信号的传输容量或传输距离。

4. 码型变换过程应与信源的统计特性无关

码型变换与信源的统计特性无关是对任何信源具有透明性，也便于时钟提取。因为对于自定时法，只要数码有"1"、"0"变化，就可恢复出定时信号。但如果遇到长时间的连"1"

或连"0"不归零码，没有"1"、"0"变化，定时提取就有困难。因此，解决长时间的连"1"连"0"也是选择传输码型的重要条件。

5. 经过信道传输后产生的码间干扰应尽量小

数字信号在传输过程中，由于线路分布参数的影响会产生拖尾，从而使得前面的数码干扰后面的数码，引起码间干扰，最终导致误码的产生，因此要求线路码型经过信道传输后产生的码间干扰要小。

6. 线路码型具有一定的误码检测能力

数字信号经过传输后会产生误码，要求通过检测接收到的线路码流能粗略地判断误码的情况，以便于维护。因此要求线路码型有特定的规律性。

7. 设备简单

码型变换设备应简单，易于实现码型变换和码型反变换。

5.2.2 常用的传输码型

根据数字信号码元幅度取值不同，常用的传输码型分为二元码和三元码。

1. 二元码

常用的二元码主要有单极性不归零（NRZ）码和单极性归零（RZ）码，双极性不归零码和双极性归零码，差分码及传号反转编码（CMI）等。

（1）单极性不归零码

单极性不归零（NRZ）码是编码器直接编成的最原始的码型，它是用一个脉冲宽度等于码元间隔的矩形脉冲（占空比 100%）的有无来表示信息，有脉冲表示"1"，无脉冲表示"0"。电传机、计算机等输出的二进制序列，通常是这种形式的信号。其码型及功率谱如图 5-6 所示。

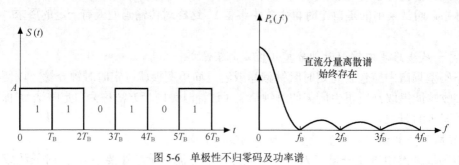

图 5-6 单极性不归零码及功率谱

根据频谱分析理论，时间上呈周期性变化的信号，其频谱为一根根的离散谱（线谱），离散谱部分与信号码元宽度有关，在图中用"↑"表示；时间上随机变化的信号，其频谱为连续谱。根据语音合成分析理论可知，语音信号通常由时间上准周期性变化的浊音和时间上随机变化的清音组成，因此，实际的语音编码波形的频谱应由两部分组成：离散谱和连续谱。

由图 5-6 可见，单极性不归零码的功率频谱由连续谱和离散谱两部分组成。连续谱频率成分非常丰富，它分布于整个频率轴上，其包络线如图中实线所示。可以看出直流分量离散谱总是始终存在，而时钟频率 f_B 这根离散谱却始终不存在。NRZ 码码型的缺点可总结如下。

① 有直流成分，且信号能量大部分集中在低频（占空比越大，信号能量越集中在低频部分）。

② 无主时钟频率 f_B 成分（提取时钟 f_B 困难）。

③ 码间干扰大。这是因为占空比为 100%，经过传输后前面码元的拖尾比较长，必然影响后面的码元。

④ 无自动误码检测能力。语音的随机性必然导致信码流的随机性，从而导致码型无规律，给误码检测带来不便。

综合以上所述，单极性不归零码是不适宜作为线路码型进行基带传输的。

（2）单极性归零码

单极性归零码（RZ 码），$\tau = T_B/2$，占空比 50%，RZ 码的码型及功率谱如图 5-7 所示。

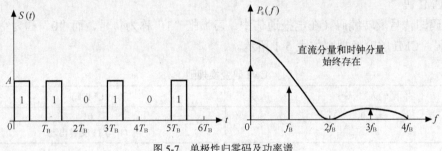

图 5-7　单极性归零码及功率谱

由图 5-7 可知，实际语音信号编成的 RZ 码频谱也包括离散谱和连续谱两部分。RZ 码同 NRZ 码相比，虽然 RZ 码的 f_B 成分不为零，经过传输后产生的码间干扰减小，但其他缺点依然存在，所以单极性 RZ 码也不适合于作为线路码型。但由于 NRZ 和 RZ 码码型简单，容易实现，所以一般在机内使用。

（3）双极性不归零码和双极性归零码。

双极性不归零码（$\tau = T_B$，占空比 100%），双极性归零码（$\tau = T_B/2$，占空比 50%），它们用正电平表示"1"码，负电平表示"0"码，其码型和功率谱如图 5-8 所示。

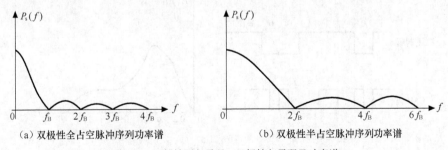

（a）双极性全占空脉冲序列功率谱　　　（b）双极性半占空脉冲序列功率谱

图 5-8　双极性不归零码、双极性归零码及功率谱

由图 5-8 可知，双极性码不含直流分量，无定时信息，不适合作线路码型。

在 ITU-T 制定的 V.24 建议接口标准和美国电工协会（EIA）指定的 RS-232 接口标准中均采用双极性波形。

（4）差分码

差分码是利用前后码元电平的相对极性来传送信息的，而不是用电平或极性本身代表信息，是一种相对码（前面 介绍的几 种码型则 称为 绝对码）。图 5-9 所示的是双极性的差分码，它是用相邻脉冲极性变化表示"0"，极性不变表示"1"。差分码的频谱特性与 RZ 码一致。

① 由于在恢复绝对码时是通过对相对码前后两个码元极性进行比较来得到的，故相对码中有一个码发生差错时，会导致所复制的绝对码连续出现两个误码，即导致误码扩散。

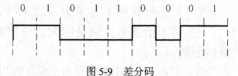

图 5-9 差分码

② 正是因为相对码的接收是根据前后码元的相对极性来进行检测的，所以，如果信号的极性在传输中发生反转（正极性全部变成负的，负极性全部变为正的），并不影响实际接收。

因此，在那些存在着极性模糊的信道中，传输差分码将有助于克服极性反转带来的影响，这一点将在相移键控中得到证实。

（5）CMI 码

CMI 码即传号反转编码（在电报通信中，习惯把"1"称为传号，而"0"称为空号），属于 1B2B 码。CMI 的变换规则如表 5-1 所示。

表 5-1   CMI 码变换规则

输入二元码	CMI 码
0	01
1	00 与 11 交替出现

CMI 码将原来二进制码的"0"编为"01"，将"1"编为"00"或"11"。若前次"1"编为"00"，则后次"1"编为"11"，否则相反，即"00"和"11"是交替出现的，从而使码流中的"0"和"1"出现的概率均等。"10"作为禁字不准出现。收方码流中一旦出现"1"，判为误码，借此监测误码。

例如，二进制码 1 0 1 1 1 0 0 1 1

CMI 码   11 01 00 11 00 01 01 11 00

CMI 码及功率谱如图 5-10 所示。

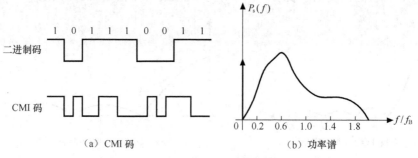

（a）CMI 码   （b）功率谱

图 5-10 CMI 码及功率谱

由图 5-10 可看出，CMI 码在有效频带内低频分量和高频分量均较小，没有直流分量，且频繁出现波形跳变，便于定时钟提取，具有误码检测能力。再加上编、译码电路简单，容易实现，因此，在高次群脉冲码调制终端设备中广泛用做接口码型，在速率低于 8 448kbit/s 的光纤数字传输系统中也被建议作为线路传输码型。ITU-T 的 G.703 建议中，也规定 CMI 码为 PCM 四次群的接口码型。日本电话公司在 32kbit/s 或更低速率的光纤通信系统中也采用 CMI 码。

2. 三元码

三元码具有 3 个电平幅度，即+1、0 和−1，它实际上是一种三进制码。

（1）传号交替反转码（AMI）

传号交替反转码（AMI）又称双极方式码、平衡对称码或交替极性码等。其编码方法是把单极性方式中的"0"码仍与零电平对应，而"1"码对应发送极性交替的正、负电平。

例如，

信息代码：1 0 0 1 1 0 0 0 0 0 0 0 0 1 1 1 1…

AMI 码：　+1 0 0 −1 +1 0 0 0 0 0 0 0 0 −1 +1 −1…

这种码型实际上把二进制脉冲序列变为三电平的符号序列（故称为伪三元序列），其码型及功率谱如图 5-11 所示。

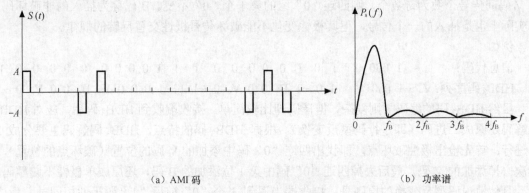

（a）AMI 码　　　　　　　　　　　　　　（b）功率谱

图 5-11　AMI 码和功率谱

从 AMI 码的功率谱中可以看出它有以下优点。

① 在"1"、"0"码不等概率情况下，也无直流成分，且零频率附近低频分量小。因此，对具有变压器或其他交流耦合的传输信道来说，不易受隔直特性影响。

② 高频成分少。这不仅可节省传输频带，提高信道利用率，同时也可以减少电磁感应引起的串话。

③ 码型功率谱中虽无 f_B 定时钟频率成分，但经全波整流，可将 AMI 码变换成单极性半占空 RZ 码，则含有定时钟 f_B 成分，便可从中提取定时钟成分。

④ AMI 码具有一定的检错能力。因为传号码的极性是交替反转的，如果收端发现传号码的极性不是交替反转的，就一定是出现了误码，因而可以检查出单个误码。

由于上述优点，AMI 码可作为基带码型在电缆线路上传输，广泛用于 PCM 系统中。它是ITU-T 建议采用的传输码型之一，北美系列的一、二、三次群接口码均使用经扰码后的 AMI 码。

AMI 码的缺点是二进码序列中的"0"码变换后仍然是"0"码，如果当信码流中连"0"码过多，AMI 码中便会出现长连"0"，这就不利于定时钟信息的提取。为了克服这一缺点，引出了 HDB$_3$ 码。

（2）HDB$_3$ 码

HDB$_3$ 码又称为三阶高 HDB$_3$ 密度双极性码。HDB$_3$ 是对 AMI 码的改进，它保留了 AMI 码的优点，同时又克服了 AMI 码对长连"0"个数无法限制，提取定时钟不利的缺点，提高了对信源的透明性。HDB$_3$ 码的频谱图同 AMI 码相似，在此不再加以分析。

HDB$_3$ 码编码规则如下。

① 当二进制码流中连 "0" 个数不超过 3 个时，编码规则同 AMI 码。

② 当二进制数码流中连 "0" 个数≥4 时，按如下规律进行处理。

- 凡出现 4 个或 4 个以上连 "0" 时，从第 1 个 0 码起，每 4 个连 "0" 码分一组，称四连 "0" 组，用取代节 000V 或 B00V 代替。取代节中的 V 码、B 码均代表 "1" 码，它们可正可负（即 V+ = +1，V- = -1，B+ = +1，B- = -1）。

- 将四连 "0" 组的第 4 个 0 用 V 码代替。V 码称为插入的破坏码，它实际上是插入的一个传号 "1" 码。V 码的极性和前相邻的非 "0" 码同极性，故其极性变化破坏了 AMI 码传号极性交替反转的规律。

- 若相邻两 V 码间传号个数为偶数个，则四连 "0" 组的第 1 个 0 用 B 码代替。若相邻两 V 码间传号个数为奇数个，则四连 "0" 组的第 1 个 "0" 不变。B 码称为插入的非破坏码，它实际上也是插入的一个传号，但其极性变化不能破坏传号极性交替反转的规律。

例如

信息代码：　　　 1 000 0　1 0 1 0 0 0 0 0 1　1 1 0 0 0 0 0 0 0 0 1

HDB$_3$ 码序列：V$_+$ -1 000 V$_-$ +1 0 -1 B$_+$ 0 0 V$_+$ 0 -1 +1-1 0 0 0 V$_-$ B$_+$ 0 0 V$_+$ 0 -1

虽然 HDB$_3$ 码的编码规则复杂，但译码却比较简单。接收端收到 HDB$_3$ 码后，应对 HDB$_3$ 码解码还原成二进码（即进行码型反变换）。根据 HDB$_3$ 码的特点，HDB$_3$ 码解码主要分成 3 步进行：首先检出极性破坏点，即找出四连 "0" 码中添加的 V 码的位置（破坏点的位置），其次去掉添加的 V 码，最后去掉四连 "0" 码中第 1 位添加的 B 码，还原成单极性不归零码。

具体地说码型反变换的原则是：接收端当遇到 3 个 "0" 前后 "1" 码极性相同时，后边的 "1" 码（实际是 V 码）还原成 "0"；当遇到连着两个 "0" 前后 "1" 码极性相同时，前后两个 "1"（前边的 "1" 是 B 码，后边的 "1" 是 V 码）均还原成 "0"。另外，其他的±1 一律还原为 + 1，其他的 "0" 不变。

HDB$_3$ 码具有 AMI 码的所有优点，同时克服了由于长连 "0" 而无法提取时钟分量的问题，适合于 PCM 电缆信道传输，因此它是 ITU-T 推荐的 30/32 路 PCM 基群、二次群和三次群设备的传输接口码型。

（3）双相码

双相码又称为分相码或曼彻斯特（Manchester）码。它的变化规则非常简单，即每个码元均用两个不同相位的电平信号表示，也就是一个周期的方波，但 0 码和 1 码的相位正好相反。其对应关系为

$$0 \rightarrow 0\ 1$$
$$1 \rightarrow 1\ 0$$

例如，消息码 "0" 对应相位 π，"1" 对应相位为 0，如图 5-12 所示。

该码的优点是无直流分量，最长连 "0"、连 "1" 数为 2，包含了丰富的定时信息，编译码电路简单。但其码元速率比输入的信码速率提高了一倍。

双相码适用于数据 终端设备在中速短距离上传输。如以太网采用分相码作为线路输码。

双相码当极性反转时会引起译码错误，为解决此问题，可以采用差分码的概念，将数字双相码中用绝对电平表示的波形改为用电平相对变化来表示。这种码型称为条件双相码或差分曼彻斯特码。数据通信的令牌网即采用这种码型。

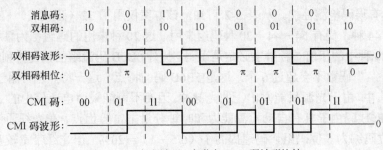

图 5-12　双相码波形、相位与 CMI 码波形比较

（4）mBnB 码

在传输中需要考虑自动检测问题。在 AMI 和 HDB₃ 码中，利用 3 个电平值来代表两个电平使得线路码流有规律，增加了信码的富余度，因而具有了一定的误码检测能力。mBnB 码也是通过增加信码的富余度来实现线路码流的自动检测器的。mBnB（$n>m$）的基本思想是将原信码流中的 m 位码变换成 n 位码，它使得 mBnB 码不仅具有自动检测能力，也改进了定时提取和基线漂移问题。基线漂移是指单极性信码中由于含有直流分量，低频成分又比较丰富，受到电路的交流耦合影响产生直流分量漂移的现象，如图 5-13 所示。

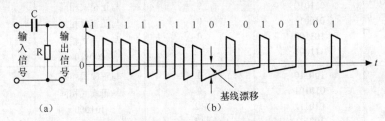

图 5-13　极性码经过交流耦合后的基线漂移

图 5-13（a）所示为低频截止交流耦合的等效电路；图（b）中，在单极性脉冲的开始期间，由于连"1"码所形成的基线漂移（原信码零电平点的漂移），将会影响接收电路对脉冲有无的识别能力，因而会引起误码。mBnB 码增加了信码的富余度，能使信码中"1"和"0"码的密度取得平衡一些，从而可改进基线漂移和定时提取。

前面已经介绍了 1B2B 码——CMI 码，下面介绍 5B6B 码。近年来在高速数字光纤传输系统中采用了 5B6B 码型，它是 mBnB 码的一种形式，又称为分组码（Block Code）。它的编码原则是将每 5 位二元输入码组变换成 6 位二元码，其变换规则如表 5-2 所示。5 位二元输入码组共有 2^5 = 32 种码组，6 位二元码组共有 2^6 = 64 码组。因此可在 64 种码组中选出适于线路传输的 32 种码组，6 位码组中含有 3 个"1"码和 3 个"0"码的平衡码组共有 20 种（见表5-2）。在余下的 64 − 20 = 44 种不平衡码组中，含有 4 个"1"码、两个"0"码的码组（正模式）和含有 4 个"0"码、两个"1"码的码组（负模式）均为 15 种，但它们被选用的码组数均为 12 种（见表 5-2），这样其他 44 − 24 = 20 种不平衡码组，由于"1"码和"0"码数相差过于悬殊，不予以考虑。表中所列的数字和，是将"1"码赋予 + 1 值，"0"码赋予−1 值计算出来的，因此，平衡码组的数字和为 0。在 5B6B 码的 32 个码组，为使整个信码流的"1"码和"0"码取得平衡，当信码在某一模式的码组数字和不为零时，则后一码组选用另一模式；但当数字和为 0 时，则模式不变。这样，当码组出现不平衡时，交替使用正、负模式，就可保证基线基本稳定不起伏。

5B6B 码具有误码检测性能。从表 5-2 可知，该方案仅用了 32（正模式）+ 12（负模式中不平衡码组）= 44 种，尚有 64 - 44 = 20 种码组未用，这 20 种未用的码组称为禁字，所以如果在收端出现这 20 种中的任何一种禁字必定是误码。另外 5B6B 码流组的任何排列组合，其最大连"0"码或连"1"码数不会超过 6 个，这是 5B6B 码的特点，这一特点也可用于检测误码。

在光纤通信中，由于光源只能发出正的光脉冲，因而不可能采用电通信中的 AMI 或 HDB$_3$ 等双极性码。5B6B 码由于具有自动检测能力和时钟分量丰富等优点，在光纤通信系统中得到了应用。由 5 位码编为 6 位码组，码速提高了（6/5 - 1）= 20%，但光纤带宽较宽，不会带来什么问题。

表 5-2   5B6B 码型（一方案）

输入二元码组	输出二元码组			
	正模式	数字和	负模式	数字和
00000	000111	0	与正模式相同	0
00001	011100	0	与正模式相同	0
00010	110001	0	与正模式相同	0
00011	101001	0	与正模式相同	0
00100	011010	0	与正模式相同	0
00101	010011	0	与正模式相同	0
00110	101100	0	与正模式相同	0
00111	111001	+2	000110	-2
01000	100110	0	与正模式相同	0
01001	010101	0	与正模式相同	0
01010	010111	+2	101000	-2
01011	100111	+2	011000	-2
01100	101011	+2	010100	-2
01101	011110	+2	100001	-2
01110	101110	+2	010001	-2
01111	110100	0	与正模式相同	0
10000	001011	0	与正模式相同	0
10001	011101	+2	100010	-2
10010	011011	+2	100100	-2
10011	110101	+2	001010	-2
10100	110110	+2	001001	-2
10101	111010	+2	000101	-2
10110	101010	0	与正模式相同	0
10111	011001	0	与正模式相同	0
11000	101101	+2	010010	-2
11001	001101	0	与正模式相同	0
11010	110010	0	与正模式相同	0
11011	010110	0	与正模式相同	0
11100	100101	0	与正模式相同	0
11101	100011	0	与正模式相同	0
11110	001110	0	与正模式相同	0
11111	111000	0	与正模式相同	0

5.2.3　传输码型变换的误码增殖简介

数字信号在线路中传输时，由于信道不理想和噪声干扰，接收端会出现误码。当线路传输码中出现 n 个数字码错误时，在码型反变换后的数字码中，出现 n 个以上的数字码错误的现象称为误码增殖。误码增殖是由各码元的相关性引起的。误码增殖现象可用误码增殖比（ε）来表示，定义为

$$\varepsilon = \frac{\text{反变换后的误码个数}}{\text{线路误码个数}} = \frac{f_B \cdot P_e'}{f_T \cdot P_e} \tag{5-5}$$

式中：f_T 为信道码速率；

P_e 为信道误码率；

$f_T \cdot P_e$ 为 1 秒内的误码个数；

f_B 为码型反变换的码速度；

P_e' 为码型反变换的误码率；

$f_B \cdot P_e'$ 为码型反变换后 1 秒钟内的误码个数。

下面举例说明误码增殖情况。先分析 AMI 码的误码增殖情况，如表 5-3 所示。表 5-3～表 5-5 中打*号者为信道误码位。在收端把 AMI 码恢复成二进码时，只要把 AMI 码中 "+1"，"−1" 码变为 "1"、"0" 码仍然为 "0" 码即可。由于各码元之间互不关联，AMI 码中的一位误码对应着二进码的一位误码（见表 5-3），即无误码增殖，故码增殖比 $\varepsilon = 1$。

表 5-3　　　　　　　　　　　　　　　　　　AMI 误码增殖

原来的二进制码	1	0	0	0	0	1	0	1	0	0	0	0	1
正确的 AMI 码	+1*	0	0	0	0	−1	0	+1*	0	0	0	0	−1
错误的 AMI 码	+1	−1	0	0	0	−1	0	+1	0	+1	0	0	−1
恢复的二进码	1	1*	0	0	0	1	0	1	0	1*	0	0	1

但在 HDB₃ 码中的一位误码就可能使得相应的二进码中产生多位误码，如表 5-4 所示。可见，HDB₃ 码有误码增殖，$\varepsilon > 1$。

表 5-4　　　　　　　　　　　　　　　　　　HDB₃ 误码增殖

原来的二进制码	1	0	0	0	0	1	0	1	0	0	0	0	1
正确的 HDB₃ 码	+1	0	0	0	V+*	−1	0	+1	B−*	0	0	V−	+1
错误的 HDB₃ 码	+1	0	−1	0	V+	−1	0	+1	B−	+1	0	V−	+1
恢复的二进码	1	0	1	0	1	1	0	1	1	1	0	1	1
			*		*				*	*		*	

CMI 码及误码增殖情况如表 5-5 所示。

表 5-5   CMI 误码增殖

原来的二进制码	1	0	0	0	0	1	0	1	0	0	0	0	1
正确的 CMI 码	+1	01	01	01	01	00	01	11	01	01	01	01	00
错误的 CMI 码	+11	11	01	01	01	01	01	11	01	01	01	01	00
恢复的二进码	1	1	0	0	0	0	0	0	1	0	0	0	0	1

显然，CMI 码没有误码增殖，$\varepsilon = 1$。

5.3 数字基带信号传输特性与码间干扰

5.3.1 数字基带信号传输的基本特点

在图 5-2 所示的基带传输系统中，系统基带波形被脉冲形成器变换成适应信道传输的码型后，被送入信道，信号通过信道传输，一方面受到信道特性的影响，使信号生产畸变；另一方面信号被信道中的加性噪声所叠加，造成信号的随机畸变。因此，到达接收端的基带脉冲信号已经发生了畸变，严重时发生误码，如图 5-14 所示。为此，在接收端先安排一个接收滤波器，使噪声尽可能受到抑制，让信号顺利通过。由于接收滤波器输出后的信号中不可能完全清除噪声，为了提高系统可靠性，再安排一个由限幅整形器和抽样判决器组成的识别电路，进一步排除噪声干扰和提取有用信号，最终还原成和发端相同的基带信号。

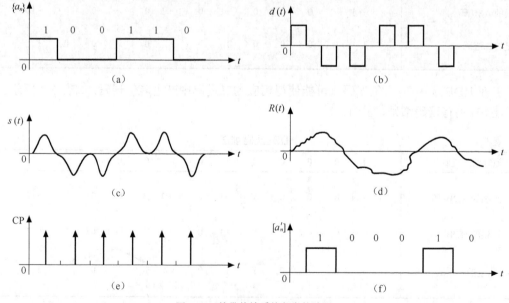

图 5-14 基带传输系统各点的波形

由上可见，数字基带信号的正确恢复，在很大程度上取决于接收滤波器和抽样判决器的性能。要使接收滤波器和抽样判决器能实时正确地恢复数字基带信号，有必要对数字基带信号在信道中传输的情况进行分析，从而设计出性能优良的接收滤波器和抽样判决器。

5.3.2　数字基带信号的传输过程

为了用定量的关系式来表述脉冲传输的过程，可以把基带传输系统用图 5-15 所示的简化模型表示，其中发送滤波器传输特性为 $G_T(\omega)$，信道传输特性为 $L(\omega)$，接收滤波器传输特性为 $G_R(\omega)$。

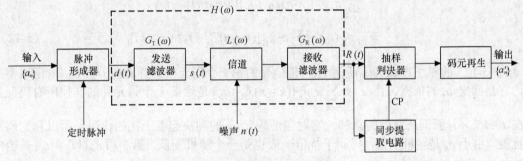

图 5-15　基带传输系统简化模型

假设 $\{a_n\}$ 为发送滤波器的输入符号序列，对于二进制数字信号，a_n 取值为 0、1 或 +1、−1，把这个序列对应的基带信号表示为

$$d(t) = \sum_{n=-\infty}^{+\infty} a_n \delta(t - nT_B) \tag{5-6}$$

基带信号是由时间间隔为 T_B 的一系列的 $\delta(t)$ 组成的，每一 $\delta(t)$ 的强度由 a_n 决定。发送滤波器输出信号 $s(t)$ 可表示为

$$s(t) = \sum_{n=-\infty}^{+\infty} a_n g_T(t - nT_B) \tag{5-7}$$

式（5-7）中，g_T 是单个 $\delta(t)$ 作用下形成的发送基本波形。

$$g_T(t) = \frac{1}{2\pi} \int_{-\infty}^{+\infty} G_T(\omega) e^{j\omega t} d\omega \tag{5-8}$$

信号 $s(t)$ 通过信道时会产生波形畸变，同时还要叠加噪声，接收滤波器输出信号 $R(t)$ 可表示为

$$R(t) = \sum_{n=-\infty}^{+\infty} a_n g_R(t - nT_B) + n_R(t) \tag{5-9}$$

其中

$$g_R(t) = \frac{1}{2\pi} \int_{-\infty}^{+\infty} G_T(\omega) L(\omega) G_R(\omega) e^{j\omega t} d\omega$$

$$= \frac{1}{2\pi} \int_{-\infty}^{+\infty} H(\omega) e^{j\omega t} d\omega \tag{5-10}$$

式中，$n_R(t)$ 是加性噪声 $n(t)$ 通过接收滤波器后产生的输出噪声，$H(\omega)$ 是基带系统总的传输

函数，即

$$H(\omega) = G_{\mathrm{T}}(\omega)L(\omega)G_{\mathrm{R}}(\omega) \tag{5-11}$$

抽样判决器对 $R(t)$ 进行抽样判决，以确定所传输的数字信息序列 $\{a_n\}$。为了判定其中第 k 个码元 a_n 的值，应在 $t = kT_{\mathrm{B}} + t_0$ 瞬间对 $R(t)$ 抽样（t_0 是可能的时偏，通常取决于信道特性和接收滤波器），此抽样值为

$$
\begin{aligned}
R(kT_{\mathrm{B}} + t_0) &= \sum_{n=-\infty}^{+\infty} a_n g_{\mathrm{R}}(kT_{\mathrm{B}} + t_0 - nT_{\mathrm{B}}) + n_{\mathrm{R}}(kT_{\mathrm{B}} + t_0) \\
&= \sum_{n=-\infty}^{+\infty} a_n g_{\mathrm{R}}[(k-n)T_{\mathrm{B}} + t_0)] + n_{\mathrm{R}}(kT_{\mathrm{B}} + t_0) \\
&= a_k g_{\mathrm{R}}(t_0) + \sum_{n \neq k} a_n g_{\mathrm{R}}[(k-n)T_{\mathrm{B}} + t_0] + n_{\mathrm{R}}(kT_{\mathrm{B}} + t_0) \tag{5-12}
\end{aligned}
$$

式（5-12）的第 1 项 $a_k g_{\mathrm{R}}(t_0)$ 是输出基带信号的第 k 个码元在抽样瞬间 $t = kT_{\mathrm{B}} + t_0$ 所取得的值，它是确定 a_k 的依据。第 2 项 $\sum\limits_{n \neq k} a_n g_{\mathrm{R}}[(k-n)T_{\mathrm{B}} + t_0]$ 是除第 k 个码元外的其他所有码元脉冲在 $t = kT_{\mathrm{B}} + t_0$ 瞬间所取值的总和，它对当前码元 a_k 的判决起着干扰的作用，所以称为码间干扰值。由于 a_n 是随机变量，码间干扰值一般也是一个随机变量。第 3 项 $n_{\mathrm{R}}(kT_{\mathrm{B}} + t_0)$ 是输出噪声在抽样瞬间的值，是一个随机变量。由于随机性的码间干扰和噪声干扰存在，使抽样判决电路在判决时，可能判对，也可能判错。从图 5-14 可以看出，传输过程中第 4 个码元发生误码（码间干扰示意图如图 5-16 所示），其原因是信道加性噪声和频率特性不理想引起的畸变。信道频率特性不理想引起的畸变，则是式（5-12）的第 2 项。因此要清除码间干扰，只要使

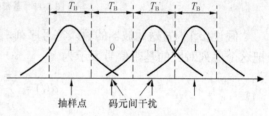

图 5-16　码间干扰示意图

$$\sum_{n \neq k} a_n g_{\mathrm{R}}[(k-n)T_{\mathrm{B}} + t_0] = 0 \tag{5-13}$$

即可清除码间干扰。但 a_n 是随机变化的，要想通过各项互抵消使码间干扰为 0 是不可行的。最好的办法是让前一码元的波形在后一个码元抽样判决时刻已衰减到 0，如图 5-17（a）所示的波形。但这样的波形也不易实现，因此比较合理的是采用图 5-17（b）所示的这种波形，虽然到达 $t_0 + T_{\mathrm{B}}$ 以前并没有衰减到 0，但可以让它在 $t_0 + T_{\mathrm{B}}$、$t_0 + 2T_{\mathrm{B}}$ 等后面码元取样判决时刻正好为 0，这也是消除码间干扰的物理意义。考虑到实际应用时，不仅要求早 $g_{\mathrm{R}}[(k-n)T_{\mathrm{B}} + t_0] = 0$，还要求 $g_{\mathrm{R}}(t)$ 适当衰减快一些，即尾巴不要拖得太长。

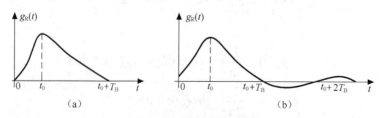

图 5-17　理想的传输波形

5.3.3　数字基带信号传输的基本准则（无码间干扰的条件）

从前面的讨论可以知道，若要获得良好的基带传输系统，则必须最大限度地减少码间干扰和噪声干扰的影响，使基带脉冲获得足够小的误码率。

为了方便讨论问题，暂不考虑噪声影响，仅从扰码间干扰的角度来分析基带传输特性，将图 5-15 所示的抽象图变为图 5-18 所示的模型。

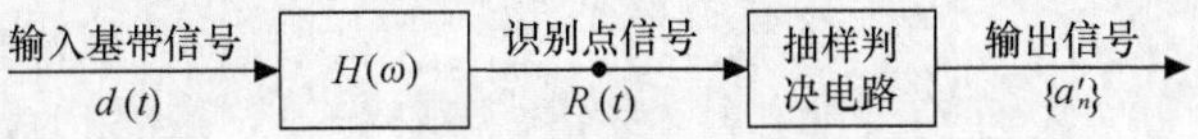

$$
\text{输入基带信号 } d(t) \rightarrow \boxed{H(\omega)} \xrightarrow{\text{识别点信号 } R(t)} \boxed{\begin{array}{c}\text{抽样判}\\\text{决电路}\end{array}} \xrightarrow{\text{输出信号 } \{a_n'\}}
$$

图 5-18　基带传输特性分析模型

图 5-18 中输入基带信号 $d(t)$ 为

$$
d(t) = \sum_{n=-\infty}^{+\infty} a_n \delta(t - nT_B) \tag{5-14}
$$

设系统 $H(\omega)$ 的冲激响应为 $h(t)$，则系统识别点信号 $R(t)$ 为

$$
R(t) = \sum_{n=-\infty}^{+\infty} a_n h(t - nT_B) \tag{5-15}
$$

其中

$$
h(t) = \frac{1}{2\pi} \int_{-\infty}^{+\infty} H(\omega) e^{j\omega t} d\omega \tag{5-16}
$$

下面来讨论什么样的 $H(\omega)$ 能够形成最小码间干扰的输出波形。

1. 无码间干扰传输的时域条件（不考虑噪声干扰）

从理论上讲，希望做到无码间干扰，即对 $h(t)$ 在时刻 kT_B 抽样判决时，则下式成立

$$
h(kT_B) = \begin{cases} 1 & k=0\,(\text{本码判决点}) \\ 0 & k \neq 0\,(\text{非本码判决点}) \end{cases} \tag{5-17}
$$

接收波形满足抽样值无码间干扰的充要条件是仅在本码元的抽样时刻上有最大值，而对其他码元抽样时刻信号值无影响（在抽样点上不存在码间干扰）。式（5-17）就是奈奎斯特第一准则，即无码间干扰的时域条件。

2. 理想基带传输系统

实际中能否找到满足式（5-17）的 $H(\omega)$？又如何实现呢？因为

$$
h(kt) = \frac{1}{2\pi} \int_{-\infty}^{+\infty} H(\omega) e^{j\omega kT_B} d\omega \tag{5-18}
$$

为了避免繁杂的数学推导，下面先讨论数字信号序列通过理想低通滤波器，输出波形的情况。

设图 5-18 中所示的传输特性为理想低通滤波器，如图 5-19 所示（为简单起见设网络时 $t_d = 0$）。

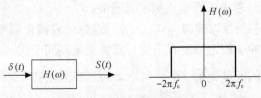

图 5-19　理想低通滤波器的特性

$$H(\omega) = \begin{cases} 1 & |\omega| \leqslant \omega_c = 2\pi f_c \\ 0 & |\omega| > \omega_c \end{cases} \qquad (5\text{-}19)$$

若用单位脉冲去激励该低通滤波器，则其输出响应 $S(t)$ 可求得如下。

因为 $\qquad\qquad\qquad\qquad \delta(t) \leftrightarrow \delta(\omega) = 1$

所以 $\qquad\qquad\qquad\qquad S(t) \leftrightarrow S(\omega) = H(\omega) \cdot \delta(\omega) = H(\omega)$

则

$$S(t) = \frac{1}{2\pi} \int_{-\omega_c}^{\omega_c} H(\omega) \mathrm{e}^{\mathrm{j}\omega t} \mathrm{d}\omega = \frac{1}{2\pi} \int_{-\omega_c}^{\omega_c} 1 \, \mathrm{e}^{\mathrm{j}\omega t} \mathrm{d}\omega = \frac{\omega_c}{\pi} \frac{\sin \omega_c t}{\omega_c t} \qquad (5\text{-}20)$$

可见，此时的 $S(t)$ 就是滤波器的冲激响应 $h(t)$，其特性如图 5-20 中实线所示。

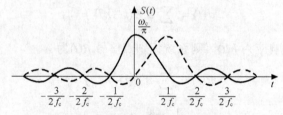

图 5-20　理想低通滤波器的波形

输入 $\delta(t)$ 是在 $t = 0$ 时刻加到滤波器的，因为不考虑时延 t_d，所以其输出在 $t = 0$ 时刻得到最大值，而在 $t = \dfrac{k}{2f_c}$（$k = \pm 1, \pm 2, \cdots$）时 $S(t)$ 均为零值，这是非常重要而有用的特点。可以证明，若用 $\delta\left(t - \dfrac{1}{2f_c}\right)$ 去激励理想低通，则其输出 $S(t)$ 为

$$S(t) = \frac{\omega_c}{\pi} \frac{\sin \omega_c \left(t - \dfrac{1}{2f_c}\right)}{\omega_c \left(t - \dfrac{1}{2f_c}\right)} \qquad (5\text{-}21)$$

其波形如图 5-20 中的虚线所示，可以看到图中两个波形互相不发生干扰。

图 5-20 波形的特点为：①$t = 0$ 时有输出最大值，且波形出现很大的拖尾，其拖尾的幅度是随时间而逐渐衰减的；②其响应值在时间轴上具有很多零点，第一个零点是 $\pm\dfrac{1}{2f_c}$，以后各相邻零点的间隔都是 $\dfrac{1}{2f_c}$（f_c 是理想低通的截止频率）。第②个特点说明 $\delta(t)$ 通过理想低通网络传输时，其输出响应仅与理想低通截止频率有通关。

此外还可以得到：①若信号以速率 $f_B = 2f_c$（f_c 为理想低通截止频率）向理想低通输入冲激脉冲序列，则输出的各脉冲响应之间没有干扰（或者说无码间干扰）；②做到无码间干扰的最小相邻冲激脉冲（码元）的间隔为 $T_b = \dfrac{1}{2f_c}$（称此为"奈奎斯特"间隔），即最大的无码间干

扰的传码极限速率 $f_B = 2f_c$，因此信道的最大传输利用率是 2Baud/Hz；③小于 $2f_c$ 的传码率时，并不意味着一定无码间干扰，只能是在 $2f_c$ 的整数分之一的速率下，才能做到无码间干扰。

上述的结论其实质就是奈奎斯特第一准则所描述的信号速率和信号频率之间的相适应原则。

为了更形象地说明奈氏准则，下面来看一个例子。

设输入数字信号序列为…1011001…，它可用单位冲激脉冲序列表示为如图 5-21 所示。

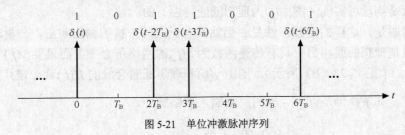

图 5-21　单位冲激脉冲序列

当 $T_B = \dfrac{1}{2f_c}$ 和 $T_B \neq \dfrac{1}{2f_c}$ 时，输入数字信号序列通过理想低通游波器的输出响应波形如图 5-22 所示。由图可见，当信号速率 f_B 不满足奈奎斯特第一准则，会产生码间干扰。

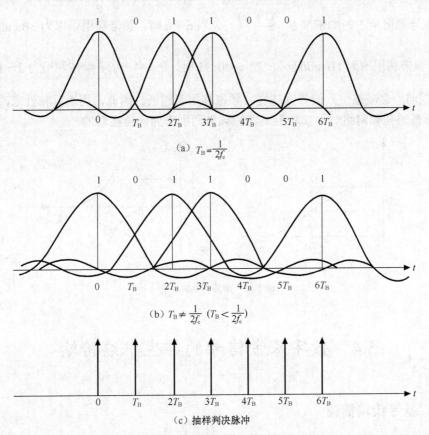

（a）$T_B = \dfrac{1}{2f_c}$

（b）$T_B \neq \dfrac{1}{2f_c}$（$T_B < \dfrac{1}{2f_c}$）

（c）抽样判决脉冲

图 5-22　最大值处抽样判决示意图

3. 滚降低通传输网络

从前面的分析，可以知道理想低通就是基带波形形成所要追求的网络特性，它不仅消除了符号间的干扰，而且达到了性能的极限（理想低通的频带利用率 $\eta = 2\text{Baud/Hz}$），然而理想低通是无法实现的。

为了寻找到"等效"的理想低通，由网络理论可知，若对图 5-19 所示的锐截止特性进行适当的"圆滑"（通常称为滚降），即把锐截止变成缓慢截止，如图 5-23 中所示的 $H(f)$ 特性即曲线②，就是物理可实现（图中①为理想低通特性）的。

现在的问题是，这样的滤波特性是否仍然具有无码间干扰的输出响应？分析表明，滚降特性可以看成是理想低通和另一具有传递函数为 $y(f)$ 的网络所合成，而只要 $y(f)$ 有对 f_c 呈奇对称振幅特性（如图 5-23（b）所示），则由 $y(f)$ 和理想低通合成的 $H(f)$ 就一定具有无码间干扰的输出响应，其条件仍是以 $\dfrac{1}{2f_c}$ 秒的间隔输入激励脉冲。

滚降以后带宽为 $f_c + f_\alpha$，我们定义滚降系数 α 为

$$\alpha = \frac{(f_c + f_\alpha) - f_c}{f_c} = \frac{f_\alpha}{f_c} \tag{5-22}$$

其中 $(f_c + f_\alpha)$ 表示滚降特低通的截止频率，即滚降低通滤波器的通带为 $0 \sim f_c + f_\alpha$。

输出信号频谱所占据的带宽 $B = \dfrac{(1 + \alpha)}{2} f_c$，当 $\alpha = 0$ 时，频带利用频率为 2Baud/Hz；$\alpha = 1$ 时，$B = f_c$，频带利用率为 1Baud/Hz；一般 $\alpha = 0 \sim 1$ 时，$B = \dfrac{f_c}{2} \sim f_c$，频带利用为 $2 \sim 1\text{Baud/Hz}$。

α 越大，"尾部"衰减越快，但带宽越宽，频带利用率越低。因此，用滚降特性来改善理想低通作为实际低通传输网络时，实质上是牺牲频带利用率为代价换取的。

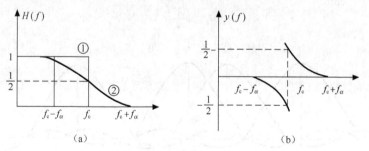

图 5-23 滚降特性的形成

5.4 数字基带信号的再生中继传输

5.4.1 基带传输信道

信道是指信号传输通道，又称传输媒介，目前有两种定义方法。

狭义信道——是指信号的传输媒介，其范围是从发送设备到接收设备之间的媒质。如架

空明线、电缆、光缆以及传输电磁波的自由空间等。

广义信道——指消息的传输媒介。除包括上述信号的传输媒介外，还包括各种信号的转换设备，如发送、接收设备，调制、解调设备等（本章 5.1 节所介绍的基带传输系统中形成滤波器、信道及接收滤波器合起来，实际上就是广义信道）。

在此仅讨论狭义信道。传输信道是通信系统必不可少的组成部分，而信道中又不可避免地存在噪声干扰，因此 PCM 信号在信道中传输时将受到衰减和噪声干扰的影响。随着信道长度的增加，接收信噪比将下降，误码增加，通信质量下降。所以，研究信道特性及噪声干扰特性是通信系统设计的重要问题。

基带传输信道通常是采用市话电缆，但实际的电缆信道特性通常都不是理想低通特性或理想滚降低通特性。图 5-24 所示给出了不同电缆的衰减频率特性。从图中可见：衰减是与频率有关的，即电缆的衰减同 $\sqrt{f}$ 成正比。另外电缆信道的相位特性也不是完全线性的，在低频段同 $\sqrt{f}$ 成正比；在高频段为线性的，即同 f 成正比。这样具有较宽频谱的数字信号在经过电缆信道时，就必然会产生幅频失真或相频失真（时延失真）。

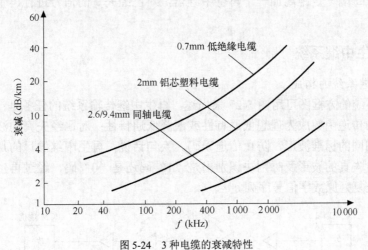

图 5-24　3 种电缆的衰减特性

因此，信道的线性失真和外来噪声干扰总的效果使信码幅度变小，波形变坏。图 5-25 所示给出了一个脉宽为 0.4μs、幅度为 1V 的矩形脉冲（实际上它代表一个"1"码）通过不同长度的电缆传输后的波形示意图（没考虑噪声干扰）。

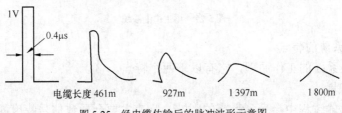

图 5-25　经电缆传输后的脉冲波形示意图

由图 5-25 可见，矩形脉冲信号经信道传输后，波形产生失真，其失真主要反映在以下几个方面。

① 随传输距离增加，信号波形幅度变小。这是由于输线存在着衰减造成的。传输距离越

长，衰减越大，幅度降低越明显。

② 随传输距离增加，波峰延后。这反映了传输的延迟特性。

③ 随传输距离增加，脉冲底部展宽。这是由于传输线的频率特性使波形产生严重的失真而造成的。波形失真最严重的后果是产生拖尾，这种拖尾失真将会造成数字信号序列的码间干扰。

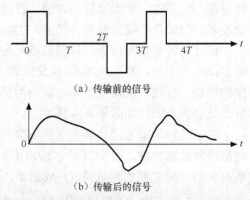

（a）传输前的信号

（b）传输后的信号

图 5-26　双极性数字脉冲序列经电缆传输后失真波形

一个双极性半占空数字信号序列，它经电缆信道传输后的波形如图 5-26 所示。

从理论分析和实际观察都可以看出：由于信道特性不理想（即不为理想低通）和噪声干扰，当传输距离达到一定长度后，如果不采取措施，接收端就可能无法识别出传输后的数字码流是"1"码还是"0"码，从而使通信无法进行。为了延长数字通信距离，采取每隔一定距离加一个再生中继器，对已经失真的信号进行再生，再向更远的距离传送。

5.4.2　再生中继系统

1. 再生中继系统的构成

再生中继系统的方框图可用图 5-27 来描述。再生中继传输系统的任务是：对基带信道进行均衡，使总的传递函数成为理想低通特性或滚降低通特性；对已经失真的波形进行判决，再生出和发端相同的标准波形，防止信道误码。换句话说，再生中继的目的是：当信噪比不太大的时候，对失真的波形及时判决识别出是"1"码还是"0"码，经过再生中继后的输出脉冲可以完全恢复为原数字信号序列。

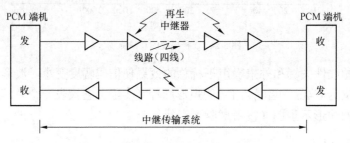

图 5-27　再生中继系统

2. 再生中继系统的特点

根据再生中继系统的工作原理，它有以下两个特点。

（1）无噪声积累

数字信号在传输过程中会受到噪声的影响，噪声主要会导致信号幅度的失真。在模拟通信系统中，模拟信号传送一定的距离后也用增音设备对衰减失真的信号加以放大，但同时噪声也会放大，噪声的干扰无法去掉，因此随着通信距离的增加，噪声会积累。而数字通信中的再生中继系统，可以通过对信号的均衡放大再生判决后去掉噪声干扰，所以理想的再生中继系统是不存在噪声积累的。

（2）有误码的积累

误码是指信号经传输出现的错码现象。由于信息码在中继器再生判决过程中，因存在各种干扰（码间干扰、噪声干扰等）会导致判决电路的错误判决，即"1"码误判成"0"码，或"0"码误判成"1"码。这种误码现象无法消除，反而随通信距离增长而积累。各个再生中继器都有可能误码，通信距离越长，中继站也就越多，误码积累也越多。

5.4.3 再生中继器的构成

根据再生中继器的任务，可得到再生中继器的功能方框图，如图 5-28 所示。再生中继器由均衡放大、定时提取、判决及码形成 3 部分组成。

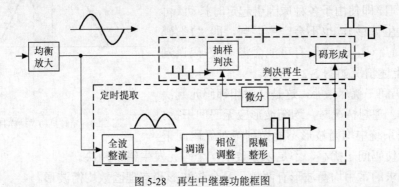

图 5-28 再生中继器功能框图

（1）均衡放大是对收到的失真波形予以放大和均衡形成宜于抽样判决的波形。均衡放大器类似于图 5-15 所示的数字基带信号传输模型的接收滤波器，它对信道传输函数进行均衡，使总的传输函数成为理想低通特性或滚降低通特性。经过均衡放大之后输出的波形称为均衡波，用 $R(t)$ 表示。

（2）定时提取是从收到的信码流中提取定时时钟 CP，获得和发端同频同相的时钟，为再生判决电路提供定时时钟（简称再生时钟）。

（3）判决和码形成部分电路是对已均衡放大的信号进行抽样判决，并进行脉冲形成，形成与发送端一样形状的脉冲。

下面介绍再生中继器的 3 大组成部分。

1. 均衡放大

发送脉冲经过电缆传输将受到衰减和失真（如图 5-25 所示）。为了能够识别并再生原有的发送脉冲波形，必须将接收波形通过均衡放大器整形放大为码间干扰和噪声效果最小的波形。

由于定时波形是直接从均衡波抽取的，因此均衡效果不仅直接关系到码间干扰大小和对外来噪声的抑制，而且影响到定时波的相位抖动。所以均衡放大器是再生中继器的核心部分，也是难以制作的部分。

应当指出，在数字系统中均衡目的与模拟系统不同。在模拟系统中，要求均衡后的波形与发端完全相同。但在数字系统中不然，它不要求波形完全相同，只要求均衡以后，能够判决信码的有无即可。

在上一节介绍过，若基带传输系统中的 $H(\omega)$ 具有理想低通特性或具有奇对称滚降低通特性，则识别点波形 $R(t)$ 可做到在抽样判决时刻无码间干扰。实际传输中，为易于实现，常采用其他特性的 $R(\omega)$，只要均衡放大器设计得合适，使均衡波形 $R(t)$ 适合于抽样判决（再生判决）即可。那么，$R(t)$ 满足什么条件适合于抽样判决呢？

（1）对均衡波形的要求

适合再生判决的波形应满足以下的要求。

① 波形幅度大且波峰附近变化平坦。这是从本码判决的角度考虑的。一个"1"码对应的矩形脉冲经线路传输后，波形产生失真，均衡放大器将其失真波形均放成对应的均衡波形 $R(t)$。若此均衡波形幅度大且波峰附近变化平坦，即使由于各种原因引起定时抖动（再生判决脉冲发生偏移），也不会产生误判，即"1"码仍可还原为"1"码；反之则有可能会将"1"码误判为"0"码。上述情况如图 5-29 所示。

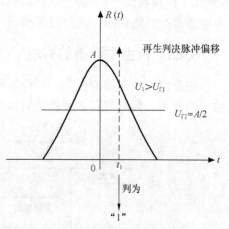

图 5-29　定时抖动对抽样判决的影响

② 相邻码间干扰尽量小。这是从对相邻码元判决的影响考虑的。理想情况时，均衡波形应无码间干扰。即使实际传输系统中均衡波形不能做到绝对无码间干扰，也应尽量使码间干扰小，不足以导致下一个码元发生错误判决。

能满足要求的常用均衡波形有两种：升余弦波形和有理函数均衡波形。

（2）升余弦特性（时域）的均衡波形

这种均衡特性是在时域上具有升余弦波形，如图 5-30（a）所示。

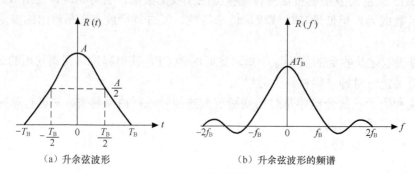

（a）升余弦波形　　　　　　　（b）升余弦波形的频谱

图 5-30　升余弦波形

升余弦波的特点是波峰变化较慢，不会因定时抖动引起误判而造成误码，而且没有码间干扰（$R(t)$ 满足无码间干扰的条件）。所以它是首先考虑选用的一种均衡波形。升余弦波 $R(t)$ 可表示为

$$R(t) = \begin{cases} \dfrac{A}{2}(1 + \cos \pi t / T_{B}) & |t| \leqslant T_{B} \\ 0 & |t| > T_{B} \end{cases} \qquad (5\text{-}23)$$

其频谱 $R(\omega)$ 可表示为

$$R(\omega) = AT_B \frac{\sin(\omega T_B)}{\omega T_B} \cdot \frac{1}{1 - (2T_B f)^2} \qquad (5\text{-}24)$$

$R(\omega)$频谱特性如图 5-30（b）所示。由于 $R(t)$仅限制在时间（$-T_B \sim T_B$）内，因此其频谱 $R(\omega)$的频带为无限宽。但当$(2T_B f)^2 \gg 1$时，$R(\omega)$是以$\left(\dfrac{1}{f}\right)^3$减小，高频分量很小，且 $R(\pm T_B) = 0$，有效地消除了码间干扰。

升余弦均衡波虽然理想，但由于实现电路过于复杂，所以实际中采用了另外一种均衡波——有理函数均衡波，对应的均衡称为有理函数均衡。

（3）有理函数均衡

① 有理函数均衡时的传递函数 $T(\omega)$

在有理函数均衡中，把基带电缆信道等效为由许多低频节和高频节匹配链接的传输网络。由于电缆信道呈低通特性，可由图 5-31（a）所示的电路模型来表示。低通特性的截止频率 f_H是在高频节的高端，故该电路模型称为高频基本节。一个高频基本节的传输函数为

$$L_H(\omega) = \frac{1/j\omega C_H}{R_H + 1/j\omega C_H} = \frac{1}{1 + j\omega C_H R_H}$$

$$= \frac{1}{1 + j\omega/\omega_H} = \frac{\omega_H}{j\omega + \omega_H} \qquad (5\text{-}25)$$

式中，截止角频率 $\omega_H = 2\pi f_H = \dfrac{1}{C_H \cdot R_H}$。

高频基本节的传递函数的幅频特性如图 5-31（b）所示。

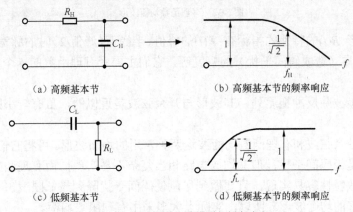

（a）高频基本节　　　　　　　　（b）高频基本节的频率响应

（c）低频基本节　　　　　　　　（d）低频基本节的频率响应

图 5-31　基本节的电路模型与频率响应

在中继器输入、输出电路中，用于远供及平衡/不平衡的变量器具有高通特性，其电路模型如图 5-31（c）所示。由于其截止频率在低频端，故又称低频基本节。一个低频基本节的传递函数 $L_L(\omega)$为

$$L_L(\omega) = \frac{R_L}{R_L + 1/j\omega C_L} = \frac{j\omega C_L \cdot R_L}{1 + j\omega C_L R_L}$$

$$= \frac{j\omega}{j\omega + 1/C_L R_L} = \frac{j\omega}{j\omega + \omega_L} \tag{5-26}$$

式中，截止角频率 $\omega_L = 2\pi f_L = \dfrac{1}{R_L C_L}$。该低频节传递函数幅频特性如图 5-31（d）所示。

由线路特性的高频节特性模型和变量器的低频节特性模型构成带通特性。均放的均衡作用，就是适当调整这带通特性的截止频率及通带特性，使之符合均衡波形的要求。

总传递函数 $T(\omega)$ 可由 n 节高频节模型和 m 节低频节模型链接而成，即

$$T(\omega) = \left(\frac{\omega_H}{j\omega + \omega_H}\right)^n \cdot \left(\frac{j\omega}{j\omega + \omega_L}\right)^m \tag{5-27}$$

由于上式是有理函数，故得名为有理函数均衡。

② 有理函数均衡波形 $R(t)$

根据推导，定性地画出有理函数均衡波形，如图 5-32 所示。

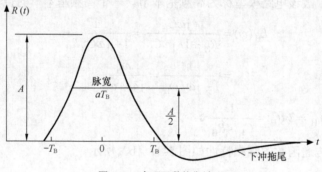

图 5-32　有理函数均衡波形

表征均衡波形 $R(t)$ 的特性的指标有：$R(t)$ 的峰值、半幅值（峰值/2）时的脉宽、占空比 $D =$ 脉宽/T_B 以及下冲拖尾（造成码间干扰）的幅度等，它们主要受有理函数的 4 个参数的影响，即 m、n、f_L 及 f_H。

有理函数均衡波除反冲拖尾外，其波形与升余弦波是近似的，虽有较小的码间干扰，但容易实现。

以上讨论了升余弦波和有理函数均衡波这两种常用的均衡波形。可将它们作一简单比较：升余弦波的特点是无码间干扰，但其均放电路相当复杂不易实现；而有理函数均衡波虽然有码间干扰，可均放特性容易实现，只要做到尽量使码间干扰降到最低限度，不造成误判，它仍不失为是比较好的均衡波形。所以，实际上大多采用有理函数均衡。

2. 定时钟提取

为在最佳时刻识别判决均衡波对应的是"1"码还是"0"码，并把它恢复成一定宽度和幅度的脉冲，各再生中继器必须具有与发送定时时钟 f_B 同步的定时脉冲。通常有外同步定时法和自同步定时法两种方法产生接收端的定时时钟信号。

（1）外同步定时法

外同步定时法有两种方式。一种是和 PCM 信码共占用一条电缆信道，利用伪三进码功率谱的特点来传送主时钟，伪三进码功率谱中在主时钟 f_B 处能量为 0，利用这一特点把主时钟

信号插在这个缝隙处，如图 5-33 所示。

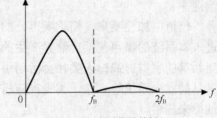

图 5-33 定时信号的插入

这两种信号到达中继站后，用频率为 f_B 的带通和带阻滤波器分隔开，这种方式多用于利用载波信道传送数据的电路中。

外同步法的第二种方式是利用专线传送时钟，即发送端在发送 PCM 信号序列的同时，用另外附加的信道同时发送时钟信号，以供各中继站和接收端使用。用这种办法各中继站和接收端肯定能得到与发送端同频同相的时钟，但需要有一条附加信道，故应用较少。

（2）自同步定时法

从发送的 PCM 信号序列中提取定时信号（简称定时钟提取），这种办法经济方便，目前采用较多。

要使各个再生中继器和接收端能从传输的 PCM 信号序列中提取定时信息，用来产生收端定时信号及各中继站的抽样判决脉冲，首先要考虑的是设计传输的 PCM 信号的码型中要包含有定时钟信息。

为便于定时钟提取，信道中传输的是 HDB$_3$ 码（它的功率谱与 AMI 码的功率谱近似）。虽然它的功率谱中不含定时钟成分（f_B 成分），但只要将 HDB$_3$ 码进行全波整流，即双极性码变换成单极性码（$D = 1/2$），功率谱中含有 f_B 成分，则可从中提取定时钟信息。

3. 判决再生

判决再生又称识别再生，识别是指从已经均衡好的均衡波形中识别出是"1"码还是"0"码。为达到正确的识别，应该在最佳时刻（即在均衡波的峰值处）进行识别，采用抽样判决的方法进行识别。当然，在识别时要有一个依据，就是判决门限电平，通常取判决门限电平为均衡波峰值的一半（有码间干扰时，可酌情考虑）。再生是指将判决出来的码元进行整形与变换，形成半占空的双极性码，即码形成。

5.5 传输系统的性能分析

数字信号传输系统中反映传输质量的主要指标是误码率和相位抖动。误码是由于数字信号传输时信道特性不理想以及信道中噪声干扰造成的。关于信道特性已在前面讨论过，这里要讨论的是信道噪声和干扰特性及其对传输性能的影响。

5.5.1 信道噪声及干扰

电缆信道中的传输噪声和干扰主要有两个方面：一是信道噪声，二是电缆线对产生的相互串扰——串音干扰。

1. 信道噪声

信道噪声指的是对信号传输与处理起扰乱作用，而又不能完全控制的一种客观存在的不需要的电信号。由于这种噪声是叠加在信号上的，所以有时将其称为加性噪声。噪声对信号的传输是有害的，它能使模拟信号失真，使数字信号发生错码，并随之限制了信息的传输速率。

信道中加性噪声（简称噪声）的来源主要分为两大类：系统外部和系统内部。系统外部进入本系统的噪声包括自然界产生的各种电磁波辐射如闪电、大气噪声，以及来自太阳和银河系等的宇宙射线；人类社会活动引起的电磁干扰，如电气开关设备产生的电弧干扰；交通工具的点火系统等。这一类噪声随机性很强，强度也大，称为脉冲噪声，它很难以某一统计规律来描述。

系统内部产生的加性干扰来自导体中的热运动产生的随机噪声（热噪声），电子器件电流的离散引起的器件噪声（散弹噪声或散粒噪声）。这两种噪声具有高斯分布（又称正态分布）的随机过程，并且它的噪声功率谱密度在很宽的范围内（约为 $0 \sim 10^{13} \mathrm{Hz}$）基本上是一个与频率无关的定值，因此又称白噪声。系统内部噪声，可以用统计特性来描述，它的幅度分布特性是均值为零的高斯分布或叫正态分布，其数学表示为

$$p(u) = \frac{1}{\sqrt{2\pi} \cdot \sigma} \cdot \mathrm{e}^{\frac{u^2}{2\sigma^2}} \tag{5-28}$$

式中，σ^2 是噪声均方值，它表示噪声的功率；$p(u)$ 是噪声幅度概率分布，其分布曲线如图 5-34 所示。

上述的噪声按来源可作如下分类。

$$\text{加性噪声} = \begin{cases} \text{外部} \begin{cases} \text{自然界、天电、太阳辐射、宇宙射线} \\ \text{工业电气、电气设备开关、点火系统、电力线} \\ \text{无线电干扰、交调、通信干扰} \end{cases} \\ \text{内部} \begin{cases} \text{热噪声} \\ \text{散弹噪声} \end{cases} \end{cases}$$

2. 串音干扰

电缆信道中引起信号传输损害的另一主要因素是由于电磁感应耦合所引起线对之间信号的相互串扰，叫串音干扰。

在同一电缆管内多线对之间的串音干扰示意图如图 5-35 所示。线对间的串音分近端串音（NCT）和远端串音（FCT）两种。近端串音是指本系统（如系统1）或邻系统（如系统1对系统2）的收端感应到邻系统本侧发端的干扰，远端串音是指邻系统（系统1）对侧发端对本系统（系统2）本侧收端的干扰。串音干扰与电缆质量、线对间位置以及信号频率有关。

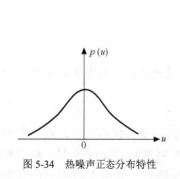

图 5-34　热噪声正态分布特性

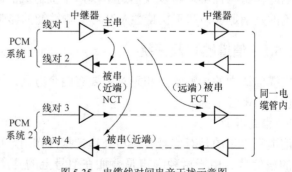

图 5-35　电缆线对间串音干扰示意图

如果考虑串音源较多，并近似认为多个串音源都是互相统计独立的，则按中心极限定理可以推知，串音干扰也可以近似认为是符合正态分布的。

5.5.2　误码率和误码率的累积

码间串扰和噪声是产生误码的因素。前面讨论了无噪声影响时能够消除码间串扰的基带传输特性，现在讨论无码间串扰时噪声对误码的影响。

进行抗噪声性能分析，必须建立分析模型，图 5-36 所示为基带系统接收端框图。假设基带传输系统中的噪声 $n(t)$ 为平稳的，均值为零，方差为 $\sigma^2 n$ 的加性高斯白噪声，其幅度概率分布如图 5-34 所示，数学表达式为式（5-28）。

图 5-36　基带系统接收端框图

在噪声影响下发生误码将有两种差错形式：发送的是"1"码，却被判决为"0"码；发送的是"0"码，却被判为"1"码。把发信端送出的传号（1 或−1）经传输系统后误判为空号（0）称漏码或丢码，若将空号错判为传号则称增码。数字信号经传输后所发生的漏码增码统称为误码。

下面求这两种情况下码元错判的概率。

若发送"1"码的概率为 $P(1)$，发送"0"码的概率为 $P(0)$，则基带传输系统总的误码率可表示为

$$P_e = P(1)P_{e1} + P(0)P_{e2} \tag{5-29}$$

式中，P_{e1} 表示将"1"错判为"0"的漏码概率，P_{e2} 表示将"0"错判为"1"的增码概率。

1. 极性码的误码率

若单极性基带信号，在一个码元持续时间内，抽样判决器输入端得到的波形如图 5-37 所示。在判决时刻，当噪声电压小于 $A/2$ 时，将使"1"码误判为"0"码，即产生漏码；当噪声电压大于 $A/2$ 时，将使"0"码误判为"1"码，即产生增码。

误码率不仅与接收脉冲幅度 A 有关，而且与热噪声的概率密度分布 $P(u)$ 有关。$P(u)$ 如图 5-34 所示，其表达式如式（5-28）所示。图 5-37（b）中所示的 $P_0(u)$，$P_1(u)$ 分别表示热噪声叠加在"0"码、"1"码上的热噪概率密度分布情况。假设信码出"1"码、"0"码的概率 P 相等，即 $P(1) = P(0)$，则从图 5-37 可得增码误码率 P_{e2}（或 $P_e(0 \to 1)$）为

$$P_{e2} = \frac{1}{2} \int_{A/2}^{\infty} P(u)\, \mathrm{d}u \tag{5-30}$$

漏码误码率 P_{e1} 为

$$P_{e1} = \frac{1}{2} \int_{-\infty}^{-A/2} P(u)\, \mathrm{d}u \tag{5-31}$$

故总误码率为

$$P_e = P_{e2} + P_{e1} = \frac{1}{2}\int_{A/2}^{\infty} P(u)\,\mathrm{d}u + \frac{1}{2}\int_{-\infty}^{-A/2} P(u)\mathrm{d}u \qquad （5\text{-}32）$$

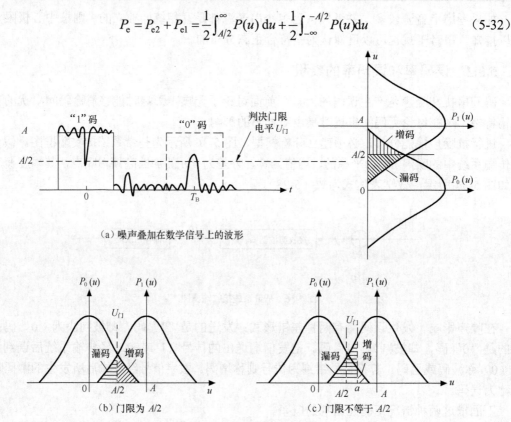

（a）噪声叠加在数学信号上的波形

（b）门限为 $A/2$

（c）门限不等于 $A/2$

图 5-37　单极性码误码情况

应当指出，当"1"码、"0"码的出现概率相等（均为 1/2，时，最佳判决门限电平是 A/2。在图 5-37（c）中，设判决门限电平 $a \neq A/2$，其误码率是斜线部分与水平线部分面积之和乘上 1/2。显然，比较图 5-37（b）和（c）可知，$U_{门} = A/2$ 是最佳判决门限电平。

由于"1"码、"0"码出现概率均为 1/2，同时热噪声的正态分布具有对称性。故式（5-31）可改写为

$$P_e = \frac{1}{2}\int_{A/2}^{\infty} P(u)\mathrm{d}u = \frac{1}{\sigma\sqrt{2\pi}}\int_{A/2}^{\infty} e^{-\frac{1}{2}\left(\frac{u}{\sigma}\right)^2}\,\mathrm{d}u$$

设 $y = \dfrac{u}{\sigma\sqrt{2}}$，则 $\mathrm{d}u = \sigma\sqrt{2}\mathrm{d}y$，上式可改写为

$$P_e = \int_{A/2\sigma\sqrt{2}}^{\infty}\frac{1}{\sqrt{\pi}}\cdot e^{-y^2}\mathrm{d}y$$

通常 $A/\sigma \gg 1$，则 P_e 可近似为

$$P_e \approx \frac{1}{2\left(\dfrac{A}{2\sigma\sqrt{2}}\right)\sqrt{\pi}}\cdot e^{-(A/2\sigma\sqrt{2})^2}$$

所以，P_e（单极性）$\approx \sqrt{\dfrac{2}{\pi}}\left(\dfrac{\sigma}{A}\right)\cdot e^{-\frac{1}{8}\left(\frac{A}{\sigma}\right)^2}$ 　　$（A/\sigma \gg 1）$ 　　　　（5-33）

以上计算出单极性码的误码率，而信道上实际传输的是双极性码，它的误码率是怎样的呢？

2. 双极性码的误码率

实际中用的双极性码通常是伪三进码（+1，0，−1），其中传号码"1"码的峰值是交替采用 A 和−A 值，"0"码则取零值。

对于图 5-38 中所示的双极性基带信号，在一个码元持续时间内，抽样判决器输入端得到的波形为

$$u(t) = \begin{cases} A + n_R(t) & \text{发送 "1" 时} \\ -A + n_R(t) & \text{发送 "0" 时} \end{cases} \tag{5-34}$$

由于 $n_R(t)$ 是高斯过程，故当发送"1"时，$A + n_R(t)$ 的一维概率密度为

$$p_1(u) = \frac{1}{\sqrt{2\pi}\sigma_n} e^{-(u-A)^2/2\sigma_n^2}$$

而当发送"0"时，$-A + n_R(t)$ 的一维概率密度为

$$p_0(u) = \frac{1}{\sqrt{2\pi}\sigma_n} e^{-(u-A)^2/2\sigma_n^2}$$

与之相应的曲线如图 5-38 所示。若令判决门限为 A_d，则将"1"错判为"0"的概率 P_{e1} 和将"0"错判为"1"的概率 P_{e2} 可表示为

$$P_{e1} = P(u < A_d) = \int_{-\infty}^{A_d} P_1(u)du \tag{5-35}$$

$$P_{e2} = P(u > A_d) = \int_{A_d}^{\infty} P_0(u)du \tag{5-36}$$

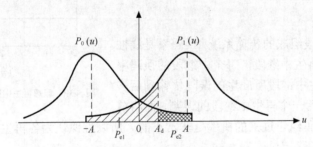

图 5-38　$u(t)$ 的概率密度曲度

对增码而言，随机噪声电压的正、负值都可能使"0"码误判为"+1"码、"-1"码，即热噪声电压绝对值大于 $A/2$ 时会出现增码，所以增码误码率 P_e 或 P_{e2}（0→±1）为

$$P_{e2} = P_e(0 > \pm 1) = \frac{1}{2}\int_{A_d}^{\infty} P_0(u)du + \frac{1}{2}\int_{-\infty}^{A_d} P_0(u)du = \frac{1}{2}\int_{A_d}^{\infty} P_0(u)du \tag{5-37}$$

对漏码来讲，由于"1"码是正、负交替的，故出现"+1"码的概率为 $1/2 \times 1/2 = 1/4$，则漏码误码率 P_e（±1→0）为

$$\begin{aligned} P_{e1} = P_e(\pm 1 \to 0) &= P_e(+1 \to 0) + P_e(-1 \to 0) \\ &= \frac{1}{4}\int_{-\infty}^{-A_d} P(u)du + \frac{1}{4}\int_{A_d}^{\infty} P(u)du = \frac{1}{2}\int_{A_d}^{\infty} P(u)du \end{aligned} \tag{5-38}$$

将式（5-37）和式（5-38）相加，得出双极性码的总码率为

$$P_e = \frac{3}{2}\int_{A_d}^{\infty} P(u)\mathrm{d}u$$

当 $A/\sigma \gg 1$，$A_d = \frac{1}{2}A$ 时，上式近似为

$$P_e(\text{双极性}) \approx \frac{3}{2}\sqrt{\frac{2}{\pi}}\left(\frac{\sigma}{A}\right)e^{-\frac{1}{8}\left(\frac{A}{\sigma}\right)^2} = \frac{3}{2}P_e(\text{单极性}) \tag{5-39}$$

由式（5-39）可看出，双极性码的误码率为单极性码误码率的 1.5 倍。另外，由式（5-32）和式（5-39）可知：误码率与 A/σ（A/σ 与信噪比成正比）有关，如图 5-39 所示。

从图 5-39 中可以看出，A/σ（或信噪比）越大，则误码率的影响越灵敏。虽然双极性码的误码率大于单极性码的误码率，导致双极性码抗噪声能力差，但在相同的 P_e 条件下，两种码型所要求的 A/σ（或信噪比）却相差极微。同时考虑到双极性码的其他优点，双极性码仍然被广泛采用。

在实际的再生中继系统中，除了信道热噪声外，还存在其他因素使误码率变坏，如码间干扰、抖动等。因此，实际的误码率比理想再生中继时要大得多。理论和实践表明，为保证通信质量，一般要求总误码率不大于 10^{-6}。

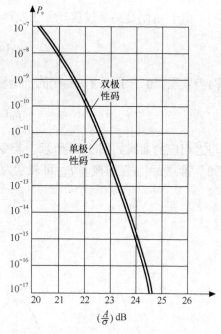

图 5-39 理想再生中继系统 P_e 与 A/σ 的关系

3. 误码累积

对于有多个中继段组成的传输系统，误码率是线性累积的。设有 m 个再生中继段，每个中继段的误码率为 P_{ei}，当前一个再生中继段所产生的误码传输到后一个再生中继段时，因后一个再生中继段的误判，而将前一个再生中继段的误码纠正过来的概率是非常小的。所以近似认为各再生中继段的误码是互不相关的，因此总误码率为

$$P_E \approx \sum_{i=1}^{m} P_{ei}$$

当每个再生中继段的误码率均相同为 P_e 时，则全程总误码率为

$$P_E \approx mP_e$$

这表明：全程总误码 P_E 是按再生中继段数目成线性累积的。

例如，某一 PCM 通信系统共有 $m = 100$ 个再生中继段，要求总误码率 $P_E = 10^{-6}$，根据上式可算得每一个再生中继段的误码率 P_E 应小于 10^{-8}。

另外再看一例。一个 PCM 通信系统共 100 个再生中继段，其中 99 个再生中继段的信噪比为 22dB，1 个再生中继段的信噪比为 20dB（只恶化 2dB）。可以计算出，信噪比为 22dB 时，$P_e = 2.366\,7 \times 10^{-10}$；信噪比为 20dB 时，$P_e = 4.460\,2 \times 10^{-7}$，则

$$P_E = 99 \times 2.366\,7 \times 10^{-10} + 4.460\,2 \times 10^{-7} = 4.694\,5 \times 10^{-7}$$

由此可见，误码率主要由信噪比最差的再生中继段决定。哪怕 100 个中继段中 99 个中继段的误码率都很小为 10^{-10} 量级，只有一个中继段的误码率较大为 10^{-7} 量级，那么总的误码率就由信噪比最大的中继段确定为 10^{-7} 量级。（注：习惯上将全程总的误码率 P_E 写成 P_e）

5.5.3　误码信噪比

具有误码的码字被解码后将产生幅值失真，这种失真引起的噪声称误码噪声。误码噪声除与误码率有关外，还与编码律以及误码所在的段落等有关。下面分析 A 律 13 折线的误码信噪比。

假设 A 律 13 折线编码中"1"码和"0"码出现的概率相同，各位码元误码的机会相同，同时是相互无关而独立的。另外，由于误码率 P_e 很小，故对每一个码字（8 位码）只考虑误一位码（这样考虑是符合实际情况的）。

一个码字包括极性码、段落码和段内码，所误的一位码在极性码、段落码和段内码内都可能出现，但它们的误码影响是不同的。设其误码噪声功率（均方值）分别为 σ_p^2、σ_s^2 和 σ_1^2 经过推导，总误码噪声功率 σ_e^2 为

$$\sigma_e^2 = \sigma_p^2 + \sigma_s^2 + \sigma_1^2 \approx 288811001 P_e \varDelta^2 \tag{5-40}$$

由于 $\varDelta = U/2\,048$，故

$$\sigma_e^2 \approx 0.686 P_e U^2$$

如令信号功率为 u_e^2，并令 $U = u_e \cdot c$，则上式变为

$$\sigma_e^2 \approx 0.686 P_e \cdot u_e \cdot c$$

则误码信噪比为

$$(S/N_e) = \frac{u_e^2}{\sigma_e^2} = \frac{1}{0.686 P_e \cdot c^2}$$

以分贝表示，应为

$$(S/N_e)_{dB} = 10 \lg \frac{1}{0.686 P_e \cdot c^2} = 20 \lg \frac{1}{c} + 10 \lg \frac{1}{P_e} + 1.6 \tag{5-41}$$

对于语音信号来说，为了减少过载量化噪声，音量应适当。当 $u_e/U = 1/10$，$(u_e/U)dB = 20 \lg(u_e/U) = -20 dB$ 时，根据式（5-41）画出的误码信噪比曲线如图 5-30 所示。

前面提到过，PCM 通信系统要求总误码率要低于 10^{-6}，为什么呢？

由图 5-40 可看出，当 $P_e = 10^{-6}$ 时，误码信噪比 $(S/N_e)_{dB} = 41.6 dB$。但若信道误码率高于 10^{-6}，例如 $P_e = 10^{-5}$，则 $(S/N_e)_{dB} = 31.6 dB$（P_e 增加一个数量级，误码信噪比下降 10dB），它低于 A 律压缩特性的最大量化信噪比（38dB）。所以为了保证总的信噪比不因误码率而显著下降，信道误码率 P_e 应低于 10^{-6}。

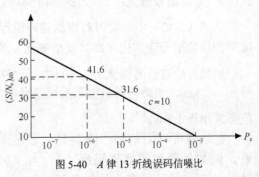

图 5-40　A 律 13 折线误码信噪比

5.5.4 相位抖动

PCM 信号的信码流经过信道传输后,各中继器和终端站提取的时钟脉冲在时间上不是等间隔的, 即时钟脉冲在相位上出现了偏差, 这种现象称为相位抖动, 如图 5-41 所示。图 5-41（a）所示的为正常没有相位抖动的时钟脉冲；图 5-41（b）所示的为有相位抖动的时钟脉冲；图 5-41（c）所示的为相位抖动对解码的影响, 其中曲线①为没有相位抖动时的重建模拟信号, 曲线②为有相位抖动时的重建模拟信号。可见, 相位抖动引起了重建模拟信号的失真。

相位抖动将增加误码率, 这是因为相位抖动使得判决时刻偏离均衡波的波峰, 从而产生误判, 同时由于解码后的 PAM 信号脉冲发生相位抖动, 最终使话路接收端引起失真和噪声, 如图 5-41（c）所示。

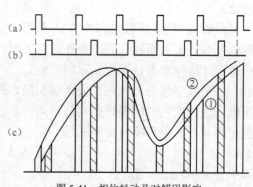

图 5-41 相位抖动及对解码影响

抖动的大小可以用相位弧度、时间或者比特周期来表示。一个比特周期的抖动称为 1 比特抖动, 常用 "100%UI" 表示, UI 即单位间隔。"100%UI" 也相当于 2π 弧度或 360°。对于数码率 f_B 的信号, "100%UI" 相当于 $1/f_B$ 秒。

引起相位抖动的原因很多, 如定时提取电路调谐回路失谐、信道噪声和串音干扰、PCM 信码码型中 "1"、"0" 码数目变动等。时钟抖动对一个中继器来说影响不大, 但当多个中继链接时这些抖动因素会有累积作用, 致使对整个系统质量产生一定的影响。衡量抖动对信号影响的指标是抖动信噪比, 其定义为

$$SNR_j = \frac{信号功率}{抖动噪声功率}$$

可以推导得出结论为

$$SNR_j = \frac{1}{\omega_B^2 \sigma_j^2} \tag{5-42}$$

式中, ω_B 为信号带宽, σ_j^2 为抖动时间均方值（σ_j 为抖动时间均方根值）。

从式（5-42）中, 就可对抖动噪声进行简单估算。如已知解调语音信号的带宽 ω_B 和抖动噪声形成的信号噪声比（即抖动信噪比）的要求, 就可估算求得允许的抖动 σ_j。

例如, 给定信号带宽为 3 400Hz, 允许抖动信噪比为 33dB, 代入式（5-42）中, 就可求得 $\sigma_j \approx 1.8\mu s$。如果再考虑实际系统还存在其他噪声, 如量化噪声、误码噪声等, 实际求抖动值必须小于 1.8μs。

抖动是可以限制的, 限制抖动通常采用两类技术：其一, 设法防止抖动的产生和积累, 例如采用扰码器使码流 "1" 与 "0" 的出现概率接近, 这样可防止出现较大的抖动；其二, 对已经产生的抖动设法减弱, 例如采用抖动消除器就可以滤除较高频率的抖动成分。

5.5.5　眼图

　　一个实际的基带传输系统，无论设计得多么完好，都不可能完全符合理想的情况，消除码间干扰。这是因为码间干扰问题与发送滤波器特性、信道特性以及接收滤波器特性有关，因而计算由于这些因素引起的误码率非常困难，尤其是当码间干扰和噪声同时存在时，系统性能的定量分析就更加困难了。为了使系统达到最佳化，除了用专门精密仪器进行测试和调整外，实际工程中希望用简单的方法和通用仪器，宏观监测系统的性能。眼图是一种利用示波器显示图形衡量均衡波形的码间干扰最直观的方法。

　　具体的做法是：用一个示波器跨接在接收滤波器的输出端，然后调整示波器扫描周期，使示波器水平扫描周期与接收码元的周期严格同步，并适当调整相位，使波形的中心对准取样时刻，这样在示波器屏幕上看到的图形像"眼睛"，故称为"眼图"。从"眼图"上可以观察出码间干扰和噪声的影响，从而估计系统优劣程度，并借助眼图对电路进行调整。

　　为解释眼图和系统性能之间的关系，暂时先不考虑噪声的影响。图 5-42 所示给出无噪声情况下，无码间干扰和有码间干扰的眼图。无码间干扰的基带脉冲序列如图 5-42（a）所示，用示波器观察它，并将水平扫描周期调到码元周期 T_B，则图 5-42（a）中每一码元将重叠在一起。由于荧光屏的余辉作用，最终在示波器上显现出的是迹线又细又清晰的"眼睛"，如图 5-42（c）所示，"眼睛"张得很大。有码间干扰的基带脉冲序列，如图 5-42（b）所示，此波形已经失真，用示波器观察如图 5-42（b）所示的扫描迹线就不完全重合，眼图的迹线就会不清晰，"眼睛"张开得较小，如图 5-42（d）所示。对比图 5-42（c）和（d）可知，眼图的"眼睛"张开大小反映着码间干扰的强弱。图 5-42（c）所示的眼图中央垂直线即表示最佳判决时刻，信号取值为±1；眼图中央的横轴位置即为最佳判决门限电平。当存在噪声时，噪声将叠加在信号上，眼图的迹线更模糊不清，"眼睛"张开得更小。由于出现幅度大的噪声机会很小，在示波器中不易被发觉，因此，利用眼图只能大致估计噪声的强弱。

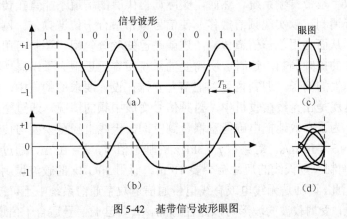

图 5-42　基带信号波形眼图

　　眼图对于数字信号传输系统性能分析很有用，它能直观地表明码间干扰和噪声的影响，能评价一个基带系统的性能优劣。因此可把眼睛理想化，简化为如图 5-43 所示的模型，该图表示如下意义。

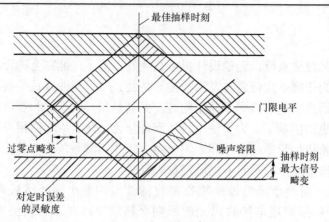

图 5-43　眼图的模型

（1）最佳抽样时刻在眼图中眼睛张开的最大处。

（2）对定时误差的灵敏度，由斜边斜率决定，斜率越大，对定时误差应越灵敏。

（3）在抽样时刻上，眼图上下两分支的垂直宽度，表示了最大信号畸变。

（4）在抽样时刻上，上、下两分支离门限最近的一根迹线至门限的距离表示各自相应电平的噪声容限，噪声瞬时值超过它就可能发生判决差错。

（5）对于信号过零点取平均来得到定时信息的接收系统，眼图倾斜分支与横轴相交的区域的大小，表示零点位置的变动范围，这个变动范围的大小对提取定时信息有重要影响。

*5.6　数字信号的频带传输

5.6.1　数字调制的概念

前面讨论了数字基带传输系统。然而，实际通信中有的信道不能直接传送基带信号，必须对基带信号进行调制，以实现频谱搬移，使信号频带适合于信道频带。例如调制可以把多路信号彼此分开，从而利用单一信道传输，这就是已知频分复用。调制可用来使干扰的影响最小，这就是已知的扩频调制。这时，所需的系统带宽远远地大于消息所需的最小带宽，这是用频带换可靠性的例子。调制也可以把信号安排在设计要求的频段中，使滤波、放大等容易得到满足。这就是在无线接收机中，射频信号变成中频的情况，通过空间的电磁波的传播由天线来完成。为了有效地把电磁能量耦合到空间，天线直径至少要与传输波长相当。波长 $\lambda = c/f$，光速 $c = 3 \times 10^8$m/s，对频率 $f = 3$kHz 的基带信号，$\lambda = 10^5$m，通过空间有效地传输 3kHz 信号，若不调制，则天线的尺寸至少要 10^5m。而用 30GHz 的载波调制，等效的天线直径小于 12.7mm，因此，调制是无线电或有线电带通信道数字通信系统中不可缺少的基本步骤。

从原理上来说，受调载波的波形可以是任意的，只要已调信号适合于信道传输就可以了。依据调制的载波的不同可分为两类：一类是用正弦型信号，称为正弦载波调制；另一类是用脉冲串，称为脉冲调制。依据基带信号不同可分为两类：一类是模拟信号，即基带信号的取值是连续的，称为模拟调制；另一类是数字信号，即基带信号的取值是离散的，称为数字调制。

数字调制是指把数字基带信号转换为与信道特性相匹配的频带信号的过程，那么已调信号通过信道传输到接收端，在接收端通过解调器把频带数字信号还原成基带数字信号，这种数字信号的反变换称为数字解调。通常，把数字调制与解调合起来称为数字调制，把包括调制和解调过程的传输系统叫做数字信号的频带传输系统。频带传输系统如图 5-44 所示。

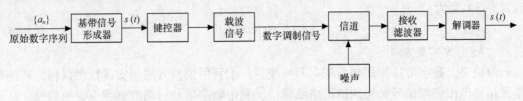

图 5-44　频带传输系统的组成方框图

在数字调制中，所选择参量可能变化状态数应与信息元数相对应。数字信息有二进制和多进制之分，因此，数字调制可分为二进制和多进制调制两种。根据数字信号对载波参数的控制，数字调制可分为振幅键控（ASK）、频移键控（FSK）及相移键控（PSK）3 种调制方式。根据已调信号的频谱结构特点不同，数字调制也可分为线性调制和非线性调制。在线性调制中，已调信号的频谱结构与基带信号的频谱结构相同，只不过频率位置搬移了；在非线性调制中，已调信号的频谱结构与基带信号的频谱结构不同，不是简单的频谱搬移，而是有其他新的频率成分出现。振幅键控属于线性调制，频移键控属于非线性调制。这些特点与模拟调制时也都是相同的。

图 5-44 描述了频带传输系统，由图可见，原始数字序列经基带信号形成器后变成适合于信道传输的基带信号 $s(t)$，然后送到键控器来控制射频载波的振幅、频率或相位，形成数字调制信号，并送至信道。由于在信道中传输存在各种干扰，接收滤波器把叠加在干扰和噪声中的信号提取出来，并经过相应的解调器，恢复数字基带信号 $s(t)$ 或数字序列。

下面介绍实际中广泛应用的二进制数字调制技术。

5.6.2　数字幅度调制

1. 2ASK 的一般原理

二进制数字振幅键控是一种古老的调制方式，也是最简单的，虽然它在实际中应用的少，但是它的原理是研究其他各种数字调制的基础。振幅键控（Amplitude Shift Keying，ASK）又称为开关键控（通断键控）（On Off Keying，OOK），二进制数字振幅键控通常记作 2ASK。

对于振幅键控这样的线性调制来说，在二进制里，2ASK 是利用代表数字信息 "0" 或 "1" 的基带矩形脉冲去键控一个连续的载波，使载波时断时续地输出。有载波输出时表示发送 "1"，无载波输出时表示发送 "0"。根据线性调制原理，一个二进制的振幅键控信号可以表示成一个单极性矩形脉冲序列与一个正弦型载波的相乘，即

$$e_0(t) = \left[\sum_n a_n g(t - nT_B) \right] \cos \omega_c t \qquad (5\text{-}43)$$

式中，$g(t)$ 是持续时间为 T_B 的矩形脉冲，ω_c 为载波频率，a_n 为二进制数字，则

$$a_n = \begin{cases} 1 & \text{出现概率为} P \\ 0 & \text{出现概率为 } (1-P) \end{cases}$$

若令

$$s(t) = \sum_n a_n g(t - nT_{\mathrm{B}})$$

则式（5-43）变为

$$e_0(t) = s(t)\cos\omega_c t \tag{5-44}$$

2. 2ASK 的实现方法

一般说来，数字信号的调制方法有两种类型：①利用模拟方法来实现数字调制，即把数字基带信号当作模拟信号的特殊情况来处理；②利用数字信号的离散值特点键控载波，从而实现数字调制。第二种技术通常称为键控法，键控法一般由数字电路来实现，它具有调制变换速率快、调整测试方便、体积小和设备可靠性高等特点。

对 2ASK 信号，可用模拟相乘的方法来实现数字调制，其原理方框图如 5-45 所示。图中基带信号形成器把数字序列 $\{a_n\}$ 转换成所需的单极性基带矩形脉冲序列 $s(t)$，$s(t)$ 与载波相乘后即把 $s(t)$ 的频谱搬移到 $\pm f_c$，实现了 2ASK。带通滤波器滤出所需的已调信号，防止带外辐射影响邻台。

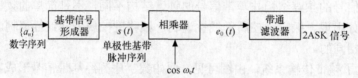

图 5-45　模拟法调制方框图

2ASK 信号之所以称为 OOK 信号，是因为振幅键控的实现可以用开关电路来完成。开关电路是以数字基带信号为门脉冲来选通载波信号的，从而在开关电路输出端得到 2ASK 信号。键控法实现 2ASK 信号的模型框图及波形如图 5-46 所示。

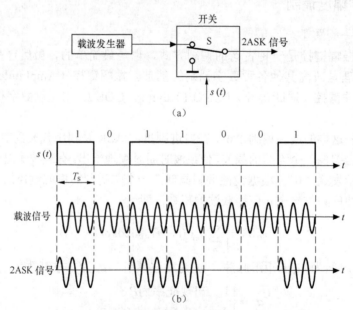

图 5-46　键控法实现 2ASK 信号的模型框图及波形

图 5-47 所示给出了以数字电路为主实现 2ASK 信号的电路,电路原理留给读者自行分析,并画出图中 a、b、c、d 和 e 各点波形。

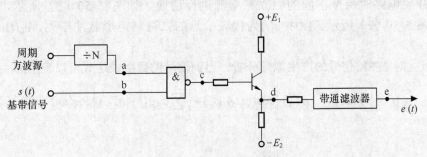

图 5-47　2ASK 信号的实现方法

3. ASK 的解调方法

与 AM 信号的解调方法一样,OOK 信号也有两种基本的解调方法:非相干解调(包络检波法)和相干解调(同步检测法)。与模拟 AM 信号的接收系统相比可知,这里增加了一个"抽样判决器",这对于提高数字信号接收性能是必要的。

图 5-48 和图 5-49 分别给出了包络检测法和相干解调的原理方框图,其原理请读者自行分析。

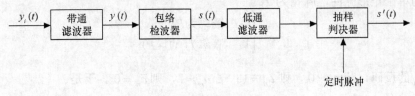

图 5-48　2ASK 信号的非相干解调

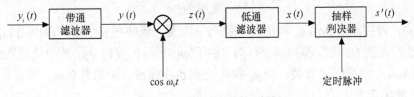

图 5-49　2ASK 信号的相干解调

5.6.3　数字频率调制

1. FSK 一般原理

数字频率调制(Frequency Shift Keying, FSK)又称频移键控,二进制频移键控记作 2FSK。数字频移键控是用不同频率的载波来传送数字消息的,或者说用所传送的数字消息控制载波的频率。2FSK 信号中符号"1"对应于载频 ω_1,而符号"0"对应于载频 ω_2(与 ω_1 不同的另一载频)的已调波形,而 ω_1 与 ω_2 之间的改变是瞬间完成的。从原理上讲,数字调频可用模拟调频法来实现,也可用键控法来实现,前者可利用一个矩形脉冲序列对一个载波进行调频而获得。这是频率键控通信方式早期采用的实现方法，利用模拟调频法实现数字调频的方法，如图 5-50（a）所示。用键控法调制是利用受矩形脉冲序列控制的开关电路对两个不同的独立频率源进行选通，如图 5-50（b）所示，两种方法的波形如图 5-50（c）所示。图中 $s(t)$ 为代表信息的二进制矩形脉冲序列，$e_0(t)$ 即是 2FSK 信号。

根据以上对 2FSK 信号的产生原理分析，已调信号的数字表达式可以表示为

$$e_0(t) = \left[\sum_n a_n g(t - nT_B)\right]\cos(\omega_1 t + \varphi_n) + \left[\sum_n \overline{a}_n g(t - nT_B)\right]\cos(\omega_2 t + \theta_n) \tag{5-45}$$

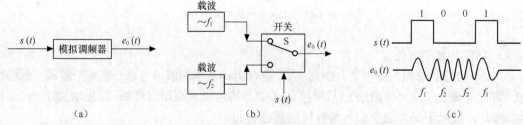

图 5-50　2FSK 信号的产生及波形

式中，$g(t)$ 为单个矩形脉冲，脉宽为 T_B。

$$a_n = \begin{cases} 0 & \text{概率为} P \\ 1 & \text{概率为}（1-P） \end{cases}$$

$\overline{a}_n$ 是 a_n 的反码，若 $a_n = 0$，则 $\overline{a}_n = 1$；若 $a_n = 1$，则 $\overline{a}_n = 0$。于是

$$\overline{a}_n = \begin{cases} 0 & \text{概率为}（1-P） \\ 1 & \text{概率为} P \end{cases}$$

一般说来，键控法得到的 φ_n 和 θ_n 与序列号 n 无关，反映在 $e_0(t)$ 仅表现出当 ω_1 与 ω_2 改变时，其相位是不连续的；而用模拟调频法时，由于 ω_1 与 ω_2 改变时 $e_0(t)$ 的相位是连续的，故 φ_n 和 θ_n 不仅与第 n 个信号码元有关，而 $\overline{\varphi}_n$ 和 θ_n 之间也应保持一定的关系。

2. FSK 的实现方法

前面已提到，2FSK 信号可以采用模拟调频法和数字键控法来产生。

模拟调频法：用数字基带矩形脉冲控制一个振荡器的某些参数（例如电容 C），可直接改变振荡频率，使输出得到不同频率的已调信号。用此方法产生的 2FSK 信号对应着两个频率的载波。在码元转换时刻，两个载波相位能够保持连续，所以称其为相位连续的 2FSK 信号。这种直接调频法虽易于实现，但频率稳定度较差，因而实际应用范围不广。

数字键控法：它是用数字矩形脉冲控制电子开关，使电子开关在两个独立的振荡器之间进行转换，从而在输出端得到不同频率的已调信号。其原理方框图及各点波形如图 5-51 所示。

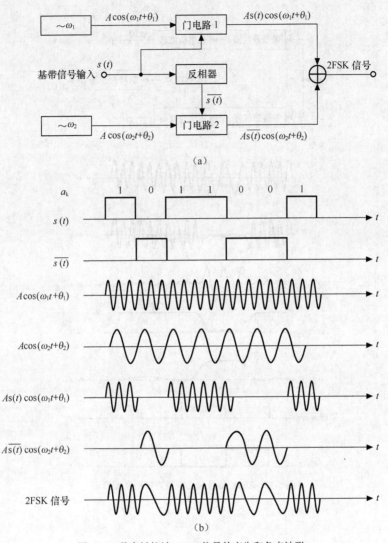

图 5-51 数字键控法 2FSK 信号的产生和各点波形

由图 5-51 可知，数字信号为"1"时，正脉冲使门电路 1 接通，门电路 2 断开，输出频率为 f_1；数字信号为"0"时，门电路 1 断开，门电路 2 接通，输出频率为 f_2。如果产生 f_1 和 f_2 的两个振荡器是独立的，则输出的 2FSK 运信号的相位是不连续的。这种方法的特点是转换速度快，波形好，频率稳定度高，电路不太复杂，故得到广泛应用。

3. 2FSK 信号的解调

二进制频移键控信号的解调方法很多，常采用非相干检测法（包络检波法）和相干检测法（同步检波法），还有过零检测法、差分检波法等。

图 5-52、图 5-53 和图 5-54 所示的分别为包络检波法、同步检波法和过零检测法示意图，其详细原理读者自己分析。

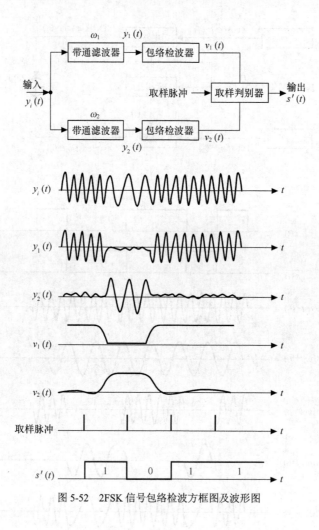

图 5-52 2FSK 信号包络检波方框图及波形图

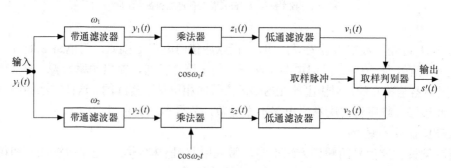

图 5-53 2FSK 信号同步检波方框图

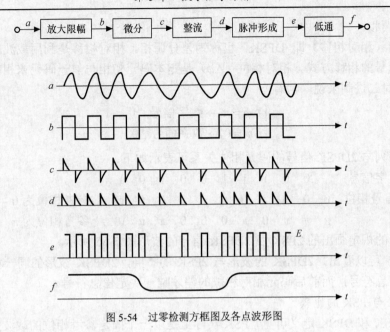

图 5-54 过零检测方框图及各点波形图

5.6.4 数字相位调制

数字相位调制（Phase Shift Keying, PSK）又称相移键控，二进制相移键控（记为 2PSK）用同一个载波的两种相位来代表数字信号。由于 PSK 系统抗噪声性能优于 ASK 和 FSK，而且频带利用率较高，所以，在中、高速数字通信中被广泛应用。

通常 PSK 分为绝对调相（PSK）和相对调相（DPSK）两种。

1. 绝对调相

绝对调相（绝对相移）是利用载波的不同相位（ϕ）去直接传送数字信息的一种方式。对于二进制则有

$$\begin{cases} \varphi = \pi \rightarrow 数字信号 \text{"1"} \\ \varphi = 0 \rightarrow 数字信号 \text{"0"} \end{cases}$$

受控载波在 0 和 π 两个相位上变化，其波形如图 5-55 所示。

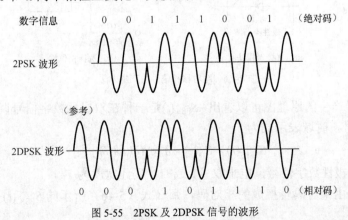

图 5-55 2PSK 及 2DPSK 信号的波形

2. 相对调相

相对调相（相对相移）即 DPSK，也称为差分调相。相对相移是利用载波的相对相位变化表示数字信号的相移方式。相对相位（$\Delta\phi$）是指本码元初相与前一码元末相的相位差（即向量偏移）。对二进制来说，常有

$$\begin{cases} \Delta\varphi = \pi \rightarrow \text{数字信号 "1"} \\ \Delta\varphi = 0 \rightarrow \text{数字信号 "0"} \end{cases}$$

则数字信息序列与 2DPSK 信号的码元相位关系可表示如下：

数字信息：　　 0　0　1　1　1　0　0　1　0　1

2DPSK 信号相位：0　0　0　π　0　π　π　π　0　0　π　　参考相位为 0

或　　　　π　π　π　0　π　0　0　0　π　π　0　　参考相位为 π

按照前面的规定画出的 2PSK 及 2DPSK 信号的波形图 5-55 所示。

由图 5-55 可以看出，2DPSK 的波形与 2PSK 的不同，2DPSK 波形的同一相位并不对应相同的数字信息符号，而前后码元相对相位的差才唯一决定信息符号。

3. DPSK 与 PSK 的比较

由以上 PSK 和 DPSK 定义可见，PSK 实际上是以一个固定参考相位的载波为基准的。因而，解调时必须有一个参考相位固定的载波。倘若参考相位发生了"倒相"，则恢复的数字信号就会发生"0"和"1"码反向，这种情况称为反向工作。然而，在 DPSK 系统中，只与相对相位有关，而与绝对相位无关，故解调时不存在反向工作的问题（即相位模糊）。所以，在实际工程中大多采用 DPSK 方式。

4. 绝对移相信号的产生方法

二进制绝对移相信号的产生有两种方式：直接调相法，如图 5-56（a）所示；选择相位法，如图 5-56（b）所示。

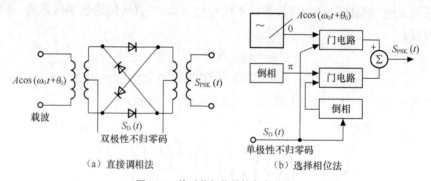

（a）直接调相法　　　　　　　　　（b）选择相位法

图 5-56　绝对移相信号的产生方法

由 2PSK 信号产生的原理图可以看出，$S_{\text{PSK}}(t)$ 是一种在双极性数字信号调制下的抑制载波的双边带调幅信号，时域表示式为

$$S_{\text{PSK}}(t) = S_{\text{D}}(t) \cdot A\cos(\omega_0 t + \theta_0) \tag{5-46}$$

式中，$S_{\text{D}}(t)$ 为双极性数字信号，电平取 +1 或 −1，码元宽度为 T_{B}。

如果 $S_{\text{D}}(t)$ 是由绝对码转换成的相对码，那么式（5-46）所示的 $S_{\text{PSK}}(t)$ 就是相对调相信号 $S_{\text{PSK}}(t)$。

　　绝对码就是每一脉冲只决定本身的值，与前后码元无关。而相对码却是用前后脉冲的差别来传输数字信息的，也称差分码。相对码与绝对码的转换关系可用以下关系表示：设 $\{a_n\}$ 为绝对码序列，$\{b_n\}$ 为相对码序列，则它们第 n 个码元的关系为

$$\left.\begin{array}{l}b_n = a_n \oplus b_{n-1}\\ a_n = b_n \oplus b_{n-1}\end{array}\right\} \mathrm{mod}2 \qquad\begin{array}{l}(5\text{-}47)\\ (5\text{-}48)\end{array}$$

以上两式，可以非常方便地用图 5-57 所示电路实现相互转换。

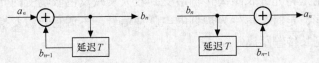

图 5-57　绝对码、相对码的转换

　　应该注意，相移键控特别适合于多进制调制。多进制调相有 4PSK 和 8PSK 等，它可以有效地提高频带利用率，提高传输的有效性。

　　有关数字调幅、数字调相及数字调频的详细内容请参考"数据通信原理"。

5.6.5　数字信号的频带传输系统

　　数字信号的频带传输系统主要有光纤数字传输系统、数字微波传输系统和数字卫星传输系统，下面分别加以介绍。

1. 光纤数字传输系统

（1）光纤数字传输系统的构成

光纤数字传输系统的方框图如图 5-58 所示。

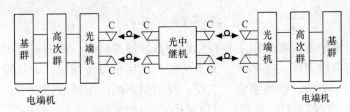

图 5-58　光纤数字传输系统

　　光纤数字传输系统由电端机（PCM 数字设备）、光端机、光中继机、光纤线路和光活动连接器等组成。

　　① 电端机

　　电端机的作用是为光端机提供各种标准速率等级的数字信号源和接口，即电端机输出的可以是 PCM 各次群（一、二、三、四、五次群等，利用光纤传输的一般是四次群），也可能是经 SDH 复用器输出的 SDH 同步传递模块。

　　② 光端机

　　光端机把电端机送来的数字信号进行适当处理后变成光脉冲送入光纤线路进行传输，接收端则完成相反的变换。光端机主要由光发送、光接收、信号处理及辅助电路构成。

　　● 信号处理部分是对电端机送来的数字信号进行适当处理，如码型变换等，以适应光的传输。若光纤上采用 SDH 传输体制，信号处理部分要将 SDH 的信号转换成扰码的 NRZ 码，

接收端完成相反的变换。

- 光发送部分完成电/光变换（"1"码发光，"0"码不发光），即进行光调制；光接收部分完成光/电变换。

- 辅助电路包括告警、公务、监控及区间通信等便于操作、维护及组网等方面功能的部分。

③ 光中继机

光中继机的作用是将光纤长距离传输后受到较大衰减及色散畸变的光脉冲信号转换成电信号后进行放大整形、定时、再生为规划的电脉冲信号，再调制光源变换为光脉冲信号送入光纤继续传输，以延长传输距离。

④ 光纤线路

系统中信号的传输媒介是光纤。每个系统使用两条光纤，发信、收信各用一条光纤。光端机和光中继机的发送和接收信号均通过光活动连接器与光纤线路连接。

2. 数字微波传输系统

数字微波传输系统的方框图如图 5-59 所示。

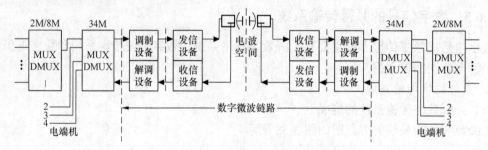

图 5-59　数字微波传输系统

从数字设备出来的高次群数字信号首先送到微波信道机中，微波信道机包括调制设备和微波发信设备，可完成调制、变频和放大等功能，然后由微波馈线、天线发射到空间传输。如果收、发共用同一天线、馈线系统，则收、发使用不同的微波射频频率；若采用收、发频率分开的两个天线、馈线系统，则收、发可采用相同的射频频率，但要采用不同的极化方式。

数字微波传输系统主要传输三次群、四次群，可用于长途通信和地形复杂地区的短距离通信。这里有两点需要说明。

（1）由电端机（数字设备）输出的高次群在微波信道机中（接口电路）先要进行码型变换转换成 NRZ 在码，然后扰码，再进行调制。

（2）调制是分两步进行的，第一步先利用频率为 70MHz 的中频载波进行调制，然后再利用射频载波（频率为几千 MHz）将其调到微波射频上。

3. 数字卫星传输系统

数字卫星传输系统利用人造卫星做中继站，与地球上的无线电通信站之间传送数字信号。其方框图如图 5-60 所示。

用户发出的基带信号经过地面通信网络送到数字地球站，地面网络可能是一个电话交换网，或是连到地球站的专用线路。来自地面网络的数字信号进入数字地球站的基带设备，在此除了进行数字信号的复用、复接外还要进行其他处理，以适合卫星通道传输的要求。编码器完成误差纠错编码的功能，将附加数字插入到基带设备输出的码流中，然后经过中频调制后，在上变频器中将已调中频载波转换到卫星上行频谱的射频上，经放大后由天线发射到卫星上。在地球站的接收端，天线接收到的卫星下行频谱的已调射频载波后，首先经低噪声放大器放大，再经中频解调和译码后恢复信息码流，最后经基带设备处理后传送到地面网络。

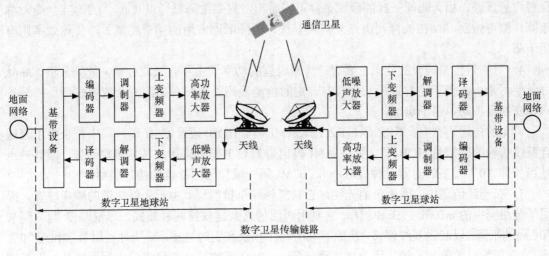

图 5-60　数字卫星传输系统

数字卫星通信可提供电话、电视、音乐广播、数据传输和电报业务。随着各种新技术的不断发展，容量越来越大。如国际卫星通信组织的 INTELSAT-V（简记为 IS-V）的容量可达12 000 路双向电话再加两路彩电，美国的 COMSTAR 达到 14 400 路双向电话。

小　结

1．常用数字基带信号码型有单、双极性不归零码，单、双极性归零码，AMI 码，HDB₃码，CAM 码等。它们的功率谱包括连续谱和离散谱两部分。其中连续谱是由非周期性单个脉冲所形成，与单个矩形脉冲的频谱有一定的比例关系。连续谱部分总是存在的；离散谱部分则与信号码元出现的概率和信号码元的宽度有关，它包含直流、f_B 及 f_B 的谐波成分。在某些情况下可能没有离散谱分量。

2．数字基带传输系统的基本构成包括：形成滤波器、信道、接收滤波器及抽样判决器。滤波器输入端的原始二进制数字信号可用单位冲激脉冲近似表示，其中滤波器、信道和接收滤波器可等效为一个传输网络，其等效传递函数为 $H(\omega)$。接收滤波器输出端称为识别点（抽样判决点），其波形为 $R(t)$，即为 $\delta(t)$ 通过 $H(\omega)$ 传输网络的输出响应。

3．数字信号通过 $H(\omega)$ 传输网络传输时，如果满足奈奎斯特第一准则，在识别点可做到对 $R(t)$ 无码间干扰的正确识别。奈奎斯特第一准则的含义是：对于等效成截止频率为 f_c 的理想低通网络（即 $H(\omega)$ 为理想低通的传递函数）来说，若数字信号以 $2f_c$ 的速率传输，则在各码元的间隔处（即 $T_B = 1/2f_c$ 的整数倍处）进行抽样判决，不产生码间干扰，可正确识别出每一个码元。满足奈氏第一准则时，信号的极限传输效率是 2bit/（s·Hz）。传输网络输出信号

$R(t)$波形在抽样判决点无码间干扰。无码间干扰的条件为：

$$R(kT_B) = \begin{cases} 1 & （归一化值）k = 0(本码判决点) \\ 0 & k \neq 0(非本码判决点) \end{cases}$$

而实际传输网络的理想低通特性是不能实现的。一般采用满足奇对称滚降低通滤波器来代替理想低通。由无码间干扰的频域条件可以看出，只要滚降低通以（ω_c，1/2）点呈奇对称滚降，则可做到 $R(t)$在抽样判决点无码间干扰。滚降低通占用的频带展宽了，传输效率则有所下降。

4．对基带传输码型的要求主要有：传输码型的功率谱中不含直流分量，低频分量、高频分量要尽量少，便于定时钟提取，具有一定的检测误码能力，对信源统计依赖性最小；另外码型变换设备简单易于实现。

常见的传输码型有：NRZ 码、RZ 码、AMI 码、HDB$_3$ 码及 CMI 码，其中符合要求最适合基带传输的码型是 HDB$_3$ 码。另外 AMI 码也是 ITU-T 建议采用的基带传输码型，但其缺点是当长连"0"过多时对定时钟提取不利。CMI 码一般作为四次群的接口码型。

5．在光纤信道中，因无负的光能，它只能传输单极性码。由于光纤信道的频率较宽，采用了分组变换的 mBnB（5B6B）码，它利用码组的富余度安排两种模式，尽量取得"1"码与"0"码的平衡，以减轻基线漂移，从而有利于码字判决和定时钟提取。同时利用禁字和连"0"、连"1"码数目的限制，解决了数字监测问题。mBnB 码的缺点是信道频带利用率低，但对宽频带的光纤来讲是可行的。

6．基带传输系统中，由于信道传输特性不理想和噪声干扰，使接收波形产生失真。其表现是：①接收波形不再是收送端的矩形脉冲波形，同时脉冲幅度也减小；②脉宽变宽；③出现反向过冲拖尾。随着传输距离增长，波形失真越严重，接收到的信号将很难识别。所以，为了延长通信距离，在传输通路的适当距离应设置再生中继装置。

7．再生中继器的目的是当信噪比不太大时，对失真的波形及时识别判决以恢复成原数字信号序列。它由均衡放大、定时钟提取、抽样判决与码形成（判决再生）组成。各部分的作用分别为：

均衡放大的作用是将经过线路传输的失真波形均衡、放大成适合抽样判决的均衡波形。

定时钟提取的作用是从接收信码流中提取时钟频率成分，以获得判决再生电路的抽样判决脉冲。

判决再生的作用是对均衡波形进行抽样判决，并进行脉冲整形，形成与发端一样的矩形脉冲信号。

8．基带传输系统的传输特性，主要取决于识别点均衡波形的好坏。为了能恢复原始数字信号，要求均衡波形：①波形幅度大且波峰附近变化平坦；②无码间干扰或相邻码间干扰尽量小。

常用有均衡波形有两种：升余弦波和有理函数均衡波。其中升余弦波满足无码间干扰的条件，但这种均放特性的高频增益高，同时出现多次波动，不易实现；而有理函数均衡波形易于实现，但存在一定的码间干扰，可适当调整其参数，使码间干扰尽量小。码间干扰可用眼图来衡量。

9．信道误码率近似等于各个中继段误码率的总和，同时它主要是由最差误码率所决定。

另外，误码率还与抽样判决门限电平有关。当"1"码、"0"码的出现概率相同时，最佳判决门限电平是接收信号脉冲峰值的一半。

误码噪声功率除与误码率有关外，还与编码律及误码所在位的段落或权值有关。对于 PCM 系统来讲，要求全程误码率 P_e 应在 10^{-6} 以下。

10. 数字频带传输不同于数字基带传输的地方在于它包含有调制和解调。因调制和解调的方式不同，数字频带系统具有不同的性能。数字调制和模拟调制的差别是调制信号为数字基带信号，根据被调参数不同，有振幅键控（ASK）、频移键控（FSK）和相移键控（PSK）3种基本方式。

振幅键控是最早应用的数字调制方式，它是一种调制系统。其优点是设备简单、频带利用率较高；缺点是抗噪声性能差，而且它的最佳判决门限与接收机输入信号的振幅有关，因而不易使取样判决器工作在最佳状态。但是，随着电路、滤波和均衡技术的发展，应高速度数据传输的需要，多电平调制技术的应用越来越受到人们的重视。

频移键控是数字通信中的一种重要调制方式。其优点是抗干扰能力强；缺点是占用频带较宽，尤其是多进制调频系统，频带利用率低。目前主要应用于中低速数据传输系统中。

相移键控分为绝对相移和相对相移两种。绝对移相信号在解调时有相位模糊的缺点，因而在实际中很少采用。绝对相移是相对相移的基础。相对调相不存在相位模糊的问题，因为它是依靠前后两个接收码元信号的相位差来恢复数字信号的。相对相移的实现通常是先进行码变换，即将绝对码转换为相对码，然后对相对码进行相移；相对相移信号的解调过程是进行相反的变换，即先进行相对移相解调，然后再进行码的反变换，即将相对码转换为绝对码，最后恢复出原始信号。移相键控抗干扰能力比振幅键控和移频键控都强，因此在高、中速数据传输中得到了广泛应用。

数字信号的频带传输系统主要有光纤数字传输系统、数字微波传输系统和数字卫星传输系统。

思考题与练习题

5-1 数字信号和模拟信号的传输准则有什么不同？

5-2 数字基带传输系统的基本结构如何？

5-3 什么是基带信号？基带信号常用的有哪几种形式？

5-4 数字基带信号的功率谱有什么特点？它的带宽主要取决于什么？

5-5 基带传输码型的要求有哪些？为什么？

5-6 试比较 AMI 码和 HDB$_3$ 码的主要优缺点。

5-7 某二进制码序列如下所示，试将其转换成 HDB$_3$ 码。

二进制码序列：1011000010010000011010000000001

HDB$_3$ 码 V$_-$：

AMI 码：

5-8 某二进制码序列如下所示，试将其转换成 AMI 码。

二进制码序列：101001100011100001

　　AMI 码：

　　5-9　某 CMI 码为 11000101110100，试将其还原为二进制码（即 NRZ 码）。

　　5-10　设二进制符号序列为 110010001110，试以矩形脉冲为例，画出相对应的单极性不归零码、单极性归零码、双极性不归零码、双极性归零码以及二进制差分码的波形。

　　5-11　矩形脉冲（"1" 码）经线路传输后，波形失真，有拖尾，会产生什么后果？严重时会怎样？

　　5-12　什么叫直流基线漂移？它会带来什么影响？

　　5-13　什么叫码间干扰？它是如何产生的？有什么影响？应该怎么样消除或减小？

　　5-14　试写出奈奎斯特第一准则的时域条件和频域条件。

　　5-15　奈奎斯特第一准则对基带传输的传输效率极限为多少？

　　5-16　以理想低通特性传输 PCM32/30 路基带信号时所需信道传输带宽为多少？如以滚降系统 $\alpha = 50\%$ 滚降特性传输时，需带宽为多少？

　　5-17　能满足无码间干扰条件的传输特性冲击响应 $h(t)$ 是怎样的？为什么说能满足无码间干扰条件的 $h(t)$ 不是唯一的？

　　5-18　什么叫传输码型的误码增殖？产生误码增殖的原因是什么？

　　5-19　无码间干扰时，基带传输系统的误码率取决于什么？如何降低系统的误码率？

　　5-20　对均衡波形有什么要求？

　　5-21　基带传输时，为什么每隔一定的距离加一个再生中继器？

　　5-22　再生中继器由哪几部分组成？阐述再生中继器工作原理。

　　5-23　再生中继器中，均衡放大的作用是什么？如何进行均衡？在数字通信中为什么要采取均衡？

　　5-24　有理函数均衡波形的特点是什么？

　　5-25　再生中继器中调谐电路的作用是什么？

　　5-26　说明判决再生电路工作原理以及判决再生电路各点波形。

　　5-27　什么是眼图？眼图的作用是什么？眼图恶化说明什么含义？

　　5-28　m 个中继段的总误码率 P_E 是多少？

　　5-29　设 $A/\sigma = 20\text{dB}$，求双极性码的误码率。

　　5-30　为什么数字通信系统要求误码率低于 10^{-6}？

　　5-31　定时抖动与哪些因素有关？定时抖动对 PCM 通信有什么影响？

　　5-32　什么是频带信号？简述频带传输系统的基本结构。

　　5-33　什么是数字调制？它和模拟调制有哪些异同点？

　　5-34　什么是振幅键控？2ASK 信号的波形有什么特点？

　　5-35　什么是频移键控？2FSK 信号的波形有什么特点？

　　5-36　什么是相移键控？

　　5-37　什么是绝对移相？什么是相对移相？它们有什么区别？

　　5-38　设发送数码为 0100111000110，试画出 2ASK、2FSK、2PSK 及 2DPSK 信号波形图。

第6章　数字通信实验

6.1　脉冲幅度调制与解调实验

1. 实验目的

（1）验证抽样定理。

（2）观察了解 PAM 信号形成过程。

（3）了解折叠噪声对信号的影响。

2. 实验任务

（1）观察 PAM 波形和重建信号波形。

（2）观察 PAM 波形的频谱。

（3）改变抽样频率，观察重建信号波形。

3. 实验用仪器

（1）通信原理实验箱。

（2）双踪示波器。

4. 实验步骤

（1）根据实验箱的型号熟悉 PAM 单元和频谱分析单元工作原理，按图 6-1 所示连接信源单元、PAM 单元、频谱分析单元和示波器电路，检查无误后接通实验板电源。

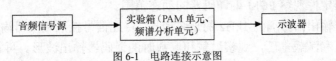

图 6-1　电路连接示意图

（2）调整信源单元输出频率为 1 000～2 000Hz 正弦波，用示波器分别观察并记录信源单元输出信号、PAM 信号波形和解调信号波形。

（3）将 PAM 单元输入信号和输出信号分别送入频谱分析单元，观察频谱并分析比较。

（4）保持输入信号不变，在重建信号输出（解调出）测试点用示波器同时观察重建信号波形和输入信号波形，并进行比较。

（5）缓慢改变输入信号频率。在重建信号输出（解调出）测试点用示波器同时观察重建信号波形和输入信号波形，并进行比较，分析测试结果。

5. 实验报告要求

（1）根据实验结果，画出各测试点的波形。

（2）当 $f_S > f_\lambda$ 和 $f_S < 2f_\lambda$ 时，解调输出的波形有何不同？

6.2 PCM 编译码实验

1. 实验目的

（1）掌握 PCM 编译码原理。

（2）掌握语音信号 PCM 编译码系统的动态范围和频率特性的概念。

2. 实验任务

（1）用示波器观察音频信号的编码结果。

（2）改变音频信号的幅度，观察和测试译码器输出信号的信噪比变化情况。

（3）改变音频信号的频率，观察和测试译码器输出信号幅度变化情况。

3. 实验用仪器

（1）通信原理实验箱。

（2）音频信号发生器。

（3）双踪示波器。

（4）话路特性测试仪或电平表。

4. 实验步骤

（1）根据实验箱的型号熟悉 PCM 编译码单元工作原理，将音频信号源按图 6-2 所示连接电路连接到实验系统的通路输入端，检查无误后接通实验板电源。

图 6-2　电路连接示意图

（2）用示波器观察编码器输入信号，调节相应电位器，使输入音频正弦信号波形不失真。

（3）用示波器观察编码器输出信号。

（4）用示波器观察译码器输出信号。

（5）用示波器定性观察 PCM 编译码器的动态范围。

将信号发生器输出信号调为 1kHz 的正弦信号，将此信号接入编码器输入端，分别将信号幅度调到过载电压和满载电压，观察过载和满载时的译码器输出波形。再将信号幅度分别衰减 10dB、20dB、30dB、45dB 和 50dB，观察译码器输出波形，当衰减达到一定值时，译码器输出信号波形上叠加有较明显的噪声。

（6）定量测试 PCM 编译码器的动态范围和频率特性。

PCM 编译码器的动态范围测试方框图如图 6-3 所示。将音频信号发生器输出调为 1kHz 正弦信号，将幅度调到满载，用话路特性测试仪或电平表测试信号电平和噪声电平，计算出信噪比 S/N，再将信号幅度分别降低 10dB、20dB、30dB、45dB 和 50dB，测试得到各种信号幅度下的 S/N，将测试数据填入表 6-1。

图 6-3　动态范围测试框图

表 6-1

信号幅度（dB）	0	−10	−20	−30	−45	−50
S/N（dB）						

频率特性测试框图如图 6-4 所示。将输入信号幅度调到量化区内（小于过载电压），改变信号频率，测出译码器输出信号幅度，将测试结果填入表 6-2 中。

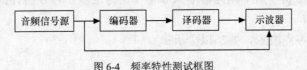

图 6-4　频率特性测试框图

表 6-2

输入信号频率（kHz）	4	3.5	3	2.5	2	1.5	1	0.5	0.1
输出信号幅度（V）									

5．实验报告要求

整理实验记录，画出量化信噪比与编码器输入信号之间的关系曲线和译码器输出信号幅度与编码器输入信号频率之间的关系曲线。

6.3　PCM 时分复用实验

1．实验目的

（1）掌握 PCM 基带信号的形成过程和分接过程。

（2）掌握时分复用数字电话原理。

2．实验任务

（1）用示波器观察两路音频信号的编码结果，观察 PCM 基群信号。

（2）用示波器观察模拟语音信号和时分复用语音信号。

（3）两人进行时分复用通话。

3．实验用仪器

（1）通信原理实验箱。

（2）双踪示波器。

4．实验步骤

（1）根据实验箱的型号熟悉 PCM 编译码单元和两个通话单元，将音频信号源按图 6-5 所示连接电路连接到实验系统的通路输入端，检查无误后接通实验板电源。

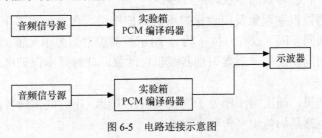

图 6-5　电路连接示意图

（2）用示波器观察编码器输入信号，调节相应电位器，使输入音频正弦信号波形不失真。

（3）用示波器观察编码器输出信号，观察编码后各路信号所处时隙位置与同步信号的关系以及 PCM 信号的帧结构。

（4）用示波器观察两个译码器输出信号波形，两波形有相位差。

（5）将实验箱两个通话通路连通，通话双方将各自的话筒和听筒接入相应的测试点，两人进行通话，用示波器观察两个编码器输入和输出信号的波形以及合路的 PCM 信号波形。

5. 实验报告要求

画出所观察到的各点波形，并加以分析。

6.4　帧同步实验

1. 实验目的

（1）掌握同步保护原理。

（2）掌握伪同步、假失步、捕捉态和维持态概念。

2. 实验任务

（1）观察帧同步码无错误时帧同步的维持态。

（2）观察帧同步码有一位错误时帧同步器的捕捉态。

（3）观察同步器的伪同步现象和同步保护作用。

3. 实验用仪器

（1）通信原理实验箱。

（2）双踪示波器。

4. 实验步骤

（1）根据实验箱的型号熟悉帧同步单元和数字信源单元工作原理，将信源单元的数字基带信号输出端与帧同步单元数字基带信号输入端相连，将信源单元的同步信号输出端与帧同步单元位同步信号输入端相连，检查无误后接通实验板电源。

（2）将信源单元输出状态置为帧同步码状态，用示波器分别观察并记录信源单元输出信号和帧同步单元各测试点输出信号的波形及与 NRZ 码信号的相位关系。

（3）使信源的帧同步码中错一位，重新观察上述信号。使信源的帧同步码再错一位作上述观察，此时同步器应转入捕捉态。

（4）观察同步器的捕捉态。用示波器观察捕捉态下各测试点波形及相位关系，此时判决脉冲已不再对准数据位。将信源输出的帧同步码还原为正确状态，观察各点波形的变化，从而理解同步器从失步状态转为同步状态的过程。

（5）观察识别器假识别现象及同步保护器的保护作用。在同步状态下，使信源单元数字基带信号输出出现帧同步码（或有一位不同），用示波器观察信源单元输出基带信号和同步单元判决输出信号及帧同步信号。观察识别器假识别现象，理解同步保护电路的保护作用。

5. 实验报告要求

（1）根据实验结果，画出同步器处于同步状态及失步状态时同步器各测试点的波形。

（2）同步保护电路是如何识别伪同步的？

6.5　数字基带信号实验

1．实验目的

（1）了解单极性码、双极性码、归零码及不归零码等基带信号波形特点。

（2）掌握 AMI、HDB_3 码的编码规则。

（3）掌握从 HDB_3 码信号中提取位同步信号的方法。

（4）掌握集中插入帧同步码时分复用信号的帧结构特点。

2．实验任务

（1）用示波器观察 NRZ 码、AMI 码、HDB_3 码、整流后的 AMI 码和 HDB_3 码。

（2）用示波器观察从 AMI 码中和 HDB_3 码中提取同步信号的电路中的有关波形。

（3）用示波器观察 AMI 码、HDB_3 码译码输出波形。

3．实验用仪器

（1）通信原理实验箱。

（2）双踪示波器。

4．实验步骤

（1）根据实验箱的型号熟悉数字信源单元和 HDB_3 编译码单元工作原理，将直流稳压电源与实验板正确连接，检查无误后接通实验板电源。

（2）用示波器观察数字信源单元上的各种输出波形（信号码和同步码输出波形）。

（3）将信源单元帧同步信号输出置为帧同步码状态，数字信号输出置为任意代码，观察本实验给定的集中插入帧同步码时分复用信号帧结构和 NRZ 码特点。

（4）用示波器观察 HDB_3 编译码单元各种波形。

用信源单元输出的帧同步信号作为示波器的外同步信号。

① 将信源单元输出的每一位帧同步码和数字信号全部置"1"，用示波器在 HDB_3 编译码单元相应测试点观察全"1"码对应的 AMI 码和 HDB_3 码波形。

② 再将信源单元输出的每一位帧同步码和数字信号全部置"0"，用示波器在 HDB_3 编译码单元相应测试点观察全"0"码对应的 AMI 码和 HDB_3 码波形。

③ 将信源单元输出的帧同步码和数字信号置为 0111 0010 0000 1100 0010 0000 状态，用示波器在 HDB_3 编译码单元相应测试点观察并记录对应的 AMI 码和 HDB_3 码波形。

④ 将信源单元输出的帧同步码和数字信号置为任意状态，用示波器在信源单元输出和 HDB_3 编译码单元相应测试点观察并记录对应的 NRZ 码、AMI 码和 HDB_3 码及位同步信号。观察时要注意 HDB_3 编译码单元译码输出的 NRZ 码信号滞后于信源单元输出的 NRZ 码信号 8 个码元。

本实验中如果信源代码中只有一个"1"码，则无法从 AMI 码中提取到符合要求的位同步信号，因此不能完全正确译码。信源代码连"0"个数越多，越难从 AMI 码中提取位同步信号，而 HDB_3 码则不存在这个问题。

5．实验报告要求

（1）根据实验观察和记录回答：

① 不归零码和归零码的特点是什么？

② 与信源代码中的"1"码相对应的 AMI 码及 HDB$_3$ 码是否一定相同？为什么？

（2）设信源代码为全"1"、全"0"及 0111 0010 0000 1100 0010 0000，给出 AMI 码及 HDB$_3$ 码的代码和波形。

6.6　SDH 光传输设备硬件认识

1. 实验目的

通过对 SDH 传输设备实物的讲解，让学生对 OPTIX 155/622H、OPTIX 155/622 设备硬件有个大致的了解。

2. 实验任务

对实物和终端分组进行现场讲解。

3. 实验用仪器

（1）OPTIX 155/622H 设备 2 套，OPTIX 155/622 设备 1 套。

（2）维护用终端若干台。

4. 实验系统硬件介绍

① 本实验平台为华为公司最新一代 SDH 光传输设备，采用多 ADM 技术，根据不同的配置需求，可以同时提供 E1、64k 语音、10M/100M、34M/45M 等多种接口，满足现代通信网对复杂组网的需求。根据实际需要和配置，目前提供 E1、64k 语音、10M/100M 3 种接口。

② 实验终端通过局域网（LAN）采用 SEVER/CLIENT 方式和光传输网元通信，并完成对网元业务的设置、数据修改、监视等来达到用户管理的目的。

③ 本实验平台提供传输设备为 OPTIX 155/622H 传输速率为 STM-1（即 155M）。

（1）OptiX 155/622H（METRO 1000）设备介绍

OptiX 155/622H 是华为技术有限公司根据城域网现状和未来发展趋势，开发的新一代光传输设备，它融 SDH（Synchronous Digital Hierarchy）、Ethernet、PDH（Plesiochronous Digital Hierarchy）等技术为一体，实现了在同一个平台上高效地传送语音和数据业务。OptiX 155/622H 的设备外形如图 6-6 所示。

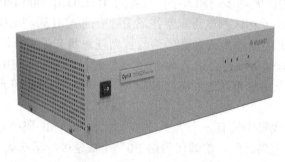

图 6-6　OptiX 155/622H 外形图

ptiX 155/622H 应用于城域传输网中的接入层，可与 OSN 9500、OptiX 10G、OptiX OSN

2500、OptiX OSN 1500、OptiX Metro 3000 混合组网。

① OptiX 155/622H 的功能

OptiX 155/622H 主要功能是：强大的接入容量、高集成度设计、以太网业务接入、业务接口和管理接口、交叉能力、业务接入能力、设备级保护和组网形式和网络保护。

a. 强大的接入容量。OptiX 155/622H 线路速率可以灵活配置为 STM-1 或 STM-4。

• E1 的接入容量。OptiX 155/622H 最多提供 112 路 E1 电接口，IU1、IU2 和 IU3 都配置为 SP2D（16 路 E1），IU4 配置为 PD2T（48 路 E1），SCB 板的电接口单元配置为 SP2D，如图 6-7 所示。

• STM-1 的接入容量。OptiX 155/622H 最多提供 8 路 STM-1 光接口，IU1、IU2 和 IU3 都配置双光口板 OI2D，SCB 板的光接口单元也配置为 OI2D，如图 6-8 所示。

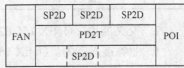

图 6-7 E1 电接口配置

• STM-4 的接入容量。OptiX 155/622H 最多提供 5 路 STM-4 光接口，IU1、IU2 和 IU3 都配置 OI4，SCB 板的光接口单元配置为 OI4D，如图 6-9 所示。

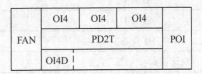

图 6-8 STM-1 光接口配置　　　　图 6-9 STM-4 光接口配置

b. 高集成度设计。OptiX 155/622H 子架尺寸为 436mm（长）×293mm（宽）×86mm（高），有 IU1、IU2、IU3、IU4 和 SCB 共 5 个槽位。

c. 以太网业务接入。OptiX 155/622H 实现了数据业务的传输和汇聚。

• 支持 10M/100M 以太网业务的接入和处理；

• 支持 HDLC（High level Data Link Control）、LAPS（Link Access Procedure-SDH）或 GFP（Generic Framing Procedure）协议封装；

• 支持以太网业务的透明传输、汇聚和二层交换；

• 支持 LCAS（Link Capacity Adjustment Scheme），可以充分提高传输带宽效率；

• 支持 L2 VPN（Virtual Private Network）业务，可以实现 EPL（Ethernet Private Line）、EVPL（Ethernet Virtual Private Line）、EPLn/EPLAN（Ethernet Private LAN）和 EVPLn/EVPLAN（Ethernet Virtual Private LAN）业务。

d. 业务接口和管理接口。OptiX 155/622H 提供多种业务接口和管理接口，具体如表 6-3 所示。

表 6-3　　　　　　　　　　OptiX 155/622H 提供的业务和管理接口

接口类型	描述
SDH 业务接口	STM-1 光接口：I-1，S-1.1，L-1.1，L-1.2
	STM-4 光接口：I-4，S-4.1，L-4.1，L-4.2
PDH 业务接口	E1
以太网业务接口	10Base-T，100Base-TX

续表

接口类型	描述
时钟接口	2 路 75Ω和 120Ω外时钟接口 时钟信号可选为 2 048kbit/s 或 2 048kHz
告警接口	4 路输入 2 路输出的开关量告警接口
管理接口	4 路透明传输串行数据的辅助数据口 1 路以太网网管接口
公务接口	1 个公务电话接口

e. 交叉能力。OptiX 155/622H 交叉容量是 26 × 26 VC-4。

f. 业务接入能力。OptiX 155/622H 通过配置不同类型、不同数量的单板实现不同容量的业务接入，如表 6-4 所示。

表 6-4　　　　　　　　　　OptiX 155/622H 的业务接入能力

业务类型	最大接入能力
STM-4	5 路
STM-1	8 路
E1 业务	112 路
快速以太网（FE）业务	12 路

g. 组网形式和网络保护。OptiX 155/622H 是 MADM（Multi Add/Drop Multiplexer）系统，可提供 10 路 ECC（Embedded Control Channel）的处理能力，支持 STM-1/STM-4 级别的线形网、环形网、枢纽形网络、环带链、相切环和相交环等复杂网络拓扑。OptiX 155/622H 支持单双向通道保护、二纤复用段环保护、线性复用段保护、共享光路虚拟路径保护和子网连接保护等网络级保护。

② 单板

单板部分主要介绍 OptiX 155/622H 的单板类型，以及单板与槽位的对应关系。

a. 单板类型

OptiX 155/622H 系统以交叉单元为核心，由 SDH 接口单元、PDH/以太网接口单元、交叉单元、时钟单元、主控单元、公务单元组成。各个单元所包括的单板及功能如表 6-5 所示。

表 6-5　　　　　　　　　　单板所属单元及相应的功能

系统单元	所包括的单板	单元功能
SDH 接口单元	OI4，OI4D，OI2D，OI2S	接入并处理 STM-1/STM-4 光信号
PDH 接口单元	SP1S，SP1D，SP2D，PD2S，PD2D，PD2T	接入并处理 E1 信号
以太网接口单元	EFS，EFT	接入并处理 10BASE-T，100BASE-TX 以太网电信号
交叉单元	SCB	完成 SDH、PDH 信号之间的交叉连接；为设备提供系统时钟。提供系统与网管的接口；对 SDH 信号的开销进行处理
主控单元		
公务单元		

b．单板槽位

OptiX 155/622H 设备除了 IU4 板位可以插 SCB 板，还有 4 个板位（IU1、IU2、IU3 和 IU4）可供插入各种业务接口板。设备的板位图如图 6-10 所示，可供选用的单板如表 6-6 所示。

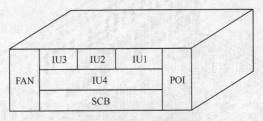

图 6-10　OptiX 155/622H 板位图

表 6-6　　　　　　　　　　　　　　OptiX 155/622H 单板资源配置

单板名称	单板全称	可插板位	接口类型
OI2S	1 路 STM-1 光接口板	IU1，IU2，IU3	Ie-1，S-1.1，L-1.1，L-1.2，SC/PC
OI2D	2 路 STM-1 光接口板	IU1，IU2，IU3	Ie-1，S-1.1，L-1.1，L-1.2，SC/PC
OI4	1 路 STM-4 光接口板	IU1，IU2，IU3	Ie-4，S-4.1，L-4.1，L-4.2，SC/PC
SP1S	4 路 E1 电接口板	IU1，IU2，IU3	120Ω E1 接口
SP1D	8 路 E1 电接口板	IU1，IU2，IU3	75Ω E1 接口
SP2D	16 路 E1 电接口板	IU1，IU2，IU3	120Ω/75Ω E1 接口
PD2S	16 路 E1 电接口板	IU4	120Ω/75Ω E1 接口
PD2D	32 路 E1 电接口板	IU4	120Ω/75Ω E1 接口
PD2T	48 路 E1 电接口板	IU4	120Ω/75Ω E1 接口
SCB	系统控制板	SCB	提供 2 路外时钟输入、输出接口，与网管的接口，1 路公务电话，4 路数据接口，4 入 2 出开关量接口。 2 × STM-1/STM-4 光接口和16E1 电接口。 Ie-1，S-1.1，L-1.1，L-1.2，SC/PC。 Ie-4，S-4.1，L-4.1，L-4.2，SC/PC
EFS	4 路以太网业务接口板	IU1，IU2，IU3	支持以太网二层交换
EFT	4 路以太网业务接口板	IU1，IU2，IU3	支持以太网透明传输
FAN	风扇板	FAN	-
POI	防尘网和滤波板	POI	2 路-48V DC 或 + 24V DC 电源

（2）OptiX 155/622（METRO2050）设备介绍

① 子架外观

OptiX 155/622 的子架用于安插各类电路板，并提供各类电接口。子架的外观如图 6-11 所示。

② 子架结构

OptiX 155/622 的子架结构包括：母板、接线区、插板区和挂耳。

a．母板

OptiX 155/622 的母板连接各电路板，并提供外部信号的接入，在系统中起着十分重要的作用。母板分为两部分：插板区和接线区，与子架的插板区和接线区一一对应。

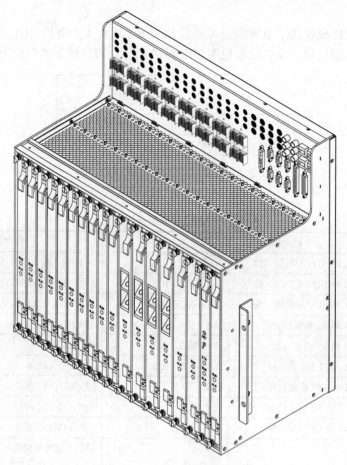

图 6-11　OptiX 155/622 的子架外观

　　在插板区，母板通过接插件与安插在子架上的各电路板连接，从而实现各电路板之间的信号传送；在接线区，母板通过接插件提供系统与外部信号的连接，完成各种业务的接入以及数据通信信号的接入。

　　母板上主要有业务总线、时钟总线、邮箱总线等总线。系统依靠这些总线将各个功能单元连接起来，业务总线连接支路单元、交叉单元和线路单元，用于传递 VC-12、VC-3、VC-4 业务。时钟总线连接支路单元、交叉单元、线路单元和时钟单元，用于传递同步定时信号。

　　邮箱总线用于主控单元与其他功能单元间的通信。

　　b．接线区

　　接线区的各接口功能说明如表 6-7 所示。

表 6-7　　　　　　　　　　子架接线区的各接口功能说明

接口名称	功能
E1/E3/T3	接入 E1/E3/T3 信号。共 8 组接插件，对应子架插板区的 1～8 板位
E4/STM-1	接入 E4/STM-1 信号。共 20 组接口，每组 3 个 SMB 接插件，对应子架插板区的 1～8 板位（每板位 2 组）和 11～14 板位
EXT-CLK	接入 2MHz、2Mbit/s 外时钟。提供 2 个输入接口和 4 个输出接口

续表

接口名称	功能
PHONE1，2，3	3 路公务电话接口
ETHERNET	以太网双绞线接口。用于接入网管
POWER&ALARM	子架电源输入及子架告警输出接口。共 2 个，与电源盒连接
PGND	子架保护地接口。共 2 个，与电源盒连接
n × 64k	3 路透明传输的数据接口，接口特性为 RS-232/RS-422 可选
RS-422	非透明接口，提供出子网连接功能
FAN	风机盒电源及告警接口
F2	1 路透明传输的数据接口，接口特性为 RS-232/RS-422 可选
F1	64kbit/s 同向数据接口
F&f	F&f 接口，接口特性为 RS-232，用于接入网管
RS-232	非透明接口，提供出子网连接功能
X.25	X.25 接口

c. 插板区

OptiX 155/622 设备子架的插板区如图 6-12 所示。

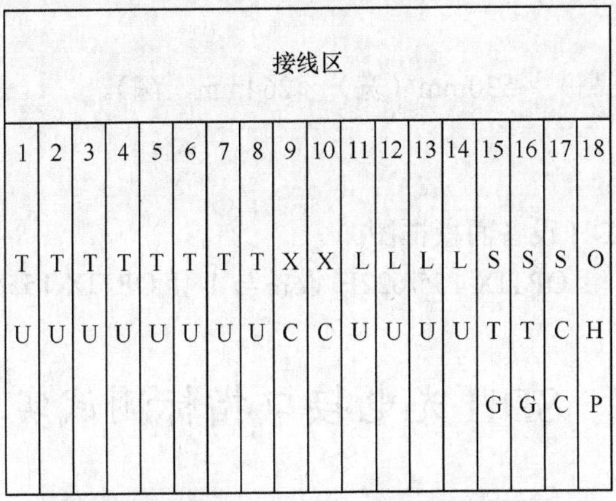

									接线区								
1	2	3	4	5	6	7	8	9	10	11	12	13	14	15	16	17	18
TU	TU	TU	TU	TU	TU	TU	TU	XC	XC	LU	LU	LU	LU	STG	STG	OHP	

TU：支路接口单元　　　　　　LU：线路接口单元
XC：交叉连接单元　　　　　　STG：同步定时发生单元
SCC：系统控制与通信单元　　 OHP：开销处理单元

图 6-12　OptiX 155/622 设备子架插板区

📖　说明：

插在 TU、XC、SCC、OHP 板位的电路板，其拉手条宽度为 24mm；

插在 LU、STG 板位的电路板，其拉手条宽度为 32mm。

插板区可插入的电路板及对应的插槽如表 6-8 所示。

表 6-8　　　　　插板区的电路板种类及可插入位置对照表

电路板名称	全称	可插入位置
PL1	16×E1 支路电接口板	TU
PD1	32×E1 支路电接口板	TU
PL3	3×E3、3×T3 支路电接口板	TU
PL4	1×E4 支路电接口板	TU
TDA	音频数据接口板	TU
ET1	4×10M/100M 以太网电接口板	TU
EF1	2/4×100M 以太网光接口板	TU
SLE	1×STM-1 电接口板	TU, LU
SL1	1×STM-1 光接口板	TU, LU
SL2	2×STM-1 光接口板	LU
SE2	2×STM-1 电接口板	LU
SL4	1×STM-4 光接口板	LU
GTC	通用时隙交叉连接板	XC
STG	同步时钟发生器板	STG
SCC	系统控制与通信板	SCC
OHP	开销处理板	OHP
BA2	光功率放大器板	TU, LU

③ 技术指标

外形尺寸：500mm（高）×530mm（宽）×264mm（深）。

重量：8.5kg。

5. 实验报告要求

（1）根据实验画出 SDH 设备面板框图。

（2）根据实验画出 2 套 OPTIX 155/622H 设备与 1 套 OPTIX 155/622 设备的连接图

6.7　SDH 光电接口指标测试实验

1. 实验目的

通过本实验，让学生了解 SDH 光传输设备的光口、电口各种最常见的参数，对 SDH 的指标有大体的了解。

2. 实验任务

本实验通过对单站点的调试和测试，让学生了解 SDH 各性能指标，并掌握 SDH 的部分测试方法。

3. 实验用仪器

（1）SDH 设备：　3 套。

（2）2M 误码仪：　若干。

4. 实验步骤

（1）准备测试仪器

2M 误码仪一台、固定光衰减器若干、光功率计一台。

（2）测试方法

在自环光路中逐个串接光衰减器，然后用自环线把 2M 误码仪串接在一个 2M 电接口的收发端（如果连接了 DDF 架，就在 DDF 架侧进行串接）。连接如图 6-13 所示。此时用 2M 误码仪测试串接的 2M 口应当无误码，逐步加大光衰减值（采用固定光衰耗器增加串联个数），直至出现误码，**误码仪上有 AIS 等告警，而且该告警不能恢复**，可以根据此大致估测出光接收功率在接收灵敏度的临界值范围。拔下光接口板接收端的尾纤头连至光功率计，此时测量的接收光功率大致接近光接口的接受灵敏度。以上连接可以有 3 套 SDH 同时做该实验。

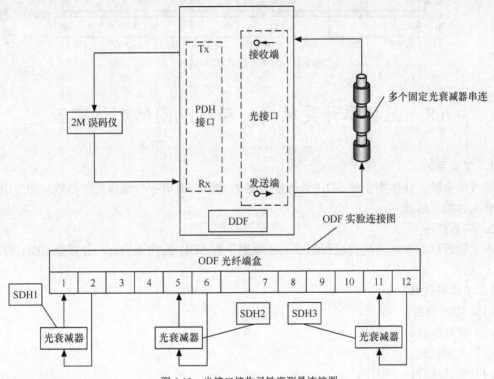

图 6-13　光接口接收灵敏度测量连接图

ODF 光纤配线端口分布对应如图 6-13 所示，由于设备资源有限，老师实验前把学生分成 6 个终端一组进行实验。

DDF 配线架的 2M 连接如图 6-14 所示。

学生做测试时，用 DDF 架上所配发的短路自环塞将上下两排同轴 2M 电缆头相连接，即将"至 SDH1"排的 2M 电缆头和"至学生终端"的 2M 上下连接。这样就可以将 2M 口从 DDF 配线架延长接到每个学生的桌子上来，学生可以直接在教学电脑桌前直接测试 2M 口误码。

正常情况下，**SDH 设备的发光功率灵敏度应该在–28dBm～–33dBm 之间。**

DDF架处2M电缆连接示意图

	学生桌1	学生桌2	学生桌3	学生桌4	学生桌5	学生桌6	学生桌7	学生桌8	
至学生终端	○ ○	○ ○	○ ○	○ ○	○ ○	○ ○	○ ○	○ ○	
至SDH-1	○ ○	○ ○	○ ○	○ ○	○ ○	○ ○	○ ○	○ ○	DDF1
	2M-1	2M-2	2M-3	2M-4	2M-5	2M-6	2M-7	2M-8	

	学生桌9	学生桌10	学生桌11	学生桌12	学生桌13	学生桌14	学生桌15	学生桌16	
至学生终端	○ ○	○ ○	○ ○	○ ○	○ ○	○ ○	○ ○	○ ○	
至SDH-2	○ ○	○ ○	○ ○	○ ○	○ ○	○ ○	○ ○	○ ○	DDF2
	2M-1	2M-2	2M-3	2M-4	2M-5	2M-6	2M-7	2M-8	

	学生桌18	学生桌20	学生桌17	学生桌19	CC08 2M-1	CC08 2M-2	CC08 2M-3	CC08 2M-4	
至学生终端	○ ○	○ ○	○ ○	○ ○	○ ○	○ ○	○ ○	○ ○	
至SDH-3	○ ○	○ ○	○ ○	○ ○	○ ○	○ ○	○ ○	○ ○	DDF3
	2M-1	2M-2	2M-3	2M-4	2M-5	2M-6	2M-7	2M-8	

图6-14　DDF配线架的2M连接

6.8　光功率计灵敏度、动态范围的测试实验

1．实验目的

通过本实验，让学生了解SDH光传输设备的光口、电口各种最常见的参数，对SDH的指标有大体的了解。

2．实验任务

本实验通过对单站点的调试和测试，让学生了解SDH的性能指标，并掌握SDH的部分测试方法。

3．实验用仪器

（1）SDH设备：　3套。

（2）光功率计：　若干。

（3）光衰耗器：　若干。

（4）测试尾纤：　若干。

4．实验步骤

（1）测试准备

① 测试前一定要保证光纤连接头清洁，连接良好，包括光板拉手条上法兰盘的连接、清洁。

② 事先测试尾纤的衰耗；单模和多模光接口应使用不同的尾纤。

③ 测试尾纤应根据接口形状选用FC/PC（圆头）或SC/PC（方头）连接头的尾纤。本测试采用FC/PC圆头尾纤连接。

（2）发送光功率测试

发光功率测试如图6-15所示。

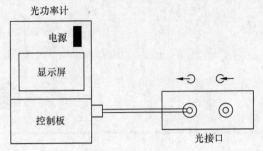

图 6-15 发光功率测试图

测试步骤如下。

① 光功率计设置在被测波长上。

② 选择连接本站光接口输出端的尾纤（标记为◄⊃）。

③ 将此尾纤的另一端连接光功率计的测试输入口，待接收光功率稳定后，读出光功率值，即为该光接口板的发送光功率。

④ 光功率计波长根据光板型号选择在"1 550nm"或者"1 310nm"。

本测试实验实际 ODF 侧连接图如图 6-16 所示。

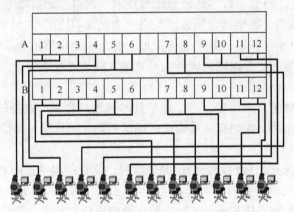

图 6-16 光功率测试的 ODF 光纤端盒连接示意图

通过光缆尾纤连接到 ODF 光分配架上，这样可以将光板的发光口、接收口延长到学生电脑桌上来，便于学生实验。学生可以直接在教学电脑桌前直接测试光功率。

ODF 架上 B 行的 2、4、6、8、10、12 偶数端口为光口输出端口。测量光功率时应该将光功率计连接到与输出端口连接的光纤上。（注：由于设备配置原因，A 行 1～12 暂无光输出口。）

测量时光功率计应波长应该选择"1 310nm"。正常情况下，SDH 设备的发光功率应该在 −15dBm～−8dBm 之间。

参考文献

[1] 李文海，毛京丽，石方文．数字通信原理．北京：人民邮电出版社，2001．

[2] 陈永甫，谭秀华．现代通信系统和信息网．北京：电子工业出版社，1996．

[3] 袁松青，苏建泉．数字通信原理．北京：人民邮电出版社，1996．

[4] 郭世满，叶奕，钱德馨．数字通信——原理、技术及其应用．北京：人民邮电出版社，1994．

[5] 丁炜．通信新技术．北京：北京邮电大学出版社，1994．

[6] 曹志刚，钱亚生．现代通信原理．北京：清华大学出版社，1992．

[7] 刘颖，王春 C，赵蓉．数字通信原理与技术．北京：北京邮电大学出版社，1999．

[8] 徐靖忠，王钦笙．数字通信原理．北京：人民邮电出版社，1990．

[9] 王钦笙，毛京丽，朱彤．数字通信原理．北京：北京邮电大学出版社，1995．

[10] 钱宗珏，区惟煦，寿国础，唐余亮．光接入网技术及其应用．北京：人民邮电出版社，1998．

[11] 李文海，王钦笙，刘瑞曾，等．电信技术概述．北京：人民邮电出版社，1993．

[12] 樊昌信，张甫翊，徐炳祥，吴成柯．通信原理（第五版）．北京：国防工业出版社，2001．

[13] 徐家恺，沈庆宏，阮雅端．通信原理教程．北京：科学出版社，2003．

[14] 韦乐平．光同步数字传输网．北京：人民邮电出版社，1993．

[15] 王兴亮，达新宇，林家薇，王瑜．数字通信原理与技术．西安：西安电子科技大学出版社，2000．

[16] 程京，等．数字通信原理．北京：电子工业出版社．2001．

[17] 李白萍，吴冬梅．通信原理与技术．北京：人民邮电出版社，2003．

[18] 陈仁发，张德民，任险峰．数字通信原理．北京：科学技术文献出版社，1994．

[19] 中国邮电电信总局．SDH 传输设备维护手册．北京：人民邮电出版社，1997．

[20] 曾甫泉，李勇，王河光．同步传输网技术．北京：北京邮电大学出版社，1996．